HTML5+ CSS3
从入门到精通

创客诚品
徐飞 李恒 编著

U0309285

北京希望电子出版社
Beijing Hope Electronic Press
www.bhp.com.cn

创客诚品

内 容 简 介

本书通过知识加案例的形式，详细讲解了如何运用 HTML5 和 CSS3 对网站进行设计与构造的基本应用知识及技巧。本书与同类教程书相比，更容易让读者快速掌握知识，并运用到实际设计工作中。HTML5 部分主要介绍了创建 HTML5 文档和表单，实战 HTML5 绘画，HTML5 实现音频与视频，Web 存储，离线应用，Workers 多线程处理，Geolocation 地理位置等技术。CSS3 部分则主要介绍了 CSS3 概述，CSS 选择器，文本、字体与颜色的选择，背景和边框的替换，2D 变形，动画设计，网页布局，用户界面以及其他新特性。

本书是一本实用的网站设计与构造工具书，既可作为各培训机构、网站设计公司设计人员的参考用书，也可作为各大中专院校相关专业的教材。

图书在版编目（CIP）数据

HTML5+CSS3 从入门到精通 / 创客诚品，徐飞，李恒编著 . -- 北京 : 北京希望电子出版社 , 2017.10
ISBN 978-7-83002-512-0

Ⅰ . ① H… Ⅱ . ① 创… ② 徐… ③ 李… Ⅲ . ① 超文本标记语言－程序设计② 网页制作工具 Ⅳ . ① TP312.8 ② TP393.092.2

中国版本图书馆 CIP 数据核字 (2017) 第 211486 号

出版： 北京希望电子出版社	**封面：** 多 多
地址： 北京市海淀区中关村大街 22 号 中科大厦 A 座 9 层	**编辑：** 安 源
邮编： 100190	**校对：** 王丽锋
网址： www.bhp.com.cn	**开本：** 787mm×1092mm 1/16
电话： 010-82620818（总机）转发行部	**印张：** 31.5
010-82702675（邮购）	**字数：** 747 千字
传真： 010-62543892	**印刷：** 三河市祥达印刷包装有限公司
经销： 各地新华书店	**版次：** 2017 年 11 月 1 版 1 次印刷

定价： 69.90 元（配 1DVD）

前言

互联网技术日新月异，在2011年以前，HTML5和CSS3看起来还遥不可及，但如今很多公司都已经开始运用这些技术了（如火狐、IE等主流浏览器公司）。HTML5和CSS3奠定了打造下一代Web应用的基础，这两项技术可以让网站更易开发，也更容易维护。本书系统讲解了HTML5和CSS3的基础理论和实际应用技术，通过大量实例对HTML5和CSS3进行深入浅出的分析，着重讲解如何运用HTML5和CSS3进行Web运用和网页布局。全书注重实际操作，使读者在学习技术的同时也掌握Web开发和设计的精髓，提高综合应用能力。

选择一本合适的书

本书面向的是已具备HTML和CSS基础知识的人群。如果你刚刚涉足HTML或CSS领域，或者已经从事了数年网站开发，那这本书就是为你而准备的。然而，如果你已对HTML5及CSS3做过一些初步的尝试，但尚未充分理解它所提供的全部好处，那么你将从本书得到最大的收获。为了帮助你掌握现代Web标准，我们组织一线设计人员及高校教师共同编写了网页设计"从入门到精通"系列图书。

本书内容设置

章节	主要知识	内容概述
Chapter 01~09	HTML5	介绍了新增和废除的一些元素，同时系统讲解了HTML5中的绘图功能、视频和音频添加方式的简化、拖放功能、地理位置信息处理、本地存储的应用，最后还讲解了Web Workers API应用的知识
Chapter 10~27	CSS3	介绍了CSS的样式、显示、背景效果、盒子模型、定位、渐变、转换、过渡、动画、多列布局、弹性盒子、多媒体查询及文本与边框的属性等知识，同时还讲解了CSS3新增的选择器、光标和滤镜的知识

本书特色

☞ 零基础入门轻松掌握

为了符合初级网页设计入门读者的需求，本书采用"从入门到精通"基础大全图书的写作方法，科学安排知识结构，内容由浅入深，循序渐进逐步展开，让读者平稳地从基础知识过渡到实战项目。

☞ 理论+实践完美结合，学+练两不误

200多个基础知识+近200个实战案例，让你轻松掌握"基础入门—核心技术—技能提升—实例精讲"四大学习阶段的重点难点。章节最后提供本章小结，总结本章的重点和难点，真正做到举一反三，提升网页设计和开发能力。

☞ **讲解通俗易懂，知识技巧贯穿全书**

知识内容不是简单的理论罗列，而是在讲解过程中随时插入一些实战技巧，让读者知其然并知其所以然，掌握解决问题的关键。

☞ **同步高清多媒体教学视频，提升学习效率**

该系列每书附赠一张DVD光盘，里面包含书中所有案例的网页源文件和每章的重点案例教学视频，这些视频能解决读者在随书操作中遇到的问题，还能帮助读者快速理解所学知识，方便参考学习。

☞ **网页开发人员入门必备海量开发资源库**

为了给读者提供一个全面的"基础+实例+项目实战"学习套餐，本书的DVD光盘中提供了本书所有案例的网页源文件，方便读者参考和测试。还有1500个前端开发JavaScript特效；实用网页配色方案；精美网页欣赏等海量素材。

☞ **QQ群在线答疑+微信平台互动交流**

笔者为了方便为读者解惑答疑，提供了QQ群、微信平台等技术支持，以便读者之间相互交流、学习。

网页开发交流QQ群： 650083534

微信学习平台： 微信扫一扫，关注"德胜书坊"，即可获得更多让你惊叫的代码和
海量素材！

读者对象

- 初学网页设计的自学者
- 刚毕业的莘莘学子
- 大中专院校计算机专业教师和学生
- 网页设计爱好者
- 互联网公司网页相关职位的"菜鸟"
- 计算机培训机构的教师和学员

作者团队

创客诚品团队由多位网页开发工程师、高校计算机专业教师组成。团队核心成员都有多年的教学经验，后加入知名科技有限公司担任高级工程师。现为网页设计类畅销图书作者，曾在"全国计算机图书排行榜"同品类图书排行中身居前列，受到广大网页设计人员的好评。

本书由徐飞、李恒老师编写，他们都是网页教学方面的优秀教师，将多年的教学经验和技术都融入了本书编写中，在此对他们的辛勤工作表示衷心的感谢，也特别感谢中原工学院教务处对本书的大力支持。

致谢

在此首先感谢选择并阅读本系列图书的读者朋友，你们的支持是我们最大的动力来源。其次感谢为顺利出版给予支持的出版社领导及编辑，感谢为本书付出过辛苦劳作的所有人。本人编写水平毕竟有限，书中难免有错误和疏漏之处，恳请广大读者给予批评指正。最后感谢您选择购买本书。从基本概念到实战练习，最终升级为完整项目开发，本书能帮助零基础的您快速掌握网页设计！

阅 读 说 明

在学习本书之前，请您先仔细阅读"阅读说明"，这里指明了书中各部分的重点内容和学习方法，有利于您正确地使用本书，让学习更高效。

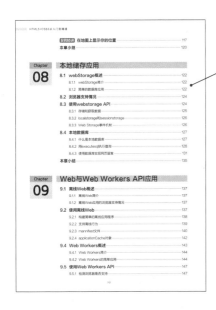

目录层级分明。由浅入深，结构清晰，快速理顺全书要点

实战案例丰富全面。176个实战案例搭配理论讲解，高效实用，让你快速掌握问题重难点

Chapter 26

CSS3弹性盒子

本章概述

重点知识

解析帮你掌握代码变容易！丰富细致的代码段与文字解析，让你快速进入程序编写情景，直击代码常见问题

TIPS贴心提示！技巧小版块，贴心帮读者绕开学习陷阱

章前页重点知识总结。每章的章前页上均有重点知识罗列，清晰了解每章内容

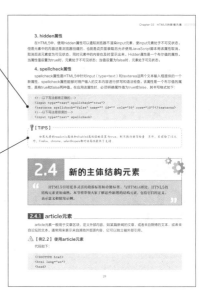

目 录

HTML5绘图功能

Chapter 06 HTML5拖放

Chapter 07 地理位置信息处理

Chapter 08 本地储存应用

Chapter 09 Web与Web Workers API应用

Chapter 10

CSS基础

Chapter 11

CSS样式

Chapter 12 CSS背景属性与宽/高

Chapter 13 CSS显示相关

Chapter 14 CSS盒子模型

Chapter 15 CSS定位机制

Chapter 16 光标和滤镜

Chapter 17 CSS3概述及新增功能

Chapter 18 CSS3文本与边框样式

Chapter 19 CSS3背景

Chapter 20 CSS3渐变

Chapter 21 CSS3转换

Chapter 22

CSS3过渡

Chapter 23

CSS3动画

Chapter 24

CSS3多列布局

Chapter 25

CSS3用户界面

Chapter

26

CSS3弹性盒子

Chapter

27

CSS3多媒体查询

Appendix

附录

全书案例汇总

Chapter 11　CSS样式

Chapter 12　CSS背景属性与宽/高

Chapter 13　CSS显示相关

Chapter 14　CSS盒子模型

Chapter 15　CSS定位机制

Chapter 16　光标和滤镜

Chapter 17　CSS3概述及新增功能

Chapter
01

HTML5概述

本章概述

　　HTML5是即将风靡互联网的一种网络应用技术。目前，HTML5仍处于不断发展的阶段。即便现在HTML5并不是一套完整的HTML规范，但是这并不影响其在业界的统治地位，更不影响其成为未来的发展潮流。本章将对HTML5的诞生与高速发展、HTML5的优势、新增功能，以及未来的发展趋势进行介绍，让用户对HTML5有大概的认识。

重点知识

- 什么是HTML5
- HTML5发展历程
- 认识HTML5
- HTML5新增功能
- 使用HTML5的优势
- HTML5的发展趋势

1.1 什么是HTML5

> HTML5是标准通用标记语言下一个应用超文本标记语言（HTML）的第五次重大修改。HTML5是近10年来Web开发标准最新的成果。与以前版本不同的是，HTML5不仅用来表示Web内容，而且其新功能会将Web带进一个新的成熟的平台。在HTML5上，视频、音频、图像、动画以及同计算机的交互都被标准化。

HTML标准自1999年12月发布的HTML4.01之后，后继的HTML5和其他标准被束之高阁。为了推动Web标准化运动的发展，一些公司联合起来，成立一个叫做Web Hypertext Application Technology Working Group（Web超文本应用技术工作组，简称WHATWG）的组织，WHATWG致力于Web表单和应用程序。此时的W3C（World Wide Web Consortium，万维网联盟）更专注于XHTML2.0。而在2006年，双方决定合作创建一个新版本的HTML。

这个新版本的HTML就是今天熟知的HTML5。HTML5是HTML的下一个主要修订版本，现在正处于发展阶段。目标是取代1999年制定的HTMl 4.01和XHTML1.0标准，以期待能在互联网应用高速发展的时候，使网络标准符合当代网络的需求。从广义上来说，HTML5实际是指包括HTML、CSS和JavaScript在内的一套技术组合。HTML5希望能够减少浏览器对插件实现丰富性网络应用服务（plug-in-based rich internet application, RIA）的需求，如Adobe Flash、Micsoft03. Silverlight与Oracle JavaFX，并且提供更多能有效增强网络应用的标准集。

具体来说，HTML5添加了很多语法特征，其中<audio>、<video>和<canvas>元素都集成了SVG内容。这些元素是为了更容易地在网页中添加并处理多媒体和图片内容而添加的。其他新的元素包括<section>、<article>、<header>、<nav>和<footer>，也是为了丰富文档的数据内容。新属性的添加也是为了同样的目的，同时API和DOM已经成为HTML5中的基础部分。HTML5还定义了处理非法文档的具体细节，使得所有浏览器和客户端都能一致地处理语法的错误。

1.2 HTML5发展历程

> HTML5草案的前身名为Web Applications 1.0，由WHATWG在2004年提出，在2007年被W3C接纳，并成立了新的HTML工作团队。

在HTML4.01推出后不久，HTML的版本又被修订为XHTML1.0，这里的X代表eXtensible，是"扩展"的意思。XHTML1.0是基于HTML4.01的，并没有引入任何新的元素和属性，唯一的区别就是语法，XHTML对语法的要求比HTML要严格得多。

对于W3C而言，到了HTML4已经很圆满了，其下一步任务就是使XHTML2能够将Web印象Xml。XHTML2和XHTML有很大的不同，XHTML不向前兼容，甚至不兼容之前的HTML，它是一种全新的语言。

2006年10月，Tim Berners-Lee发表了一篇文章，该文章表述了从HTML走向XML的路是走不通的。几个月后，W3C组建了一个新的HTML研发组，他们非常明智地选择了WHATWG的成果作为根本。

2009年，W3C发表了停止XHTML2的公告。这一消息被那些XML的反对者视若珍宝，他们借此嘲笑那些利用XHTML1范例的人，然而XHTML1和XHTML2几乎完全不同。XHTML1中的严格语法规范被HTML5完全弃用。

HTML5的发展历程总结如图1-1所示。

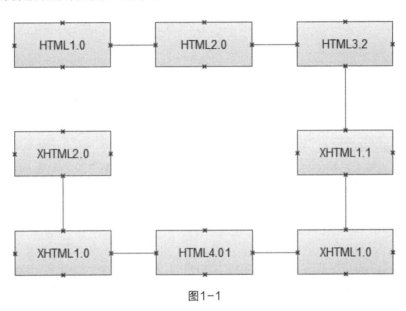

图1-1

虽然HTML5的立场是"非革命性的发展"，但是它给当今的Web开发者带来了极大的便利，后者可以很容易地使用HTML5来开发网页程序。HTML5的目标就是为了能够创建更实用、更简单的Web程序，书写出更简单的HTML代码。

1.3　认识HTML5

> HTML5是基于各种各样的理念进行设计的，这些理念体现了对可行性的理解。在了解HTML5的发展历程和实现目标之后，本节将进一步认识HTML5。

1.3.1　兼容性

HTML5的一个核心理念就是保持一切新特性的平滑过渡。一旦浏览器不支持HTML5的某项功能，针对该项功能的备用方案就会被启用。另外，互联网上有些HTML文档已经存在很多年了，因此支持所有的现存HTML文档是非常重要的。HTML5的研究者们还花费了大量的精力来创建HTML5的通用性。例如，很多开发人员使用<div id="header">来标记页眉区域，而在HTML5中添加一个

<header>就可以解决这个问题。

在浏览器方面，支持HTML5的浏览器包括Firefox（火狐）、IE9及其更高版本、Chrome（谷歌）、Safari、Opera等。各种基于IE或Chromium（Chrome的工程版或称实验版）推出的360浏览器、搜狗浏览器、QQ浏览器、猎豹浏览器等国产浏览器同样具备支持HTML5的能力。

HTML5将会取代1999年制定的HTML4.01、XHTML1.0标准，以期能在互联网应用迅速发展的时候，使网络标准符合当代网络的需求，为桌面和移动平台带来无缝衔接的丰富内容。

1.3.2 用户优先和效率

HTML5规范是按照用户优先的准则来编写的，这意味着在遇到无法解决的冲突时，规范会把用户放到第一位，其次是程序开发者，最后才是浏览器。

HTML5衍生出XHTML5（可以通过XML工具生成有效的HTML代码）。HTML和XHTML两种版本的代码经过序列化可以生成几乎一样的DOM树。

1. 安全机制的设计

为了提高HTML5的安全性，HTML5在设计时就做了大量的工作。规范中的各个部分都有专门针对安全的章节，并且安全是被优先考虑的。HTML5引入了一种新的基于来源的安全模型，该模型不仅易用，而且对各种不同的API都通用，能跨域进行安全对话。

2. 表现与内容分离

HTML5在清晰分离表现和内容方面做了大量工作，包括CSS在内，HTML在所有可能的地方都努力进行了分离。HTML5规范已经不支持老版本的HTML的大部分表现功能了，但得益于HTML5在兼容性方面的设计理念，那些功能仍然能用。在HTML5中，表现和内容分离的概念也不是全新的，在HTML4 Transitional和XHTML1.1中就已经开始使用这样的概念了。

1.3.3 化繁为简

化繁为简是HTML5的实现目标，HTML5在功能上做了以下几个方面的改进：

- 以浏览器的基本功能代替复杂的JavaScript代码；
- 重新简化了DOCTYPE；
- 重新简化了字符集声明；
- 简单而强大的HTML5API。

下面就详细讲解一下上述这些改进。

HTML5在实现上述改变的同时，其规范已经变得非常强大。HTML5的规范实际上要比以往任何版本的HTML规范都要明确。为了达到在未来几年能够实现浏览器互通的目标，HTML5规范制定了一系列定义明确的行为，任何歧义和含糊的规范都可能延缓这一目标的实现。

HTML5规范比以往任何版本都要详细，其目的是避免造成误解。HTML5规范的目标是完全、彻底地给出定义，特别是对Web的应用。所以整个规范非常多，竟然超过了900页。基于多重改进过的强大的错误处理方案，HTML5具备良好的错误处理机制。

HTML5提倡重大错误的平缓修复，再次把最终用户的利益放在了第一位。比如，如果页面中有错误的话，在以前可能会影响整个页面的展示，而在HTML5中则不会出现这种情况，取而代之的是以标准的方式显示breoken标记，这要归功于HTML5中精确定义的错误恢复机制。

1.3.4 通用访问

通用访问的原则可以分为以下三个方面。

1. 可访问性

出于对残障用户的考虑，HTML与WAI（Web Accessibility Intiative，Web可访问性倡议）和ARIA（Accessible Rich Internet Applicaions，可访问的富Internet应用）已经做到了紧密结合，WAI-ARIA中以屏幕阅读器为基础的元素已经被添加到HTML中。

2. 媒体中立

在不久的将来，将实现HTML5的所有功能都能够在不同的设备和平台上正常运行。

3. 支持所有语种

能够支持所有的语种。例如，新的<ruby>标签支持在东亚页面排版中使用Ruby注释。

1.4 HTML5新增功能

> HTML5与以往的HTML版本不同，HTML5在字符集/元素、属性等方面做了大量的改进。在讨论HTML5编程之前，首先带领大家学一下HTML的一些新增功能，以便为后面的编程之路做好铺垫。

1.4.1 字符集和DOCTYPE的改进

HTML5在字符集上有了很大的改进，下面的代码表述的是以往的字符集：

```
<meta http-equiv="content-type" content="text/html;charset-utf-8">
```

上述代码经过简化后，现在可表述为下面的代码：

```
<meta charset="utf-8">
```

除了字符集的改进之外，HTML5还使用了新的DOCTYPE。在使用了新的DOCTYPE之后，浏览器默认以标准模式显示页面。例如，在Firefox浏览器打开一个HTML5页面，执行"工具→页面信息"命令，会看到如图1-2所示的页面。

图1-2

用户可以放心地使用<!DOCTYPE>，即便浏览器不认识这句话，也会按照标准模式去渲染页面。

1.4.2 语义化的标签

　　HTML5中添加了一些语义化的标签。例如，以前的开发人员会在页眉的DIV中输入<div id="header">代码，这是常见的id名称，可是并不是所有开发人员都会按照这个写法来定义页眉，他们可能会写<div id="head">、<div id="top">，甚至是<div id="toubu">。现在，HTML5带来了<header>标签，这样就避免了因命名风格不一致而带来的不确定因素。除此之外，语义化的标签还有<footer>、<section>、<figure>、<figcation>等。

1.4.3 新元素

　　与HTML相比，HTML5引入了下列7种类型的元素：
- 内嵌：是指向文档中添加其他类型的内容，如audio、video、ifarme等。
- 流：是指在文档和应用的body中使用的元素，如form、h1、small等。
- 标题：段落标题，如h1、h2、hgroup等。
- 交互：与用户交互的内容，如音频和视频的文件。
- 元数据：通常出现在页面的head中，是指页面其他部分的表现和行为。
- 短语：是指文本和文本标记元素，如mark、kbd、sub、sup等。
- 片段：是指用于定义页面片段的元素，如article、aside、title等。

　　上述绝大部分类型的标签可以通过CSS来设定样式。HTML5在引入这些新标签之后，在一定程度上增强了HTML5的功能。

1.4.4　页面的交互性更加强大

　　HTML5与之前的版本相比，在交互上做了很大的文章。以前所能看见页面中的文字都是只能看，不能修改的。而在HTML5中，只需要添加contenteditable属性，就可以让看见的页面内容变得可编辑。

⚠ 【例1.1】 让页面内容可编辑

　　代码如图1-3所示。

```
1  <!DOCTYPE html>
2  <html lang="en">
3  <head>
4      <meta charset="UTF-8">
5      <title>Document</title>
6  </head>
7  <body>
8      <p>我们是一行只能让用户阅读不能被用户编辑的文字！</p>
9      <p contenteditable="true">我们是一行既可以让用户阅读也可以让用户编辑的文字！</p>
10 </body>
11 </html>
```

图1-3

　　只需要在p标签内部加入contenteditable属性，并且让其值为真即可，在浏览器中显示的效果如图1-4所示。

Document　　×

file:///C:/Users/Administrator/Desktop/前端书案例/编辑网页文本.html

我们是一行只能让用户阅读不能被用户编辑的文字！

我们是一行既可以让用户阅读也能被用户编辑的文字！　　我是在页面中直接编辑的文本！！！

图1-4

　　通过上图可以看出，HTML5在交互方面为用户提供了很多便利与权限，但是HTML5的强大交互远不止这一点。除了对用户展现出了非常友好的态度之外，其实对开发者也是非常友好的。例如，在一个文本框输入提示，如"请输入您的账号"，来提醒用户这些文本框的功能，在HTML5以前需要写大量的JavaScript代码来完成这一操作，但是在HTML5中只需要placeholder属性即可轻松搞定，为开发人员节省了大量时间与精力。

⚠ 【例1.2】 简化开发者工作

　　代码如图1-5所示。

```
1  <!DOCTYPE html>
2  <html lang="en">
3  <head>
4      <meta charset="UTF-8">
5      <title>Document</title>
6  </head>
7  <body>
8      <form action="#" method="post">
9          <p><input type="text" value="" placeholder="请输入您的用户名"></p>
10         <p><input type="password" value="" placeholder="请输入您的密码"></p>
11     </form>
12 </body>
13 </html>
```

图1-5

浏览器效果如图1-6所示。

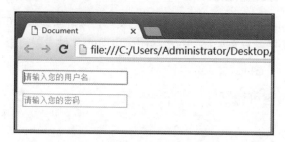

图1-6

HTML5除了为用户和开发人员提供便利，同时也想到了各大浏览器厂商。例如，以前要在网页中看视频时，浏览器就需要Flash插件，这样无形中就增加了浏览器的负担，而现在只需要一个简单vedio即可满足用户在网页中看视频的需求，无需再去安装一些外部的插件了。

1.4.5 标准改进

HTML5提供了一些新的元素和属性，如<nav>（网站导航栏）和<footer>。这种标签将有利于搜索引擎的索引整理，同时能更好地帮助小屏幕装置和视障人士使用网页。除此之外，还为其他浏览要素提供了新的功能，如<audio>和<vedio>标签。

在HTML5中，一些过时的HTML4标签将被取消，其中包括纯显示效果的标签，如<font>、<center>等，这些标签已经被CSS取代。

HTML5吸取了XHTML2的一些建议，包括一些用来改善文档结构的功能。例如，一些新的HTML标签（hrader、footer、section、dialog和aside），使得内容创作者能够更加轻松地创建文档，而之前的开发人员在这些场合一律使用<div>标签。

HTML5还包含一些将内容和样式分离的功能，<b>和<i>标签仍然存在，但是它们的意义已经和之前有了很大的不同。这些标签的意义是为了将一段文字标识出来，而不是单纯为了设置粗体和斜体的文字样式。<u>、<font>、<center>和<strike>这些标签则完全被废弃了。

新标准使用了一些全新的表单输入对象，包括日期、URL和Email地址，其他的对象则增加了对拉丁字符的支持。HTML还引入了微数据，一种使用机器可以识别的标签来标注内容的方法，使语义Web的处理更为简单。总的来说，这些与结构有关的改进使开发人员可以创建更干净、更容易管理的网页。

HTML5具有全新的、更合理的tag，多媒体对象不再全部绑定到object中，而是视频有视频的tag，音频有音频的tag。

Canvas对象使得浏览器具有直接在上面绘制矢量图的能力，这意味着用户可以脱离flash和silverlight，直接在浏览器中显示图形和动画。很多新的浏览器，除了IE，都已经支持canvas。

浏览器中的真正程序将提供API浏览器内的编辑、拖放各种图形用户界面的能力。内容修饰tag将被移除，而使用CSS。

1.4.6 使用Selectors API简化选取操作

在HTML5出现之前，在网页中通过特定的函数来查找页面。在HTML5出现之后，引入了一种用于查找页面DOM元素的快捷方式。在HTML5中，通过使用新的Selectors API可以用更精确的方式来指定希望获取的元素，而不必再用标准DOM的方式循环遍历。Selectors API与现在CSS中使用的选择规则一样，通过它用户可以查找页面中的元素。

使用下面的方法可以按照CSS规则来选取DOM中的元素：

- querySelector方法：根据制定的选择规则返回页面中找到的第一个匹配元素。
- querySelectorAll方法：根据制定的选择规则返回页面中所有相匹配的元素。

对于querySelector()方法来说，选择满足规则中任意条件的第一个元素。对于querySelector-All()方法来说，页面中的元素只要满足规则中的任何一个，就会被返回。多条规则是用逗号隔开的。

可以使用Selectors API来修改页面中id为demo的元素中的内容。

⚠ 【例1.3】 使用Selectors API简化选取操作

代码如下：

```
<!DOCTYPE html>
<html>
<head>
<meta charset="utf-8">
<title>修改页面元素</title>
</head>
<body>
<p id="demo">id="demo" 的 p 元素</p>
<p id="demo2">id="demo2" 的 p 元素</p>
<p>点击按钮修改过第一个 id="demo" 的 p元素内容</p>
<button onclick="myFunction()">点我</button>
<script>
function myFunction() {
document.querySelector("#demo").innerHTML = "Hello World!";
}
</script>
</body>
</html>
```

执行代码，单击按钮前的效果如图1-7所示，单击按钮后的效果如图1-8所示。

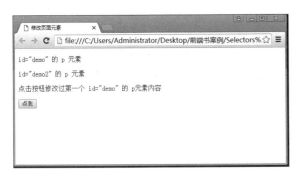

图1-7

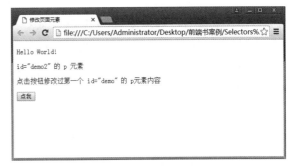

图1-8

🔑 【 TIPS 】

Selectors API不只应用在DOM中，它通常会比以前的子节点更快地搜索API，为了实现快速样式表，浏览器对选择器匹配进行了高度优化。

1.5 使用HTML5的优势

这里列出了使用HTML5的原因。

1. 简单

HTML5使得创建网站更加简单。新的HTML标签,如<header>、<footer>、<nav>、<section>、<aside>等,使得阅读者能更加容易地访问内容。以前,即使定义了class或id,阅读者也没有办法去了解给出的div究竟是什么。使用新的语义学定义的标签,可以更好地了解HTML文档,并且创建更好的使用体验。

2. 支持视频和音频

以前,想要在网页上实现视频和音频的播放,都需要借助Flash等第三方插件,而在HTML5中,可以直接使用标签<video>和<audio>来访问资源。HTML5的视频和音频标签基本将它们视为图片:<video src=""/>。但是其他参数(如宽度和高度或者自动播放)如何定义呢?不必担心,只需要像其他HTML标签一样定义,代码如下:

```
<video src="url" width="640px" height="380px" autoplay/>
```

HTML5把以前非常繁琐的过程变得非常简单,然而一些过时的浏览器可能对HTML5的支持并不是很友好,需要添加更多的代码来让它们正确工作,但是这个代码还是比<embed>和<object>简单得多。

3. 文档声明

没错,就是doctype,没有更多内容了。是不是非常简单?不需要复制粘贴一堆无法理解的代码,也没有多余的head标签。最大的好消息在于,它能在每一个浏览器中正常工作,即使是在风评不佳的IE6中也没有问题。

4. 结构清晰、语义明确的代码

如果偏好简单、优雅、容易阅读的代码,HTML5绝对是为你量身定做的。HTML5允许写出简单清晰且富于描述的代码,符合语义学的代码允许你分开样式和内容,如下面这个典型简单的拥有导航的header代码:

```
<div id="header">
<h1>Header Text</h1>
<div id="nav">
<ul>
<li><a href="#">Link</a></li>
<li><a href="#">Link</a></li>
<li><a href="#">Link</a></li>
</ul>
</div>
```

```
</div>
```

是不是很简单？但是使用HTML5后会使得代码更加简单，并且含义更清晰，代码如下：

```
<header>
<h1>Header Text</h1>
<nav>
<ul>
<li><a href="#">Link</a></li>
<li><a href="#">Link</a></li>
<li><a href="#">Link</a></li>
</ul>
</nav>
</header>
```

使用HTML5时，可以通过基于语义学的HTML header标签描述内容来最后解决div及其class定义的问题。以前需要大量使用div来定义每一个页面内容区域，但是使用新的<section>、<article>、<header>、<footer>、<aside>和<nav>标签会让你的代码更清晰易读。

5. 强大的本地存储

HTML5中引入了新特性——本地存储，这是一个非常酷炫的新特性。有点儿像比较老的技术cookie和客户端数据库的融合。但是它比cookie更好用，存储量也更庞大。因为支持多个Windows存储，它拥有更好的安全和性能，而且浏览器关闭后数据也可以保存。

本地存储为用户提供了极大的便利，它不需要第三方插件就可以实现。能够保存数据到用户的浏览器中意味着可以简单地创建一些应用特性，如保存用户信息、缓存数据、加载用户上一次的应用状态。

6. 交互升级

我们都喜欢更好的页面交互，而人们偏好对用户有反馈的动态网站，因为用户可以享受互动的过程。HTML5中的<canvas>标签允许做更多的互动和动画，就像使用Flash实现的效果。经典游戏水果忍者就可以通过canvas画图功能来实现。

7. HTML5游戏

前几年，基于HTML5开发的游戏非常火爆。近两年，虽然基于HTML5的游戏已经受到了不小的冲击，但是如果能找到合适的盈利模式，HTML5依然是在手机端开发游戏的首选技术。如果想开发Flash游戏，就会喜欢上使用HTML5开发游戏。

8. 移动互联网

细心观察一下周围的人，有多少人现在可以做到一天不开电脑的？好像还不少。但是能在周围找到一天不摸手机的朋友吗？如今移动设备已经占领世界。这意味着，传统的PC机器将会面临巨大的挑战，今后的生活只需要一部智能手机即可被安排得妥妥当当。想想看，现在多少年轻人不会使用手机支付？还有多少人不会使用手机端订购外卖？HTML5是最移动化的开发工具。随着Adobe宣布放弃移动Flash开发，用户将会考虑使用HTML5来开发webp应用。如果手机浏览器完全支持HTML5，那么开发移动项目将会和设计更小的触摸显示一样简单。这里有很多meta标签允许用户优化移动。

viewport：允许用户定义viewport宽度和缩放设置。全屏浏览器：ISO指定的数值允许Apple设备全屏模式显示。Home screen icons：就像桌面收藏，这些图标可以用来添加收藏到IOS和Android移动设备的首页。

9. HTML5既是现在，也是未来

HTML5是当今世界上最好的最火热的前端开发技术，用户有必要掌握！HTML5可能不会兼顾每个方向，但是更多的元素已经被很多公司采用，并且已经开发得很成熟。HTML5其实更像HTML，它不是一个新的技术，不需要用户重新学习！如果用户开发XHTML strict，其实就已经在开发HTML5了，所以为什么不更完整地享受HTML5的功能呢？

使用HTML5是因为它书写的代码简单清晰，同时也能帮助用户改变书写代码的方式及其设计思路。

1.6 HTML5的发展趋势

> HTML5从根本上改变了开发商开发Web应用的方式，从桌面浏览器到移动应用，这种语言和标准正在影响并将继续影响各种操作平台。

那么，HTML5未来的发展趋势到底是什么？

1. 移动端

当今社会，几乎已经是人手一部手机了，而智能手机也占据着手机市场的主要份额，这也造成了各种移动端的应用呈爆炸式增长。伴随着移动互联网的大爆发，HTML5在移动端的发展优先级也会提升到最高。

2. HTML5游戏

在游戏领域，更多的移动游戏开发商也开始转战HTML5。众所周知，在IOS平台上运行的付费游戏是需要向苹果支付30%的费用的。如果是通过HTML5开发游戏，则可以节约这笔支出。其实游戏就是各种智能手机吸引年轻人的主要原因，也就是说，游戏是推动移动设备得以畅销的一个主要原因。

在移动领域，大家争论不休的一个问题是：开发Web应用，还是原生应用？随着HTML5标准的发展，两者之间的差异逐渐模糊。

3. 响应式

在早些年的Web开发中，人们很少会考虑一个网页在不同分辨率的屏幕上显示的差异，因为一个宽度960px的内容居中的DIV就足以应付一切屏幕设备的分辨率了。然而现在则没那么好应付了，用户必须要考虑不同设备之间的兼容性。传统的PC端浏览器和移动端浏览器的分辨率差别是很大的，同样一个网页用户无法在众多客户端中使用同一个样式的网页布局，这就需要响应式的设计了，也就是页面可以根据屏幕的分辨率大小而自动调整大小。

4. 本地存储与离线缓存

以前实现本地存储时，一般是通过cookie的方式。而HTML5的本地存储使本地的存储量变得更大，虽然也是铭文存储，但是数据是放在一个小型的数据库当中的，不会像cookie一样很随意地被别人看见，并且从浏览器控制台中就能直接阅读。另外HTML5的本地存储是永久保存的。

离线缓存的概念确实比较新，在离线状态下，应用程序也能照常运作，这也是HTML5的强大之处。经典的离线缓存是亚马逊的kindle云阅读器，可以在浏览器中将内容同步到所有的kindle设备，并能记忆用户在kindle图书馆的一切。智能手机上的各种阅读类的App其实也做了差不多的操作，几乎都是效仿了亚马逊的kindle产品。

5. 开发框架

目前，HTML5还是一个处于逐步完善的技术，现在已经表现得非常强大了，但表现得很强大是由其自身的各种功能决定的，还无法和一些成熟的语言和技术相比。例如，目前还没有非常完善的HTML5的IDE，这也意味着现在从事HTML5的开发将会有很多代码等着用户去写；也没有比较成熟的框架，一切都要靠自己。在HTML5未来的开发过程中，必然会慢慢完善其自身的开发工具和开发框架。

本章小结

本章概述了HTML5的一些基础知识，包括HTML5的前世今生以及未来的方向和发展。如果需要一句话去总结，那就是HTML5已经成为今天的主流，也必然是未来很长一段时间的主流。通过学习本章内容希望大家能对HTML5有一个初步的了解。

Chapter

02

HTML5的新增元素

本章概述

　　HTML5在废除很多标签的同时，也增加了很多，如结构标签section元素和video元素等。本章通过与HTML4进行比较的方式讲解这些新增和废除的元素。

重点知识

- 语法差异
- 元素和属性差异
- 新增的元素属性
- 新的主体结构元素
- 新的非主体结构元素

2.1 语法差异

> 与HTML4相比，HTML5在语法上发生了很大变化。或许有人会抱着异常惊讶的态度问，HTML4普及到现在的程度，语法发生变化，会不会造成什么影响？本节就带领大家一起了解HTML5在语法上的差异。

2.1.1 HTML5的语法变化

在HTML5之前几乎没有符合标准规范的Web浏览器。在这种情况下，各个浏览器之间的互相兼容性和互相操作性，在很大程度上取决于网站建设开发者的努力，而浏览器本身始终是存在缺陷的。

HTML语法是在SGML语言的基础上建立的。但是SGML语法很复杂，要开发能够解析SGML语法的程序也很不容易，所以很多浏览器都不包含SGML分析器。虽然HTML基本上遵从SGML语法，但是对于HTML的执行在各个浏览器之间没有一个统一的标准。所以HTML5要为之努力，要有实现各浏览器之间兼容的标准。

SGML（Standard Generalized Markup Language，标准通用标记语言）是现时常用的超文本格式的最高层次标准，是可以定义标记语言的元语言，甚至可以定义不必采用< >的常规方式。SGML因其复杂而难以普及。

HTML5的意图是要把Web上存在的各种问题一并解决。那么Web上存在哪些问题？HTML5是如何解决这些问题的呢？

浏览器之间的兼容性。解决方法：HTML5分析了各个浏览器的特点和功能，然后以此为基础，要求这些浏览器所有内部功能符合一个通用标准。这样，各浏览器都能正常运行的可能性大大提高。例如，IE6版本下的盒子模型和其他浏览器的盒子模型是不同的，在IE9以及后面的版本中，IE浏览器也更加愿意和其他浏览器一起按照HTML5的标准来进行设计。

文档结构不够明确。解决方法：HTML5追加了很多跟结构相关的元素。这些元素都是语义化很强的标签，只需要看见标签即可知晓标签内部的内容。

Web应用程序功能较少。解决方法：HTML5已经开始提供各类Web应用上的新功能，各大浏览器厂商也在快速封装这些API和功能，HTML5已经使Web富应用的实现变成了可能。

2.1.2 HTML5的标记方法

HTML5的标记方法有三种。

1. 内容类型（ContentType）

HTML5的文件扩展符与内容保持不变。也就是说，扩展名仍然为html和htm，内容类型（Content-Type）仍然为text/html。

2. DOCTYPE声明

DOCTYPE声明是HTML中必不可少的，它位于文件第一行。在HTML4中，DOCTYPE声明的方法如下：

```
<!DOCTYPE html PUBLIC "-//W3C//DTD XHTML 1.0 Transitional//EN" "http://www.
w3.org/TR/xhtml1/DTD/xhtml1-transitional.dtd">
```

在HTML5中，刻意地不使用版本声明，声明文档将会适用于所有版本的HTML。HTML5中的DOCTYPE声明方法（不区分大小写）如下：

```
<!DOCTYPE html>
```

3. 字符编码设置

字符编码的设置方法也有一些新的变化。在以往设置HTML文件的字符编码时，要用到如下的\<meta\>元素：

```
<meta http-equiv="Content-Type" content="text/html;charset=utf-8">
```

在HTML5中，可以使用如下编码方式：

```
<meta charset="utf-8">
```

很显然，第二种要比第一种更加简洁方便，同时也要注意，两种方法不要同时使用。

 【TIPS】

> 从HTML5开始，文件的字符编码推荐使用utf-8。

2.1.3 HTML5与旧版本的兼容性

HTML5中规定的语法，在设计上兼顾了与现有HTML之间最大程度的兼容性。例如，在Web上通常存在\<p\>元素没有结束标签等HTML现象。HTML5不将这些视为错误，反而采取了"允许这些错误存在，并明确记录在规范中"的方法。因此，尽管与XHTML相比标记比较简洁，然而在遵循HTML5的Web浏览器中也能保证生成相同的DOM。

下面就一起来学习HTML5的语法。

1. 可以省略的标签

在HTML5中，有些元素可以省略标签。具体来讲，有以下三种情况：

- 必须写明结束标签。包括area、base、br、col、Command、embed、he、img、input、keygen、link、meta、param、source、track和wbr。只需要标记空元素标签，如"/>"。例如，\<br\>\</br\>的写法是错误的。应该写成\<br/\>。当然，沿袭下来的\<br\>写法也是允许的。
- 可以省略结束标签。包括li、dt、dd、p、rt、rp、optgroup、option、colgroup、thead、tbody、tfoot、tr、td和th。
- 可以省略整个标签。包括html、head、Body等。需要注意的是，虽然这些标签可以省略，但实际是确实存在的。例如，\<body\>标签可以省略，但是在DOM树上是确实可以访问到的，永远都可以用document.body来访问。

【TIPS】

上述列举了HTML5的新元素。有关这些新元素的用法，将在本书的后面章节中加以说明。

2. 取得boolean值的属性

取得布尔值的属性，如disabled、readonly等，通过省略属性的值来表达值为true。如果要表达值为false，则直接省略属性本身即可。此外，通过写明属性值来表达值为true时，可以将属性的值设置为属性名本身，也可以将值设置为空字符串，代码如下：

```
<select name="" id="">
<option value="">下面三个selected属性都是代表元素被默认选中</option>
<option value="" selected="">items01</option>
<option value="" selected>items02</option>
<option value="" selected="selected">items03</option>
</select>
```

3. 省略属性的引用符

设置属性时，可以使用双引号或单引号来引用。HTML5语法则更进一步，只要属性值不包含空格、"<" ">" """ "'" "=" 等字符，都可以省略属性的引用符。

下面的代码演示如何省略属性的引用符：

```
<form action="#" mrthod="post">
    <!--下面三个文本框的写法是允许的-->
    <input type="text">
    <input type='text'>
    <input type=text>
</form>
```

2.2 元素和属性差异

> 前面讲解了HTML5与HTML4在语法上的差异。除此之外，HTML5的元素与HTML4的元素也有很大的差异，本节就将介绍相关内容。

2.2.1 HTML5中新增的元素

在HTML5中，增加了以下几个元素。

1. section元素

<section> 标签定义文档中的节（section、区段），如章节、页眉、页脚或文档中的其他部分。

在HTML4当中，div元素与section元素具有相同的功能，其语法如下：

```
<div>...</div>
```

示例代码如下：

```
<div>HTML5学习指南</div>
```

在HTML5中，section元素的语法如下：

```
<section>...</section>
```

示例代码如下：

```
<section>HTML5学习指南</section>
```

2. article元素

<article> 标签定义外部的内容。

外部内容可以是来自一个外部的新闻提供者的一篇新的文章，或者是来自blog的文本，或者是来自论坛的文本，抑或是来自其他外部源的内容。

在HTML4中，div元素与article元素具有相同的功能，其语法如下：

```
<div>...</div>
```

示例代码如下：

```
<div>HTML5学习指南</div>
```

在HTML5中，article元素的语法如下：

```
< article >...</ article >
```

示例代码如下：

```
< article >HTML5学习指南</ article >
```

3. aside元素

<aside> 元素用于表示article元素内容之外的，并且与aside元素内容相关的一些辅助信息。

在HTML4中，div元素与aside元素具有相同的功能，其语法如下：

```
<div>...</div>
```

示例代码如下：

```
<div>HTML5学习指南</div>
```

在HTML5中，aside元素的语法如下：

```
< aside >...</ aside >
```

示例代码如下：

```
< aside >HTML5学习指南</ aside >
```

4. header元素

<header> 元素表示页面中一个内容区域或整个页面的标题。

在HTML4中，div元素与header元素具有相同的功能，其语法如下：

```
<div>...</div>
```

示例代码如下：

```
<div>HTML5学习指南</div>
```

在HTML5中，header元素的语法如下：

```
<header>...</header>
```

示例代码如下：

```
<header>HTML5学习指南</header>
```

5. fhgroup元素

<fhgroup> 元素用于组合整个页面或页面中一个内容区块的标题。

在HTML4中，div元素与fhgroup元素具有相同的功能，其语法如下：

```
<div>...</div>
```

示例代码如下：

```
<div>HTML5学习指南</div>
```

在HTML5中，fhgroup元素的语法如下：

```
<fhgroup>...</fhgroup>
```

示例代码如下：

```
<fhgroup>HTML5学习指南</fhgroup>
```

6. footer元素

<footer> 元素用于组合整个页面或页面中一个内容区块的脚注。

在HTML4中，div元素与footer元素具有相同的功能，其语法如下：

```
<div>...</div>
```

示例代码如下：

```
<div>
XXX大学计算机系2016届学员<br/>
李磊<br/>
139xxxx2505<br/>
2017-03-12
</div>
```

在HTML5中，footer元素的语法如下：

```
<footer>...</footer>
```

示例代码如下：

```
<footer>
XXX大学计算机系2016届学员<br/>
李磊<br/>
139xxxx2505<br/>
2017-03-12
</footer>
```

7. nav元素

<nav> 标签定义导航链接的部分。

在HTML4中，使用ul元素替代nav元素，其语法如下：

```
<ul>...</ul>
```

示例代码如下：

```
<ul>
<li>items01</li>
<li>items02</li>
<li>items03</li>
<li>items04</li>
</ul>
```

在HTML5中，nav元素的语法如下：

```
<nav>...</nav>
```

示例代码如下：

```
<nav>
<a href="">items01</a>
<a href="">items02</a>
<a href="">items03</a>
<a href="">items04</a>
</nav>
```

8. figure元素

<figure> 标签用于对元素进行组合。

在HTML4中，figure元素与dl元素具有相同的功能，示例代码如下：

```
<dl>
<h1>HTML5</h1>
<p>HTML5是当今最流行的网络应用技术之一</p>
</dl>
```

在HTML5中，figure元素的使用范例如下：

```
<figure>
<figcaption>HTML5</figcaption>
<p>HTML5是当今最流行的网络应用技术之一</p>
</figure>
```

9. video元素

<video> 标签用于定义视频，如电影片段。

在HTML4中，想要在网页中添加视频，示例代码如下：

```
<object data="movie.ogg" type="video/ogg">
<param name="" value="movie.ogg">
</object>
```

在HTML5中，video元素的使用范例如下：

```
<video width="320" height="240" controls>
<source src="movie.mp4" type="video/mp4">
<source src="movie.ogg" type="video/ogg">
您的浏览器不支持Video标签。
</video>
```

10. audio元素

<audio> 标签用于定义音频，如歌曲片段。

在HTML4中，想要在网页中添加音频，操作和添加视频一样，示例代码如下：

```
<object data="music.mp3" type="application/mp3">
<param name="" value="music.mp3">
</object>
```

在HTML5中，audio元素的使用范例如下：

```
<audio controls>
<source src="music.mp3" type="audio/mp4">
<source src="music.ogg" type="audio/ogg">
您的浏览器不支持audio标签。
</audio>
```

11. embed元素

<embed> 标签定义嵌入的内容，如插件。

在HTML4中，想要定义嵌入的内容，示例代码如下：

```
<object data="flash.swf" type="application/x-shockwave-flash"></object>
```

在HTML5中，embed元素的使用范例如下：

```
<embed src="helloworld.swf" />
```

12. mark元素

<mark>元素突出显示部分文本。

在HTML4中，span元素与mark元素具有相同的功能，其语法格式如下：

```
<span>...</span>
```

示例代码如下：

```
<span>HTML5技术的运用</span>
```

在HTML5中，mark元素的语法如下：

```
<mark>...</mark>
```

示例代码如下：

```
<mark>HTML5技术的运用</mark>
```

13. progress元素

progress元素表示运行中的进程，可使用progress元素显示JavaScript中耗费时间函数的进程。在HTML5中，progress元素的语法如下：

```
<progress></progress>
```

progress元素是HTML5中新增的元素，HTML4中没有相应的元素来表示。

14. meter元素

meter元素表示度量，仅用于已知最大值和最小值的度量。
在HTML5中，meter元素的语法如下：

```
<meter></meter>
```

meter元素是HTML5中新增的元素，HTML4中没有相应的元素来表示。

15. time元素

time元素表示日期和时间。
在HTML5中，time元素的语法如下：

```
<time></time>
```

time元素是HTML5中新增的元素，HTML4中没有相应的元素来表示。

16. wbr元素

<wbr> (Word Break Opportunity) 标签规定在文本中的何处适合添加换行符。
在HTML5中，wbr元素的语法如下：

```
<p>尝试缩小浏览器窗口，以下段落的 "XMLHttpRequest" 单词会被分行：</p>
<p>学习 AJAX ,您必须熟悉 <wbr>Http<wbr>Request 对象。</p>
<p><b>注意：</b> IE 浏览器不支持 wbr 标签。</p>
```

wbr元素是HTML5中新增的元素，HTML4中没有相应的元素来表示。

17. canvas元素

<canvas> 标签定义图形，如图表和其他图像，必须使用脚本来绘制图形。
在HTML5中，canvas元素的语法如下：

```
<canvas id="myCanvas" width="500" height="500"></canvas>
```

canvas元素是HTML5中新增的元素，HTML4中没有相应的元素来表示。

18. command元素

<command> 标签可以定义用户可能调用的命令（如单选按钮、复选框或按钮）。

在HTML5中，command元素的语法如下：

```
<command onclick="cut()" label="cut"/>
```

command元素是HTML5中新增的元素，HTML4中没有相应的元素来表示。

19. datalist元素

<datalist> 标签规定了<input>元素可能的选项列表。datalist元素通常与input元素配合使用。
在HTML5中，datalist元素的语法如下：

```
<input list="browsers">
<datalist id="browsers">
<option value="Internet Explorer">
<option value="Firefox">
<option value="Chrome">
<option value="Opera">
<option value="Safari">
</datalist>
```

datalist元素是HTML5中新增的元素，HTML4中没有相应的元素来表示。

20. details元素

<details> 标签规定了用户可见的或者隐藏的需求的补充细节。
<details> 标签用来开启关闭的交互式控件。任何形式的内容都能放在<details>标签里边。details
元素的内容对用户是不可见的，除非设置了open属性。
在HTML5中，details元素的语法如下：

```
<details>
<summary>Copyright 1999-2011.</summary>
<p> - by Refsnes Data. All Rights Reserved.</p>
<p>All content and graphics on this web site are the property of the company
Refsnes </p>
</details>
```

details元素是HTML5中新增的元素，HTML4中没有相应的元素来表示。

21. datagrid元素

<datagrid> 标签表示可选数据的列表，它以树形列表的形式来显示。
在HTML5中，datagrid元素的语法如下：

```
<datagrid>...</datagrid>
```

datagrid元素是HTML5中新增的元素，HTML4中没有相应的元素来表示。

22. keygen元素

<keygen> 标签用于生成密钥。

在HTML5中，keygen元素的语法如下：

```
<keygen>
```

keygen元素是HTML5中新增的元素，HTML4中没有相应的元素来表示。

23. output元素

<output> 标签表示不同类型的输出，如脚本的输出。

在HTML5中，output元素的语法如下：

```
<output></output>
```

在HTML4中，output元素与span元素具有相同的功能，其语法格式如下：

```
<span></span>
```

24. source元素

<source> 标签用于为媒介元素定义媒介资源。

在HTML5中，source元素的语法如下：

```
<source type="" src=""/>
```

在HTML4中，是用param元素代替source元素的，语法格式如下：

```
<param>
```

25. menu元素

<menu> 标签表示菜单列表。当希望列出表单控件时，使用该标签。

在HTML5中，menu元素的示例代码如下：

```
<menu>
<li>items01</li>
<li>items02</li>
</menu>
```

2.2.2 HTML5中废弃的元素

在HTML5中，除了新增了一些元素之外，也废弃了一些以前的元素。

1. 能使用CSS替代的元素

在HTML5中，使用编辑CSS和添加CSS样式表的方式替代了basefont、big、center、font、

s、strike、tt和u元素。由于这些元素的功能都是为页面展示服务的，由于在HTML5中使用CSS来替代，所以这些标签也就被废弃了。

2. 删除frame框架

由于frame框架对网页可用性存在负面的影响，因此在HTML5中已不支持frame框架，只支持iframe框架，或者使用服务器方创建的由多个页面组成的复合页面形式。

2.3 HTML5中新增的元素属性

> HTML5与HTML4除了在语法上和元素上有差异，同时在属性上也有差异。与HTML4相比，HTML5增加了许多属性，也删除了许多不用的属性。本节将介绍HTML5的新增属性。

2.3.1 表单相关属性

在HTML5中，新增的与表单相关的属性如下：

- autofocus属性：该属性可以用在input（type=text，select，textarea，button）元素中。它可以让元素在打开页面时自动获得焦点。
- placeholder属性：该属性可以用在input（type=text，password，textarea）元素中，使用该属性会对用户的输入进行提示，通常用于提示用户可以输入的内容。
- form属性：该属性用在input、output、select、textarea、button和fieldset元素中。
- required属性：该属性用在input（type=text）元素和textarea元素中，表示用户提交时进行检查，检查该元素内一定要有输入内容。

在input元素与button元素中增加了新属性formaction、formenctype、formmethod、formnovavalidate与formtarget，这些属性可以重载form元素的action、enctype、method、novalidate与target属性。

在input元素、button元素和form元素中增加了novalidate属性，该属性可以取消提交时进行的有关检查，表单可以被无条件地提交。

2.3.2 其他相关属性

在HTML5中，新增的与链接相关的属性如下：

- 在a与area元素中增加了media属性，规定目标URL用什么类型的媒介进行优化。
- 在area元素中增加了hreflang属性与rel属性，以保持与a元素和link元素的一致。
- 在link元素中增加了sizes属性，用于指定关联图标（icon元素）的大小，通常可以与icon元素结合使用。
- 在base元素中增加了target属性，主要目的是保持与a元素的一致性。
- 在meta元素中增加了charset属性，为文档的字符编码的指定提供了一种良好的方式。

- 在meta元素中增加了type和label两个属性。label属性为菜单定义一个可见的标注，type属性让菜单可以以上下文菜单、工具条与列表菜单3种形式出现。
- 在style元素中增加了scoped属性，用于规定样式的作用范围。
- 在script元素中增加了async属性，用于定义脚本是否异步执行。

2.3.3　HTML5中废弃的属性

在HTML5中，省略或者采用其他属性或方案替代了一些属性，其具体说明如下：

- rav：该属性在HTML5中被rel替代。
- charset：该属性在被链接的资源中使用HTTPContent-type头元素。
- target：该属性在HTML5中被省略。
- nohref：该属性在HTML5中被省略。
- profile：该属性在HTML5中被省略。
- version：该属性在HTML5中被省略。
- archive、classid和codebase：在HTML5中，这三个属性被param属性替代。
- scope：该属性在被链接的资源中使用HTTPContent-type头元素。

实际上，在HTML5中还有很多被废弃的属性，这里就不过多介绍了。

2.3.4　全局属性

全局属性的概念是在HTML5中才出现的。所谓全局属性，是指可以对任何元素都使用的属性。下面认识几种常用的全局属性。

1. contentEditable属性

contentEditable属性是由微软开发，被其他浏览器反编译并投入应用的一个全局属性。使用该属性可以允许用户编辑元素中的内容，并且被编辑元素必须是可以获得鼠标焦点的元素，而且在单击后要向用户提供一个插入符号，提示用户该元素中的内容允许编辑。

contentEditable属性是一个布尔值属性，可以被指定为true或false。另外，该属性还有一个隐藏的inherut（继承）状态。当属性为true时，元素被指定为可编辑；当属性为false时，元素被指定为不允许编辑；未指定true或false时，则由inherit状态来决定。当列表元素被加上contentEditable属性后，该元素就变成可编辑的了。

⚠ 【例2.1】使用contentEditable属性

代码如下：

```
<!DOCTYPE html>
<html lang="en">
<head>
<meta charset="UTF-8">
<title>Document</title>
<style>
h1{
text-align: center;
color: red;
```

```
}
ol{
width:300px;
margin:0 auto;
}
</style>
</head>
<body>
<h1>单击下列可编辑的列表</h1>
<ol contenteditable="true">
<li>items01</li>
<li>items02</li>
<li>items03</li>
<li>items04</li>
</ol>
</body>
</html>
```

上述代码运行后的结果如图2-1所示。

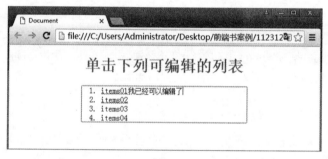

图2-1

【TIPS】 ---

　　在图2-1中，单击列表各项之后，可以修改列表中每一项的值，将原来的值修改成用户希望的结果。

　　在编辑完元素中的内容之后，如果想要保存其中的内容，只需要把该元素的innerHTML发送到服务器端进行保存即可。因为改变元素内容后，该元素的inner HTML内容也会随之改变，目前还没有特别的API用于保存编辑后元素中的内容。

2. designMode属性

　　designMode属性用来指定整个页面是否可编辑。当页面可编辑时，页面中任何支持上文所述的contentEditable属性的元素都变成了可编辑状态。designMode属性只能在JavaScript脚本里被编辑修改，该属性有on和off两个值。当属性值被指定为on时，页面可编辑；被指定为off时，页面不可编辑。

　　针对designMode属性，各浏览器支持情况如下所示：

● IE8浏览器，不支持此属性。

● IE9浏览器，允许使用该属性。

● Firefox和Opera浏览器，两个浏览器都允许使用该属性。

3. hidden属性

在HTML5中，使用hidden属性可以通知浏览器不渲染input元素，使input元素处于不可见状态。但是元素中的内容还是浏览器创建的，也就是说页面装载后允许使用JavaScript脚本将该属性取消。取消后该元素变为可见状态，同时元素中的内容也及时显示出来。Hidden属性是一个布尔值的属性。当属性值设置为true时，元素处于不可见状态；当值设置为false时，元素处于可见状态。

4. spellcheck属性

spellcheck属性是HTML5中针对input（type=text）和textarea这两个文本输入框提供的一个新属性，spellcheck属性能够对用户输入的文本内容进行拼写和语法检查。该属性是一个布尔值的属性，具有true和false两种值。在应用该属性时，必须明确属性值为true或false，其书写格式如下：

```
<!--以下写法都是正确的-->
<input type="text" spellcheck="true">
<textarea spellcheck="false" name="" id="" cols="30" rows="10"></textarea>
<!--以下写法是错误的-->
<input type="text" spellcheck>
```

【TIPS】

如果元素的readonly属性和disabled属性值被设置为true，则不执行拼写检查。另外，目前除了IE之外，Firefox、chrome、safari和opera都对该属性提供了支持。

2.4　新的主体结构元素

> HTML5引用更多灵活的段落标签和功能标签，与HTML4相比，HTNL5的结构元素更加成熟。本节将带领大家了解这些新增的结构元素，包括它们的定义、表示意义和使用示例。

2.4.1　article元素

article元素一般用于文章区块，定义外部内容，如某篇新闻的文章，或者来自微博的文本，或者来自论坛的文本。通常用来表示来自其他外部源内容，它可以独立被外部引用。

⚠ 【例2.2】使用article元素

代码如下：

```
<!DOCTYPE html>
<html lang="en">
<head>
```

```
<meta charset="UTF-8">
<title>article元素</title>
<style>
h1,h2,p{text-align: center;}
</style>
</head>
<body>
<article>
<header>
<hgroup>
<h1>article元素</h1>
<h2>article元素HTML5中的新增结构元素</h2>
</hgroup>
</header>
<p>Article元素一般用于文章区块，定义外部内容。</p>
<p>比如某篇新闻的文章，或者来自微博的文本，或者来自论坛的文本。</p>
<p>通常用来表示来自其他外部源内容，它可以独立被外部引用。</p>
</article>
</body>
</html>
```

运行效果如图2-2所示。

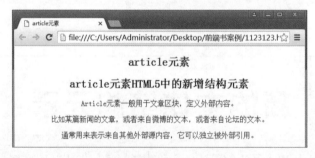

图2-2

需要注意的是，这里所讲的文章区块内容区块等是指HTML逻辑上的区块。

article元素可以嵌套article元素。此时从原则上讲，内部的article元素与外层的article元素是相关的。

2.4.2 section元素

section元素主要用来定义文档中的节（section），如章节、页面、页脚或文档中的其他部分。通常它用于成节的内容，或在文档流中开始一个新的节。

⚠ 【例2.3】使用section元素

代码如下：

```
<!DOCTYPE html>
<html lang="en">
```

```
<head>
<meta charset="UTF-8">
<title>section</title>
<style>
h1,p{text-align: center;}
</style>
</head>
<body>
<section>
<h1>section元素</h1>
<p>section元素是HTML5中新增的结构元素</p>
<p>section元素是HTML5中新增的结构元素</p>
<p>section元素是HTML5中新增的结构元素</p>
<p>section元素是HTML5中新增的结构元素</p>
<p>section元素是HTML5中新增的结构元素</p>
</section>
</body>
</html>
```

运行结果如图2-3所示。

图2-3

对于那些没有标题的内容，不推荐使用section元素，section元素强调的是一个专题性的内容，一般会带有标题。当元素内容聚合起来表示一个整体时，应该使用article元素替代section元素。section元素应用的典型情况有：文章的章节标签，对话框中的标签页，或者网页中有编号的部分。

section元素不仅是一个普通的容器元素。当section元素只是为了样式或者方便脚本使用时，应该使用div。一般来说，当元素内容明确出现在文档大纲中时，section就是适用的。

⚠ 【例2.4】结合使用article元素和section元素

代码如下：

```
<!DOCTYPE html>
<html lang="en">
<head>
<meta charset="UTF-8">
<title>article&section</title>
<style>
*{text-align: center;   }
```

```
</style>
</head>
<body>
<article>
<hgroup>
<h1>HTML5结构元素解析</h1>
</hgroup>
<p>HTML5中两个非常重要的元素，article与section</p>
<section>
<h1>article元素</h1>
<p>article元素一般用于文章区块，定义外观的内容</p>
</section>
<section>
<h1>section元素</h1>
<p>section元素主要用来定义文档中的节</p>
</section>
<section>
<h1>区别</h1>
<p>二者区别较为明显，大家注意两个元素的应用范围与场景</p>
</section>
</article>
</body>
</html>
```

在上面的示例代码中，分别使用了section和article元素，而且利用section对文章进行了分段。事实上，上面的代码可以用section代替article元素。但是article元素更强调文章的独立性，而section元素强调它的分段和分节功能，运行效果如图2-4所示。

图2-4

article元素是一个特殊的section元素，它比section元素更具明确的语义，它代表一个独立完整的相关内容块。一般来说，article会有标题部分，有时也会包含footer。虽然section也是带有主体性的一块内容，但是无论从结构上，还是内容上来说，article本身就是独立的。

2.4.3 nav元素

nav元素用来定义导航栏链接的部分，一般用来链接到本页的某部分或其他页面。

需要注意的是，并不是所有成组的超链接都需要放在nav元素里。nav元素里应该放入一些当前页面的主要导航链接。

⚠ 【例2.5】 使用nav元素

代码如下：

```
<!DOCTYPE html>
<html lang="en">
<head>
<meta charset="UTF-8">
<title>nav</title>
</head>
<body>
<h1>HTML5结构元素</h1>
<nav>
<ul>
<li><a href="#">items01</a></li>
<li><a href="#">items02</a></li>
</ul>
</nav>
<header>
<h2>nav元素</h2>
<nav>
<ul>
<li><a href="">nav元素的应用场景01</a></li>
<li><a href="">nav元素的应用场景02</a></li>
<li><a href="">nav元素的应用场景03</a></li>
<li><a href="">nav元素的应用场景04</a></li>
</ul>
</nav>
</header>
</body>
</html>
```

运行效果如图2-5所示。

图2-5

上面的示例就是nav元素应用的场景，通常会把主要的链接放入nav当中。

2.4.4 aside元素

aside元素用来定义article以外的内容，用于成节的内容，也可以用于表达注记、侧栏、摘要及插入的引用等补充主体的内容。它会在文档流中开始一个新的节，一般用于与文章内容相关的侧栏。

⚠ 【例2.6】 使用aside元素

代码如下：

```
<!DOCTYPE html>
<html>
<head>
<meta charset="utf-8">
<meta http-equiv="X-UA-Compatible" content="IE=edge">
<title></title>
<link rel="stylesheet" href="">
</head>
<body>
<article>
<h1>HTML5aside元素</h1>
<p>正文部分</p>
<aside>正文部分的附属信息部分，其中的内容可以是与当前文章有关的相关资料、名词解释等。
</aside>
</article>
</body>
</html>
```

运行效果如图2-6所示。

图2-6

2.4.5 time元素与微格式

time元素用来定义日期或时间，或者定义两者。通常它需要一个datatime属性来标明机器能够认识的时间。microformat即微格式，是利用HTML的属性来为网页添加附加信息的一种机制。

⚠ 【例2.7】 使用time元素

代码如下：

```
<!DOCTYPE html>
```

```
<html lang="en">
<head>
<meta charset="UTF-8">
<title>time</title>
</head>
<body>
<p>现在时间是<time>15:17</time>。</p>
<p>我是在<time datetime="2017-02-14">情人节</time>那天向她表白的！</p>
</body>
</html1>
```

运行效果如图2-7所示。

图2-7

当代码运行时，通过代码的解析，工程师就可以明确地知道"情人节"指的是2017年2月14号。
time元素是HTML中的新元素，它的属性如表2-1所示。

表2-1

属性	值	描述
Datetime	Datetime	定义元素的日期和时间

如果未定义该属性，则必须在元素的内容中规定日期和时间。

对于非语义结构的页面，HTML提供的结构基本上只能告诉浏览器把这些信息放在何处，无法深入
了解数据本身，因而无法帮助编程人员了解信息本身的含义。HTML5的微格式提供了一种机制，可以
把更复杂的标记引入HTML中，从而简化分析数据的工作。

没有人能预测微格式到底会给Web带来多大的变化，但微格式会帮助编程人员迅速设计出解决方
案。比如说，如果有一种很好的标准的方法来表示日期和时间，那么编程人员就能把来自诸网站的与
时间有关的信息组合起来，而不用花心思去编写复杂的分析器以猜测某人选择的格式。从多个数据源提供
的日历、时间和进度表制作起来就要简单得多。微格式是对HTML语义的一个扩充，可以使用户的HTML
代码被更多设备识别并使用。

2.4.6　pubdate属性

pubdate属性是一个可选的boolean值的属性，它可以用到article元素中的time元素上，意思是
time代表了文章或整个网页的发布日期。

⚠ 【例2.8】使用pubdate属性

代码如下：

```
<!DOCTYPE html>
<html lang="en">
<head>
<meta charset="UTF-8">
<title>pubdate</title>
</head>
<body>
<article>
<header>
<h1>香港</h1>
<p>我国香港特别行政区是于<time datetime="1997-07-01">1997年7月1日</time>回归的</p>
<p>notice date <time datetime="2017-03-15" pubdate>2017年03月15日</time></p>
</header>
<p>正文部分...</p>
</article>
</body>
</html>
```

代码运行结果如图2-8所示。

图2-8

在这个示例中有两个time元素，分别定义了两个日期，一个是回归日期，另一个是发布日期。由于都用了time元素，所以需要使用pubdate属性表明哪个time元素代表了发布日期。

2.5 新的非主体结构元素

> HTML5中还增加了一些非主体结构元素，如header元素、hgroup元素、footer元素、address元素等，本节分别讲解非主体结构元素的使用。

2.5.1 header元素

header元素是一种具有引导和导航作用的辅助元素，它通常代表一组简介或者导航性质的内容。其位置表现在页面或节点的头部。

通常header元素用于包含页面标题，当然这不是绝对的。header元素也可以用于包含节点的内容列表导航，如数据表格、搜索表单、相关的Logo图片等。

　　在整个页面中，标题一般放在页面的开头。一个网页中没有限制header元素的个数，可以拥有多个，可以为每个内容区块加一个header元素。

⚠️ **【例2.9】 使用header元素**

代码如下：

```
<!DOCTYPE html>
<html lang="en">
<head>
<meta charset="UTF-8">
<title>header</title>
</head>
<body>
<header>
<h1>这是页面的标题</h1>
</header>
<article>
<h2>这是第一章</h2>
<p>第一章的正文部分...</p>
</article>
<header>
<h2>第二个header标签</h2>
<p>因为html文档不会对header标签进行限制，所以我们可以创建多个header标签</p>
</header>
</body>
</html>
```

示例代码如图2-9所示。

图2-9

　　当header元素只包含一个标题元素时，就不要使用header元素了。article元素肯定会让标题在文档大纲中显现出来，而且header元素并不是包含多重内容。

2.5.2　hgroup元素

　　在2.5.1小节中使用的header元素，通过hgroup元素也能实现。hgroup元素的目的是将不同层级的标题封装成一组。通常会将h1~h6标题进行组合，譬如一个内容区块的标题及其子标题为一组。如果要定义一个页面的大纲，使用hgroup非常合适，如定义文章的大纲层级。代码如下：

```
<hgroup>
<h1>第三节</h1>
<h2>2.5hgroup元素</h2>
</hgroup>
```

在以下两种情况下，header元素和hgroup元素不能一起使用。

（1）当只有一个标题的时候，这两个元素不能一起使用，代码如下：

```
<header>
<hgroup>
<h1>第三节</h1>
<p>正文部分...</p>
</hgroup>
</header>
```

在这种情况下，只能将hgroup元素移除，仅保留其标题元素即可。

```
<header>
<h1>第三节</h1>
<p>正文部分...</p>
</header>
```

（2）当header元素的子元素只有hgroup元素的时候，这两个元素不能一起使用，代码如下：

```
<header>
<hgroup>
<h1>HTML5 hgroup元素</h1>
<h2>hgroup元素使用方法</h2>
</hgroup>
</header>
```

在上面的代码中，header元素的子元素只有hgroup元素，这时并没有其他的元素放到header中，就可以直接将header元素去掉，代码如下：

```
<hgroup>
<h1>HTML5 hgroup元素</h1>
<h2>hgroup元素使用方法</h2>
</hgroup>
```

综上所述，如果只有一个标题元素，并不需要hgroup元素。当出现两个或者两个以上的标题元素时，适合用hgroup元素来包围它们。当一个标题有副标题或者其他的与section或者article有关的元数据时，适合将hgroup和元数据放到一个单独的header元素中。

2.5.3 footer元素

长久以来，人们习惯于使用<div id="footer">这样的代码定义页面的页脚部分。但是在HTML5中就不需要如此了，HTML5提供了用途更广且扩展性更强的footer元素。<footer>标签定义文档或节的页脚。<footer>元素应当含有其包含元素的信息，页脚通常包含文档的作者、版权信息、使用条款链接、联系信息等。可以在一个文档中使用多个<footer>元素。

⚠ 【例2.10】 使用footer元素

代码如下：

```
<div id="footer">
<ul>
<li>关于我们</li>
<li>网站地图</li>
<li>联系我们</li>
<li>回到顶部</li>
<li>版权信息</li>
</ul>
</div>
```

现在不需要再这样写了，而是使用footer元素：

```
<footer>
<ul>
<li>关于我们</li>
<li>网站地图</li>
<li>联系我们</li>
<li>回到顶部</li>
<li>版权信息</li>
</ul>
</footer>
```

代码运行效果如图2-10所示。

图2-10

相比较而言，使用footer元素更加语义化了。

同样，在一个页面中也可以使用多个footer元素，既可以用作页面整体的页脚，也可以作为一个内容区块的结尾。比如，在article元素中可以添加脚注，代码如下：

```
<article>
<h1>文章标题</h1>
<p>正文部分...</p>
<footer>文章脚注</footer>
</article>
```

在section元素中可以添加脚注，代码如下：

```
<section>
<h1>段落标题</h1>
<p>正文部分</p>
<footer>本段脚注</footer>
</section>
```

2.5.4 address元素

<address>标签定义文档或文章的作者/拥有者的联系信息。

如果address元素位于body元素内，则它表示文档联系信息。

如果address元素位于article元素内，则它表示文章的联系信息。

address元素中的文本通常呈现为斜体。大多数浏览器会在 address 元素前后添加折行。

⚠ 【例2.11】使用address元素

代码如下：

```
<address>
写信给我们<br/>
<a href="xxxitanyxxx.com">进入官网</a><br/>
地址：江苏南京秦淮区龙蟠中路458号8栋网博优壹<br/>
tel: xxxxxxxxx
</address>
```

代码运行效果如图2-11所示。

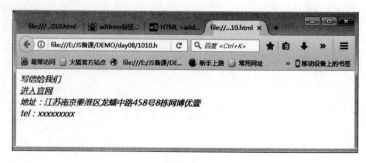

图2-11

本章小结

　　本章详细讲解了HTML5和HTML4在语法、元素和属性上的差异，还介绍了HTML5的新增元素。
　　通过学习本章，相信大家已经对HTML5主体结构元素和非主体结构元素有了一定的了解，这些
元素明显比以前的div标签更具有语义化。如何使用和熟悉这些标签，需要用户不断地练习和实践。

读书笔记

Chapter

03

HTML5绘图功能

本章概述

HTML5带来了一个非常令人期待的新元素——canvas。这个元素可以被JS用于绘制图形。利用这个元素，可以把自己喜欢的图形和图像随心所欲地展现在Web页面上。本章就讲解如何通过canvasAPI来操作canvas元素。

重点知识

- canvas概述
- 使用canvas API
- 绘制曲线路径
- 绘制图像
- canvas文本应用
- 动态时钟

3.1　canvas概述

> canvas元素允许脚本在浏览器页面中动态地渲染点阵图像。新的HTML5 canvas是一个原生HTML绘图簿，用于JavaScript代码，不使用第三方工具。canvas已经可以在几乎所有现代浏览器上良好运行了，Windows® Internet Explorer®除外。幸运的是，一个解决方案已经出现，可以将IE包含进来。

3.1.1　canvas是什么

本质上，canvas元素是一个白板，可以直接在它上面"绘制"一些可视内容。与拥有各种画笔的艺术家不同，可以使用不同的方法在canvas上作画。甚至可以在canvas上创建并操作动画，这不是使用画笔和油彩所能够实现的。

或者说，canvas是在浏览器上绘图的一种机制。以前是把jpeg、gif、png等格式的图片显示在浏览器中，这样的图片是需要先创建完成，再显示在页面当中的，其实就是静态的图片。这样的图片显然已经不能满足当今用户的需求了，于是HTML5canvas应运而生，现在很多手机上的小游戏都是用canvas来做的。

canvas是一个矩形区域，可以控制其中的每一个像素。默认矩形宽度是300×150px，当然，canvas也允许自定义画布的大小。

3.1.2　canvas的主要应用领域

下面介绍canvas的主要应用领域：

- 游戏：canvas在基于Web的图像显示方面比Flash更加立体，更加精巧；canvas游戏在流畅度和跨平台方面更优秀。
- 可视化数据（数据图表话）：如百度的echart、d3.js、three.js。
- banner广告：在Flash辉煌的时代，智能手机还未出现。对于现在以及未来的智能机时代，HTML5技术能够在banner广告上发挥巨大的作用，用canvas实现动态的广告效果再合适不过。

3.1.3　canvas历史

canvas标记由Apple在Safari 1.3 Web浏览器中引入。对HTML进行这一根本扩展的原因在于，Apple希望有一种方式在Dashboard中支持脚本化的图形。Firefox和Opera都跟随了Safari的脚步，这两个浏览器都支持canvas标记。

现在已经没有浏览器不支持canvas标记了。现在，凭借着一手熟练的canvas绘图能力，甚至就已经可以找到一份不错的工作了。

3.1.4 canvas坐标

在canvas当中有一个特殊的东西叫做"坐标"！没错，就是平时所熟知的坐标体系。canvas拥有自己的坐标体系，从最上角0，0开始，X向右是增大，Y向下是增大。也可以借助CSS当中的盒子模型的概念来帮助理解。

canvas坐标示意图如图3-1所示。

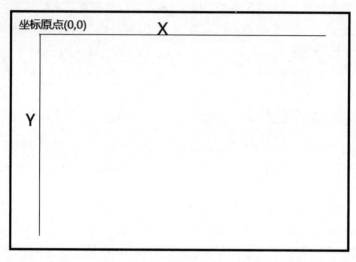

图3-1

尽管canvas元素功能非常强大，用处也很多，但在某些情况下，如果其他元素已经够用了，就不应该再使用canvas元素。例如，用canvas元素在HTML页面中动态绘制所有不同的标题，就不如直接使用标题样式标签（H1、H2等），必定它们与canvas元素实现的效果是一样的。

在访问页面的时候，如果浏览器不支持canvas元素，或者不支持HTML5 canvas API中的某些特性，那么开发人员最好提供一份替代代码。例如，开发人员可以通过一张替代图片或者一些说明性的文字告诉访问者：使用最新的浏览器可以获得更佳的浏览效果。下列代码展示了如何在canvas中指定替代文本，当浏览器不支持canvas的时候，会显示这些替代内容，代码如下：

```
<canvas>
Update your browser to enjoy canvas!
</canvas>
```

除了上面代码中的文本外，同样可以使用图片。不论是文本，还是图片，都会在浏览器不支持canvas元素的情况下显示出来。

提供替代图像或替代文本引出了可访问性这个话题。很遗憾，这是HTML5 canvas规范中明显的缺陷。例如，没有一种原生方法能够自动为已插入到canvas中的图片生成用于替换的文字说明。同样，也没有原生方法可以生成替代文字以匹配由canvas Text API动态生成的文字。暂时还没有其他方法可以处理canvas中动态生成的内容，不过已经有工作组开始着手这方面的设计了，让我们一起期待吧。

3.1.5 CSS和canvas

同大多数HTML元素一样，canvas元素也可以通过应用CSS的方式来增加边框，设置内边距、外边距等，而且一些CSS属性还可以被canvas内的元素继承。比如，应用字体样式在canvas内添加文字，其样式默认同canvas元素本身是一样的。在canvas中为context设置属性，同样要遵从CSS语法。例如，对context应用颜色和字体样式，跟在任何HTML和CSS文档中使用的语法完全一样。

除了IE以外，其他所有的浏览器现在都提供对HTML5 canvas的支持。不过，随后会列出一部分还没有被普遍支持的规范，canvas Text API 就是其中之一。但是作为一个整体，HTML5 canvas规范已经非常成熟，不会有特别大的改动了。从表3-1中可以看到，已经有很多浏览器支持HTML5 canvas了。

表3-1

浏览器	支持情况
Chrome	从1.0版本开始支持
Firefox	从1.5版本开始支持
Internet Explorer	从9.0版本开始支持
Opera	从9.0版本开始支持
Safari	从1.3版本开始支持

上面表格中的浏览器基本上都已经支持canvas，这对开发者来说是非常好的消息，这意味着canvas开发成本降低很多，也不需要再去花费大量的时间做恼人的各个浏览器之间的调试。

3.2 使用canvas API

> 本节将深入探讨HTML5 canvas API。为此，将使用各种HTML5 canvas API创建一幅类似于Logo的图像，图像是森林场景，有树，还有适合长跑比赛的完美跑道。虽然这个示例从平面设计的角度来看毫无竞争力，但可以合理演示HTML5 canvas的各种功能。

3.2.1 检测浏览器是否支持

在创建HTML5 canvas元素之前，首先要确保浏览器能够支持它。如果不支持，就要为那些古董级的浏览器提供一些替代文字。下列代码就是检测浏览器支持情况的一种方法，代码如下：

```
try{
    document.createElement("canvas").getContext("2d");
```

```
      document.getElementById("support").innerHTML="HTML5 Canvas is supported
in your browser.";}
   catch (e) {
      document.getElementById("support").innerHTML="HTML5 Canvas is not
supported in your browser.";
   }
```

上面的代码试图创建一个canvas对象，并且获取其上下文。如果发生错误，则可以捕获错误，进而得知该浏览器不支持canvas。页面中预先放入了ID为support的元素，通过适当的信息更新该元素的内容，可以反映出浏览器的支持情况。

以上示例代码能判断浏览器是否支持canvas元素，但不会判断具体支持canvas的哪些特性。示例中使用的API已经很稳定，并且各浏览器也都提供了很好的支持，所以通常不必担心这个问题。

此外，希望开发人员能够像以上代码一样，为canvas元素提供备用的显示内容。

3.2.2 在页面中加入canvas

在HTML页面中插入canvas元素非常直观。

⚠ 【例3.1】 使用canvas元素

代码如下：

```
<canvas width="300" height="300"></canvas>
```

以上代码会在页面上显示出一块300px×300px的区域。但是在浏览器中是看不见的，若需要很直观地在浏览器中预览效果的话，可以为canvas添加一些CSS样式，如边框和背景色，代码如下：

```
<!DOCTYPE html>
<html lang="en">
<head>
<meta charset="UTF-8">
<title>canvas</title>
<style>
canvas{
border:2px solid red;
background:#ccc;
}
</style>
</head>
<body>
<canvas id="diagonal" width="300" height="300"></canvas>
</body>
</html>
```

代码运行效果如图3-2所示。

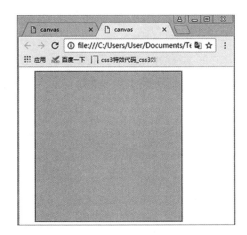

图3-2

现在拥有了一个带有边框和浅色背景的矩形了，这个矩形就是接下来的画布。在没有canvas的时候，想在页面上画一条对角线是非常困难的。自从有了canvas之后，绘制对角线的工作就变得很轻松了，只需要几行代码即可在"画布"中绘制一条标准的对角线了，代码如下：

```
<script>
Function drawDiagonal(){
//取得canvas元素及其绘图上下文
Var canvas=document.getElementById('diagonal');
Var context=canvas.getContext('2d');
//用绝对坐标来创建一条路径
context.beginPath();
context.moveTo(0,300);
context.lineTo(300,0);
//将这条线绘制到canvas上
context.stroke();
}
window.addEventListener("load",drawDiagonal,true);
</script>
```

代码运行效果如图3-3所示。

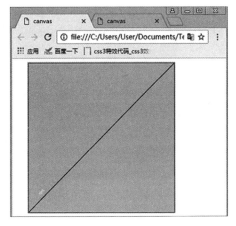

图3-3

仔细看一下上面这段绘制对角线的JavaScript代码。虽然简单，它却展示出了使用HTML5 canvas API的重要流程。

首先通过引用特定的canvas ID值来获取对canvas对象的访问权，这段代码中ID就是diagonal。接着定义一个context变量，调用canvas对象的getContext方法，并传入希望使用的canvas类型。代码清单中通过传入2d来获取一个二维上下文，这也是到目前为止唯一可用的上下文。

🔑【TIPS】

未来的某个版本中可能会增加对三维上下文的支持。

接下来，基于这个上下文执行画线的操作。在代码清单中，调用了三个方法（beginPath、moveTo和lineTo），传入了这条线的起点和终点的坐标。

moveTo和lineTo实际上并不画线，而是在结束canvas操作的时候，通过调用context.stroke()方法完成线条的绘制。虽然从这条简单的线段怎么也想象不到最新最美的图画，不过与以前的拉伸图像、怪异的CSS和DOM对象，以及其他怪异的实现形式相比，使用基本的HTML技术在任意两点间绘制一条线段已经是非常大的进步了。从现在开始，就把那些怪异的做法永远忘掉吧。

从上面的代码中可以看出，canvas中所有的操作都是通过上下文对象来完成的。在以后的canvas编程中也一样，因为所有涉及视觉输出效果的功能都只能通过上下文对象而不是画布对象来使用。这种设计使canvas拥有了良好的可扩展性，基于从其中抽象出的上下文类型，canvas将来可以支持多种绘制模型。虽然经常提到对canvas采取什么样的操作，但实际操作的是画布所提供的上下文对象。

如前面示例演示的那样，对上下文的很多操作都不会立即反映到页面上。beginPath、moveTo以及lineTo这些函数都不会直接修改canvas的展示结果。canvas中很多用于设置样式和外观的函数也同样不会直接修改显示结果。只有对路径应用绘制（stroke）或填充（fill）方法时，结果才会显示出来。否则，只有在显示图像、显示文本或者绘制、填充和清除矩形框的时候，canvas才会马上更新。

3.2.3 绘制矩形与三角形

前面已经给大家介绍了canvas的工作原理，下面就在页面中利用canvas绘制矩形与三角形，让大家对canvas有进一步的认识。

⚠️【例3.2】利用canvas绘制矩形

canvas只是一个绘制图形的容器，除了id、class、style等属性外，还有height和width属性。在canvas元素上绘图主要有三步：

Step 01 获取canvas元素对应的DOM对象，这是一个Canvas对象。

Step 02 调用Canvas对象的getContext()方法，得到一个CanvasRenderingContext2D对象。

Step 03 调用CanvasRenderingContext2D对象进行绘图。

绘制矩形rect()、fillRect()和strokeRect()：

- context.rect(x，y，width，height)：只定义矩形的路径。
- context.fillRect(x，y，width，height)：直接绘制出填充的矩形。
- context.strokeRect(x，y，width，height)：直接绘制出矩形边框。

HTML代码如下：

```
<canvas id="demo" width="300" height="300"></canvas>
```

JavaScript 代码如下：

```
<script>
Var canvas=document.getElementById("demo");
Var context = canvas.getContext("2d");
//使用rect方法
context.rect(10,10,190,190);
context.lineWidth = 2;
context.fillStyle = "#3EE4CB";
context.strokeStyle = "#F5270B";
context.fill();
context.stroke();
//使用fillRect方法
context.fillStyle = "#1424DE";
context.fillRect(210,10,190,190);
//使用strokeRect方法
context.strokeStyle = "#F5270B";
context.strokeRect(410,10,190,190);
//同时使用strokeRect方法和fillRect方法
context.fillStyle = "#1424DE";
context.strokeStyle = "#F5270B";
context.strokeRect(610,10,190,190);
context.fillRect(610,10,190,190);
</script>
```

代码运行效果如图3-4所示。

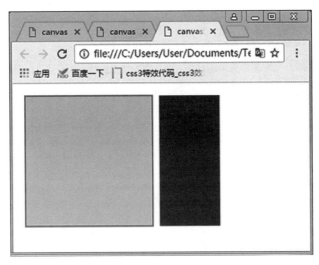

图3-4

这里需要说明两点。第一点：关于stroke()和fill()绘制的前后顺序，如果fill()后面绘制，那么当stroke边框较大时，会明显地把stroke()绘制出的边框遮住一半。第二点：设置fillStyle或strokeStyle属性时，可以通过rgba(255,0,0,0.2)来设置，这个设置的最后一个参数是透明度。

还有一个跟矩形绘制有关的因素——清除矩形区域：context.clearRect(x,y,width,height)。接收参数分别为：清除矩形的起始位置及矩形的宽和长。在上面的代码中绘制图形的最后加以下代码：

```
context.clearRect(100,60,600,100);
```

可以得到的效果如图3-5所示。

图3-5

⚠ 【例3.3】利用canvas绘制三角形

HTML代码如下：

```
<canvas id="canvas" width="500" height="500"></canvas>
```

JavaScript代码如下：

```
<script>
var canvas=document.getElementById("canvas");
var cxt=canvas.getContext("2d");
cxt.beginPath();
cxt.moveTo(250,50);
cxt.lineTo(200,200);
cxt.lineTo(300,300);
cxt.closePath();//填充或闭合 需要先闭合路径才能画
//空心三角形
cxt.strokeStyle="red";
cxt.stroke();
//实心三角形
cxt.beginPath();
cxt.moveTo(350,50);
cxt.lineTo(300,200);
cxt.lineTo(400,300);
cxt.closePath();
cxt.fill();
</script>
```

可以得到的效果如图3-6所示。

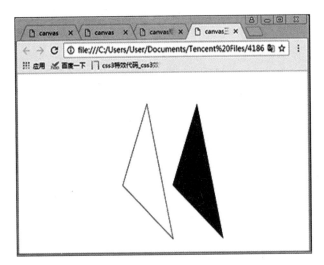

图3-6

通过上面两个案例，相信大家已经对如何在canvas上制作图形有了初步的认识，基本可以总结如下：

- 利用fiilStyle和strokeStyle属性可以方便地设置矩形的填充和线条，颜色值使用和CSS一样，包括十六进制数、rgb()、rgba()和hsla。
- 使用fillRect可以绘制带填充的矩形。
- 使用strokeRect可以绘制只有边框没有填充的矩形。
- 如果想清除部分canvas，可以使用clearRect。

以上几个方法的参数都是相同的，包括x、y、width和height。

3.3　绘制曲线路径

    canvas提供了绘制矩形的API，但对于曲线，并没有提供直接可以调用的方法。所以，我们需要利用canvas的路径来绘制曲线。使用路径，可以绘制线条、连续的曲线及复合图形。本节将学习利用canvas的路径绘制曲线的方法。

3.3.1　路径

关于绘制线条，还能提供很多有创意的方法。现在应该进一步学习稍复杂点的图形——路径。HTML5 canvas API中的路径代表你希望呈现的任何形状。前面绘制的对角线就是一条路径，代码中调用beginPath就说明是要开始绘制路径了。实际上，路径可以要多复杂有多复杂，如多条线、曲线段，甚至是子路径。如果想在canvas上绘制任意形状，那么需要重点关注路径API。

按照惯例，不论开始绘制何种图形，第一个需要调用的就是beginPath。这个简单的函数不带任何参数，它用来通知canvas将要开始绘制一个新的图形了。对于canvas来说，beginPath函数最大的用处是，canvas需要据此来计算图形的内部和外部范围，以便完成后续的描边和填充。

路径会跟踪当前坐标，默认值是原点。canvas本身也跟踪当前坐标，不过可以通过绘制代码来修改。

调用了beginPath之后，就可以使用context的各种方法来绘制想要的形状了。到目前为止，已经用到了几个简单的context路径函数：

- moveTo(x, y)：不绘制，只是将当前位置移动到新的目标坐标(x,y)。
- lineTo(x, y)：不仅将当前位置移动到新的目标坐标(x,y)，而且在两个坐标之间画一条直线。

简而言之，上面两个函数的区别在于：moveTo就像是提起画笔，移动到新位置，而lineTo告诉canvas用画笔从纸上的旧坐标画条直线到新坐标。不过，再次提醒一下，不管调用哪一个，都不会真正画出图形，因为还没有调用stroke或者fill函数。目前，只是在定义路径的位置，以便后面绘制时使用。

下一个特殊的路径函数叫做closePath。这个函数的行为同lineTo很像，唯一的差别在于，closePath会将路径的起始坐标自动作为目标坐标。closePath还会通知canvas当前绘制的图形已经闭合，或者形成了完全封闭的区域，这对将来的填充和描边都非常有用。

此时，可以在已有的路径中继续创建其他的子路径，或者随时调用beginPath重新绘制新路径，并完全清除之前的所有路径。

跟了解所有复杂系统一样，最好的方式还是实践。现在，先不管那些线条的例子，使用HTML5 canvas API开始创建一个新场景——带有长跑道的树林。权且把这个图案当成是长跑比赛的标志吧。同其他的画图方式一样，先从基本元素开始。在这幅图中，松树的树冠最简单。

⚠ 【例3.4】 绘制树冠

代码如下：

```
<!DOCTYPE html>
<html lang="en">
<head>
<meta charset="UTF-8">
<title>canvas路径</title>
</head>
<body>
<canvas id="demo" width="300" height="300"></canvas>
</body>
<script>
function createCanopyPath(context) {
// 绘制树冠
context.beginPath();
context.moveTo(-25, -50);
context.lineTo(-10, -80);
context.lineTo(-20, -80);
context.lineTo(-5, -110);
context.lineTo(-15, -110);
// 树的顶点
context.lineTo(0, -140);
context.lineTo(15, -110);
context.lineTo(5, -110);
context.lineTo(20, -80);
context.lineTo(10, -80);
```

```
context.lineTo(25, -50);
// 连接起点，闭合路径
context.closePath();
}
drawTrails();
function drawTrails() {
var canvas = document.getElementById('demo');
var context = canvas.getContext('2d');
context.save();
context.translate(130, 250);
// 创建表现树冠的路径
createCanopyPath(context);
// 绘制当前路径
context.stroke();
context.restore();
}
</script>
</html>
```

代码运行效果如图3-7所示。

图3-7

从上面的代码中可以看到，在JavaScript中用到的第一个函数仍然是前面用过的移动和画线命令，只不过调用次数多了一些。这些线条表现的是树冠的轮廓，最后代码闭合了路径。我们在这棵树的底部留出了足够的空间，后面将在这里的空白处画上树干。

这段代码中调用的第二个函数想必大家已经很熟悉了。先获取canvas的上下文对象，保存以便后续使用，将当前位置变换到新位置，画树冠，绘制到canvas上，最后恢复上下文的初始状态。以后会详细扩展这段代码，现在算是一个好的开始。

3.3.2 描边样式

如果开发人员只能绘制直线，而且只能使用黑色，那么HTML5 canvas API就不会如此强大和流行了。所以现在使用描边样式让树冠看起来更像是树吧。

⚠ 【例3.5】 描边样式

代码如下：

```
// 加宽线条
context.lineWidth = 4;
// 平滑路径的接合点
context.lineJoin = 'round';
// 将颜色改成棕色
context.strokeStyle = '#663300';
// 最后，绘制树冠
context.stroke();
```

以上代码属性，可以改变以后将要绘制的图形外观，这个外观起码可以保持到将context恢复到上一个状态。

首先，将线条宽度加粗到3像素。

接着，将lineJoin属性设置为round，这是修改当前形状中线段的连接方式，让拐角变得更圆滑；也可以把lineJoin属性设置成bevel或者miter（相应的context.miterLimit值也需要调整）以变换拐角样式。

最后，通过strokeStyle属性改变了线条的颜色。在这个例子中，使用了CSS值来设置颜色，不过在后面将看到，strokeStyle的值还可以用于生成特殊效果的图案或者渐变色。

还有一个没有用到的属性——lineCap，可以把它的值设置为butt、square或者round，以此来指定线条末端的样式。示例中的线是闭合的，没有端点。下图就是加工过的树冠，与之前扁平的黑线相比，现在是一条更粗、更平滑的棕色线条，效果如图3-8所示。

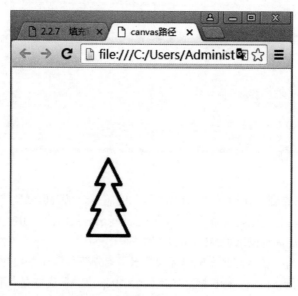

图3-8

3.3.3 填充样式

正如你所期望的那样，能影响canvas图形外观的并非只有描边，另一个常用于修改图形的方法是指定如何填充其路径和子路径。

⚠️ 【例3.6】 填充样式

代码如下：

```
// 将填充色设置为绿色并填充树冠
context.fillStyle = '#339900';
context.fill();
```

首先，将fillStyle属性设置成合适的颜色（在后面将看到，还可以使用渐变色或者图案填充）。然后，只要调用context的fill函数，就可以让canvas对当前图形中所有的闭合路径内部的像素点进行填充，效果如图3-9所示。

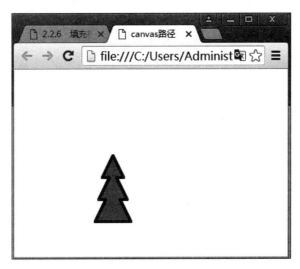

图3-9

由于是先描边后填充，因此填充会覆盖一部分描边路径。示例中路径的宽度是4像素，这个宽度是沿路径线居中对齐的，而填充是把路径轮廓内部所有像素全部填充，所以会覆盖描边路径的一半。如果希望看到完整的描边路径，可以在绘制路径（调用context.stroke()）之前填充（调用context.fill()）。

3.3.4 绘制树干

每棵树都有一个强壮的树干，在原始图形中已经为树干预留了足够的空间，现在可以通过fillRect函数画出树干。

⚠️ 【例3.7】 绘制树干

代码如下：

```
// 将填充色设为棕色
context.fillStyle = '#663300';
// 填充用作树干的矩形区域
context.fillRect(-5, -50, 10, 50);
```

在上面的代码中，再次将棕色作为填充颜色。不过跟上次不一样的是，不用lineTo功能画树干的边角，而是使用fillRect一步到位画出整个树干。调用fillRect并设置x、y两个位置的参数：宽度、高度。

随后，canvas会马上使用当前的样式进行填充。

虽然示例中没有用到，但与之相关的函数还有strokeRect和clearRect。strokeRect的作用是基于给出的位置和坐标画出矩形的轮廓。clearRect的作用是清除矩形区域内的所有内容，并将它恢复到初始状态，即透明色。

在HTML5 canvas API中，canvas的清除矩形功能是创建动画和游戏的核心功能。通过反复绘制和清除canvas片段，就可能实现动画效果，互联网上有很多这样的例子。但是，如果希望创建运行起来比较流畅的动画，就需要使用剪裁（clipping）功能了。有可能还需要二次缓存canvas，以便最小化因频繁的清除动作而导致的画面闪烁。本书中不会专门讲解动画，而鼓励大家自己探索学习。

图3-10显示的是基于树冠图形添加的一次填充的树干。

图3-10

3.3.5 绘制曲线

在生活中，多数情况下不只有直线和矩形，而canvas提供了一系列绘制曲线的函数。下面将用最简单的曲线函数——二次曲线绘制林荫小路。

⚠ 【例3.8】绘制林荫小路

代码如下：

```
// 保存canvas的状态并绘制路径
context.save();
context.translate(-10, 350);
context.beginPath();
// 第一条曲线向右上方弯曲
context.moveTo(0, 0);
context.quadraticCurveTo(170, -50, 260, -190);
// 第二条曲线向右下方弯曲
context.quadraticCurveTo(310, -250, 410,-250);
// 使用棕色的粗线条来绘制路径
context.strokeStyle = '#663300';
context.lineWidth = 20;
```

```
context.stroke();
// 恢复之前的canvas状态
context.restore();
```

跟以前一样，第一步要做的是保存当前canvas的context状态，因为即将变换坐标系，并修改轮廓设置。要画林荫小路，首先要把坐标恢复到修正层的原点，向右上角画一条曲线。

quadraticCurveTo函数绘制曲线的起点是当前坐标，带有两组（x,y）参数。第一组代表控制点（control point），第二组是指曲线的终点。所谓的控制点位于曲线的旁边（不是曲线之上），其作用相当于对曲线产生一个拉力。通过调整控制点的位置，就可以改变曲线的曲率。在右上方再画一条一样的曲线，以形成一条路。然后，像之前描边树冠一样把这条路绘制到canvas上（只是线条更粗了）。

HTML5 canvas API的其他曲线功能还涉及bezierCurveTo、arcTo和arc函数。这些函数通过多种控制点（如半径、角度等）让曲线更具可塑性。图3-11显示了绘制在canvas上的两条曲线，看起来就像是穿过树林的小路一样。

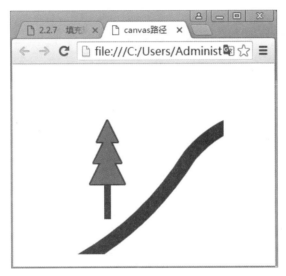

图3-11

现在，完整的小树和路边的林荫小道就已经完成了。虽然现在的画面看起来还不够丰富，但是掌握绘制方法后，只要肯花时间，把画面做得丰富起来应该是没有问题的。究竟这幅画能达到什么样的水平，就看各位读者的啦！

3.4 绘制图像

> 可以利用canvas API生成和绘制图像。本节将使用canvas API的基本功能来插入图像并绘制背景图像，并且通过实例来熟悉canvas变换，从而对canvas API有更深刻的认识。

3.4.1 插入图像

在canvas中显示图片非常简单。可以通过修正层为图片添加印章,拉伸或者修改图片,并且图片通常会成为canvas上的焦点。用HTML5 canvas API内置的几个简单命令可以轻松地为canvas添加图片内容。

不过,图片增加了canvas操作的复杂度,因为必须等到图片完全加载后才能对其进行操作。浏览器通常会在页面脚本执行的同时异步加载图片。如果试图在图片未完全加载之前就将其呈现到canvas上,那么canvas将不会显示任何图片。因此,开发人员要特别注意,在呈现之前,应确保图片已经加载完毕。

为保证在呈现之前图片已完全加载,可以进行回调,即只有当图像加载完成时才执行后续代码。

⚠ 【例3.9】 插入图像

代码如下:

```
<!DOCTYPE html>
<html lang="en">
<head>
<meta charset="UTF-8">
<title>Document</title>
<style>
canvas{
border:1px red solid;
}
</style>
</head>
<body>
<canvas id="cv" width="500" height="500"></canvas>
</body>
<script type="text/JavaScript">
function drawBeauty(beauty){
var mycv = document.getElementById("cv");
var myctx = mycv.getContext("2d");
myctx.drawImage(beauty, 0, 0);
}
function load(){
var beauty = new Image();
beauty.src = "http://images.cnblogs.com/cnblogs_com/html5test/359114/r_test.
jpg";
if(beauty.complete){
drawBeauty(beauty);
}else{
beauty.onload = function(){
drawBeauty(beauty);
};
beauty.onerror = function(){
window.alert('美女加载失败,请重试');
};
```

```
//load
if (document.all) {
window.attachEvent('onload', load);
}else {
window.addEventListener('load', load, false);
}
</script>
</html>
```

代码运行效果如图3-12所示。

图3-12

3.4.2 绘制渐变图像

渐变是指在两种或两种以上的颜色之间进行平滑过渡。对于canvas来说，渐变也是可以实现的。在canvas中可以实现两种渐变效果：线性渐变和径向渐变。

⚠ 【例3.10】 绘制线性渐变

代码如下：

```
<!DOCTYPE html>
<html lang="en">
<head>
<meta charset="UTF-8">
<title>Document</title>
</head>
<body>
<canvas id="canvas" width="400" height="400"></canvas>
```

```
</body>
<script>
// 获取canvas的ID
var canvas = document.getElementById('canvas');
// 获取上下文
var context = canvas.getContext('2d');
// 获取渐变对象
var g1 = context.createLinearGradient(0,0,0,300);
// 添加渐变颜色
g1.addColorStop(0,'rgb(255,255,0)');
g1.addColorStop(1,'rgb(0,255,255)');
context.fillStyle = g1;
context.fillRect(0,0,400,300);
var g2 = context.createLinearGradient(0,0,300,0);
g2.addColorStop(0,'rgba(0,0,255,0.5)');
g2.addColorStop(1,'rgba(255,0,0,0.5)');
for(var i = 0; i<10;i++)
{
context.beginPath();
context.fillStyle=g2;
context.arc(i*25, i*25, i*10, 0, Math.PI * 2, true);
context.closePath();
context.fill();
}
</script>
</html>
```

代码需要说明的是:

- createLinearGradient(x1,y1,x2,y2): 参数分别表示渐变起始位置和结束位置的横纵坐标。
- addColorStop(offset,color): offset表示设定的颜色离渐变起始位置的偏移量, 取值范围是0~1的浮点值。渐变起始偏移量是0, 渐变结束偏移量是1, color是渐变的颜色。

效果如图3-13所示。

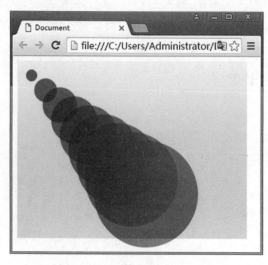

图3-13

⚠ 【例3.11】绘制径向渐变

代码如下：

```
<!DOCTYPE html>
<html lang="en">
<head>
    <meta charset="UTF-8">
    <title>Document</title>
</head>
<body>
    <canvas id="canvas" width="400" height="400"></canvas>
</body>
<script>
    // 获取canvas的ID
    var canvas = document.getElementById('canvas');
    // 获取上下文
    var context = canvas.getContext('2d');
    // 获取渐变对象
    var g1 = context.createRadialGradient(400,0,0,400,0,400);
    // 添加渐变颜色
    g1.addColorStop(0.1,'rgb(255,255,0)');
    g1.addColorStop(0.3,'rgb(255,0,255)');
    g1.addColorStop(1,'rgb(0,255,255)');
    context.fillStyle = g1;
    context.fillRect(0,0,400,300);
    var g2 = context.createRadialGradient(250,250,0,250,250,300);
    g2.addColorStop(1,'rgba(0,0,255,0.5)');
    g2.addColorStop(0.7,'rgba(255,255,0,0.5)')
    g2.addColorStop(0.1,'rgba(255,0,0,0.5)');
    for(var i = 0; i<10;i++)
    {
        context.beginPath();
        context.fillStyle=g2;
        context.arc(i*25, i*25, i*10, 0, Math.PI * 2, true);
        context.closePath();
        context.fill();
    }
</script>
</html>
```

对于方法createRadialGradient(x1,y1,radius1,x2,y2,radius2)，其中的x1，y1，radius1分别是渐变开始圆的圆心横纵坐标和半径，x2，y2，radius2分别是渐变结束圆的圆心横纵坐标和半径。

代码运行效果如图3-14所示。

通过上面两个案例可以看出，新建canvas对象后，再调用addColorStop方法给它上色。addColorStop方法有两个参数：颜色和偏移量。颜色参数是指开发人员希望在偏移位置描边或填充时所使用的颜色。偏移量是一个介于0.0-1.0之间的数值，代表沿着渐变线渐变的距离有多远，便可以达到渐变的效果。

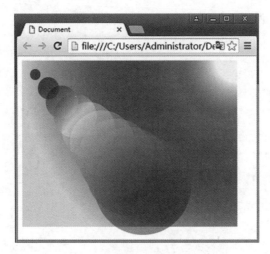

图3-14

3.4.3 缩放对象

在canvas中，也可以对canvas对象进行缩放操作，主要利用scale(x,y)方法实现。

scale这个方法有两个参数，分别代表x轴和y轴两个维度。每个参数在canvas显示图像的时候，向其传递在文本方向轴上图像要缩放的量。这个方法在后面的CSS3中还会再次接触。下面通过一个简单的实例来展示canvas的缩放功能。

【例3.12】 缩放对象

代码如下：

```
<!DOCTYPE html>
<html lang="en">
<head>
<meta charset="UTF-8">
<title>Document</title>
<style>
canvas{
border:2px solid red;
}
</style>
</head>
<body>
<canvas id="myCanvas" width="300" height="150"></canvas>
</body>
<script>
var myCanvas = document.getElementById("myCanvas");
var context = myCanvas.getContext("2d");
var rectWidth = 150;
var rectHeight = 75;
//把绘制的对象移动到画布的中心位置
context.translate(myCanvas.width/2,myCanvas.height/2);
//把图像缩小成原来的一半
```

```
context.scale(1,0.5);
context.fillStyle="blue";
context.fillRect(-rectWidth/2,rectHeight/2,rectWidth,rectHeight);
</script>
</html>
```

代码运行效果如图3-15所示。

图3-15

在这个实例中，使用了translate方法。该方法用来制定新的原点坐标，后续操作都是相对于新的原点坐标来操作取值的。若要恢复原点坐标，可以使用restore()方法。

3.4.4　变换对象

canvas中的变换有很多种，如缩放、移动、旋转等。在之前的章节中已经使用了缩放，并在缩放的过程中使用了translate这个移动参数，而这里主要了解的是旋转。

在canvas中，旋转主要用到的方法为rotate(angle)。angle为整数时，顺时针旋转；angle负数时，逆时针旋转。下面通过实例了解canvas中的旋转功能。

⚠ 【例3.13】旋转对象

代码如下：

```
<!DOCTYPE html>
<html lang="en">
<head>
<meta charset="UTF-8">
<title>Document</title>
</head>
<body>
<canvas id="myCanvas" width="300" height="300" style="border:2px solid red"></
canvas>
</body>
<script>
var myCanvas = document.getElementById("myCanvas");
var context = myCanvas.getContext("2d");
//obj.x/y为长方形在canvas中的位置
```

```
//obj.width/height为长方形的宽高
var obj = {
x:50,
y:50,
width:200,
height:200
}
//画出一个长方形
function rotate(){
context.clearRect(0,0,800,800);
context.fillStyle = "blue";
context.rotate(Math.PI/20);//给出旋转角度c ontext.strokeRect(obj.x,obj.y,obj.
width,obj.height);
context.fillRect(obj.x,obj.y,obj.width,obj.height);
}
rotate();
</script>
</html1>
```

代码运行效果如图3-16所示。

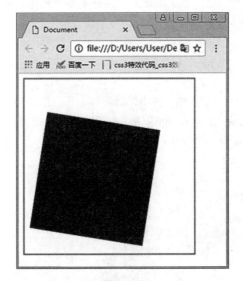

图3-16

3.5 canvas文本应用

操作canvas文本的方式与操作其他路径对象的方法相同，可以描绘文本轮廓和填充文本内部，同时所有能够应用于其他图形的变换和样式都能用于文本。本节就来学习canvas文本的应用。

3.5.1　文本绘制

文本绘制由以下两个方法组成：fillText(text,x,y,maxwidth)；trokeText(text,x,y,maxwidth)。

两个函数的参数完全相同，必选参数包括文本参数以及用于指定文本位置的坐标参数。maxwidth是可选参数，用于限制字体大小，它会将文本字体强制收缩到指定的尺寸。此外，还有一个measureText函数可供使用，该函数会返回一个度量对象，其中包含了在当前context环境下，指定文本的实际显示宽度。

为了保证文本在各浏览器中都能正常显示，canvas API为context提供了类似于CSS的属性，以此来保证实际显示效果的高度可配置，文本呈现的相关context属性如表3-2所示。

表3-2

属性	值	备注
font	CSS字体字符串	如italic Arial，scan-serif
textAlign	start、end、left、right、center	默认是start
textBaseline	top、hanging、middle、alphabetic、ideographic、bottom	默认是alphabetic

对上面这些context属性赋值能够改变context，而访问context属性可以查询到其当前值。

⚠️ 【例3.14】 绘制文本

代码如下：

```
<!DOCTYPE html>
<html>
<head>
<meta charset="UTF-8">
<title>HTML5 canvas绘制文本文字入门示例</title>
</head>
<body>
<!-- 添加canvas标签，并加上红色边框以便于在页面上查看 -->
<canvas id="myCanvas" width="400px" height="300px" style="border: 1px solid red;">
您的浏览器不支持canvas标签。
</canvas>
<script type="text/JavaScript">
//获取canvas对象(画布)
var canvas = document.getElementById("myCanvas");
//简单地检测当前浏览器是否支持canvas对象，以免在一些不支持HTML5的浏览器中提示语法错误
if(canvas.getContext){
//获取对应的CanvasRenderingContext2D对象(画笔)
var ctx = canvas.getContext("2d");
//设置字体样式
ctx.font = "30px Courier New";
//设置字体填充颜色
ctx.fillStyle = "blue";
//从坐标点(50,50)开始绘制文字
```

```
ctx.fillText("CodePlayer+中文测试", 50, 50);
}
</script>
</body>
</html>
```

代码运行效果如图3-17所示。

图3-17

3.5.2 应用阴影

使用内置的canvas Shadow API为文本添加模糊阴影的效果。虽然能够通过HTML5 canvas API将阴影效果应用于之前执行的任何操作中，但与很多图形效果的应用类似，阴影效果的使用也要把握好度。可以通过几种全局context属性来控制阴影，如表3-3所示。

表3-3

属性	值	备注
shadowColor	任何CSS中的颜色值	可以使用透明度（alpha）
ShadowOffsetX	像素值	值为正数，向右移动阴影； 值为负数，向左移动阴影
shadowOffsetY	像素值	值为正数，向下移动阴影； 值为负数，向上移动阴影
shadowBlur	高斯模糊值	值越大，阴影边缘越模糊

当shadowColor或者其他任意一项属性的值被赋为非默认值时，路径、文本和图片上的阴影效果就会被触发。

⚠ 【例3.15】 为文本添加阴影

代码接上例如下：

```
// 设置文字阴影的颜色为黑色，透明度为20%
ctx.shadowColor = 'rgba(0, 0, 0, 0.2)';
// 将阴影向右移动15px，向上移动10px
ctx.shadowOffsetX = 15;
ctx.shadowOffsetY = -10;
// 轻微模糊阴影
ctx.shadowBlur = 2;
```

代码运行效果如图3-18所示。

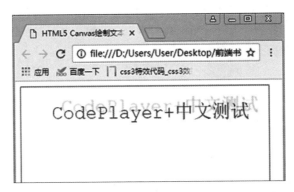

图3-18

3.5.3 像素数据

　　canvas API最有用的特性之一是，允许开发人员直接访问canvas底层像素数据。这种数据访问是双向的：一方面，可以以数值数组的形式获取像素数据；另一方面，可以修改数组的值以将其应用于canvas上。实际上，也可以通过直接调用像素数据的相关方法来控制canvas。这要归功于context API内置的三个函数。

　　第一个函数是context.getImageData(sx, sy, sw, sh)，它返回当前canvas状态，并以数值数组的方式显示。具体来说，返回的对象包括三个属性：

- width：每行有多少个像素。
- height：每列有多少个像素。
- data：一维数组，存有从canvas获取的每个像素的RGBA值。该数组为每个像素保存了四个值——红、绿、蓝和alpha透明度，每个值都在0～255之间。因此，canvas上的每个像素都在这个数组中变成了四个整数值。数组的填充顺序是从左到右，从上到下，也就是先第一行，再第二行，依此类推。

　　getImageData函数有四个参数，该函数只返回这四个参数所限定的区域内的数据。只有被x、y、width和height四个参数框定的矩形区域内的canvas上的像素才会被取到。因此要想获取所有像素数据，就需要这样传入参数：getImageData(0, 0, canvas.width, canvas.height)。

　　因为每个像素由四个图像数据表示，所以要计算指定的像素点对应的值是什么就有点儿头疼。

　　不要紧，下面有公式。

　　在设定了width和height的canvas上，在坐标(x, y)上的像素的构成如下：

- 红色部分：((width * y) + x) * 4。
- 绿色部分：((width * y) + x) * 4 + 1。
- 蓝色部分：((width * y) + x) * 4 + 2。
- 透明度部分：((width * y) + x) * 4 + 3。

一旦可以通过像素数据的方式访问对象，就可以通过数学方式轻松修改数组中的像素值，因为这些值都是0~255的简单数字。修改了任何像素的红、绿、蓝和alpha值之后，可以通过第二个函数来更新canvas上的显示，那就是context.putImageData(imagedata, dx, dy)。

putImageData允许开发人员传入一组图像数据，其格式与最初从canvas上获取来的是一样的。这个函数使用起来非常方便，因为可以直接用从canvas上获取数据加以修改，然后返回。一旦这个函数被调用，所有新传入的图像数据值就会立即在canvas上更新显示出来。dx和dy参数可以用来指定偏移量。如果使用，则该函数就会跳到指定的canvas位置去更新显示传进来的像素数据。

最后，如果想预先生成一组空的canvas数据，则可调用context.createImageData(sw, sh)，这个函数可以创建一组图像数据并绑定在canvas对象上。这组数据可以像先前那样处理，只是在获取canves数据时，这组图像数据不一定会反映canvas的当前状态。

实例精讲 动态时钟

> 　　相信通过前面的学习，各位读者已经对canvas的绘图功能有了较为全面的认识了。本节将会通过一个案例，带着大家一起把之前所学的canvas知识灵活运用起来，以达到一个新的高度。

本例制作一个动态的时钟，最终的代码运行效果如图3-19所示。

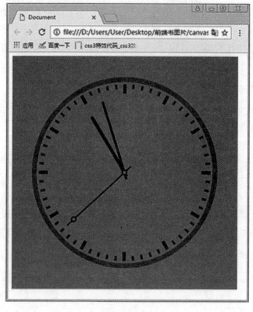

图3-19

下面就来讲解这样的时钟效果是如何完成的。

首先创建一个画布，并指定大小和id，同时给画布加上一个背景色。

```
<canvas id = "clock" width = "500" height ="500" style = "background:gray">
你的浏览器太老了，不支持canvs标签，看不到时钟！
</canvas>
```

然后在script中通过document.getElementById()得到画布，同时使用getContext()方法返回一个对象，指出访问绘图功能必要的API。

```
<script>
var clock = document.getElenmentById("clock");
var cxt = clock.getContext('2d');
</script>
```

最后使用得到的cxt进行各种属性的设置和绘制。

```
var clock = document.getElementById('clock');
var cxt = clock.getContext('2d');
function drawClock() {
//清屏,可以看到针在移动
cxt.clearRect(0,0,500,500);
//得到系统当前的时间
var now = new Date();
//得到时、分、秒
var sec = now.getSeconds();
var min = now.getMinutes();
var hour = now.getHours();
//小时是浮点数，类型要得到时针准确的位置，必须将当前的分钟也转换为小时
hour = hour+min/60;
//将24小时转化为12小时制
hour =(hour>12)?(hour-12):hour;
//绘制表盘
cxt.lineWidth=10;
cxt.strokeStyle = "blue";
cxt.beginPath();
cxt.arc(250,250,200,0,360,false);
cxt.stroke();
cxt.closePath();
//绘制刻度
//时刻度
for(var i = 0; i < 12; i++) {
cxt.save();
//设置时针的粗细
cxt.lineWidth = 7;
//设置时针的颜色
cxt.strokeStyle="#000";
//设置异次元空间的0,0点
```

```
cxt.translate(250,250);
//再设置旋转角度
cxt.rotate(i*30*Math.PI/180);
//开始绘制
cxt.beginPath();
cxt.moveTo(0,-170);
cxt.lineTo(0,-190);
cxt.stroke();
cxt.closePath();
cxt.restore();
}
//分刻度
for(var i = 0; i < 60; i++) {
cxt.save();
//设置分刻度的粗细
cxt.lineWidth = 5;
//设置分刻度的颜色
cxt.strokeStyle = "#123";
//设置或者重置画布的0,0点
cxt.translate(250,250);
//设置旋转的角度
cxt.rotate(i*6*Math.PI/180);
//开始绘制
cxt.beginPath();
cxt.moveTo(0,-180);
cxt.lineTo(0,-190);
cxt.stroke();
cxt.closePath();
cxt.restore();
}
//时针
cxt.save();
//设置时针风格
cxt.lineWidth = 7;
//设置时针的颜色
cxt.strokeStyle = "#000" ;
//设置异次元空间的0,0点
cxt.translate(250,250);
//设置旋转的角度
cxt.rotate(hour*30*Math.PI/180);
//开始绘制
cxt.beginPath();
cxt.moveTo(0,-140);
cxt.lineTo(0,10);
cxt.stroke();
cxt.closePath();
cxt.restore();
//分针
cxt.save();
```

```
//设置分针的风格
cxt.lineWidth = 5;
cxt.strokeStyle = "#000";
//设置异次元空间分针画布的圆心
cxt.translate(250,250);
//设置旋转角度
cxt.rotate(min*6*Math.PI/180);
//开始绘制
cxt.beginPath();
cxt.moveTo(0,-160);
cxt.lineTo(0,15);
cxt.stroke();
cxt.closePath();
cxt.restore();
//秒针
cxt.save();
//设置秒针的风格
cxt.lineWidth = 3;
cxt.strokeStyle = '#000';
//设置异次元分针画布的圆心
cxt.translate(250,250);
//设置旋转角度
cxt.rotate(sec*6*Math.PI/180);
//绘制秒针
cxt.beginPath();
cxt.moveTo(0,-170);
cxt.lineTo(0,20);
cxt.stroke();
cxt.closePath();
//画出时针、分针、秒针的交叉点
cxt.beginPath();
cxt.arc(0,0,5,0,360,false);
//设置填充样式
cxt.fillStyle = "gray";
cxt.fill();
//设置笔触样式(秒针已设置)
cxt.stroke();
cxt.closePath();
//设置秒针前段的小圆点
cxt.beginPath();
cxt.arc(0,-150,5,0,360,false);
//设置填充样式
cxt.fillStyle="gray";
cxt.fill();
//设置笔触样式(秒针已设置)
cxt.stroke();
cxt.closePath();
cxt.restore();
}
```

```
//使用setInterval(方法名，每隔多少毫秒重绘一下）每隔一段时间重新绘制，看到动的效果
drawClock();   //刷新不出现延迟
setInterval(drawClock,1000);
```

好了， 代码到这里就结束了，大家可以去运行自己的代码，看一下运行效果，看到自己写出来的会动的时钟会更有感觉吧！

在上面的代码中，有一些方法和属性需要重点掌握，如表3-4所示。

表3-4

方法和属性	说　　明
getContext()	返回一个对象，指出访问绘图功能必要的API
lineWidth	设置或返回当前的线条宽度(1 ~ 10)
strokeStyle	设置或返回用于笔触的颜色、渐变或模式（线条的）
beginPath()	起始一条路径，或重置当前路径，每画一个新的图形，都要重置一个新的路径，否则所有的图会连起来
closePath()	创建从当前点回到起始点的路径，绘图就发生在beginPath()和closePath()中间，有始有终
arc()	创建弧/曲线（用于创建圆形或部分圆），有六个参数，依次是圆心（x,y）、坐标、半径、画过的幅度，后面的boolean值控制顺时针还是逆时针
stroke()	绘制已定义的路径，不调用这个方法就不会有东西出来。画的是线条，对应的有填充的fill()
save()	保存当前环境的状态，主要是用在旋转的时候，对应的是下面的释放restore()方法，它们两个是成对出现
restore	返回之前保存过的路径状态和属性。
translate()	重新映射画布上的（0,0）位置，主要用在旋转哪里，重置圆心，后面的都要以当前的圆心为标准
moveTo()	把路径移动到画布中的指定点，不创建线条，相当于起始点
lineTo()	添加一个新点，和上面的moveTo()指定的点构成一条直线
fillStyle()	设置填充的样式，颜色，和上面的strokeStyle()对应记忆
fill()	填充当前绘图，没有这个方法也不会有显示，和上面的stroke()对应记忆
setInterval()	指定相应的时间，再次执行指定的方法，有两个参数，一个是方法名，一个是时间
clearRect()	在给定的矩形内清除指定的东西
rotate()	旋转当前绘图，传入一个角度的参数

以上是这个时钟主要用到的canvas中的API和属性。canvas中的属性和方法是很多的，上表列举的只是一小部分，多练，多用就会熟悉了。

本章小结

　　本章主要学习了利用canvas API进行绘图的方法，包括路径、矩形、描边、文本阴影等。通过本章的学习，能对canvas的绘图功能有全面的认识，并且能够利用canvas绘制想要的图形和图案效果。

读书笔记

Chapter

04

视频和音频应用

本章概述

现在已进入Web视听时代，视频和音频内容在互联网上的传播呈现出铺天盖地的态势。因此，学习并掌握视频和音频在网络上的应用，是Web开发者必备的技能，本章就一起来学习HTML对视频和音频的应用。

重点知识

- audio和video概述
- 使用audio和video元素

4.1 audio和video概述

> 以前，在网页中要播放音频或者视频，多数情况下都是需要通过第三方插件来完成。在HTML5中，可以大胆地扔掉之前繁琐的操作和让你感到厌烦的冗余代码。在HTML5中，可以直接使用audio和video元素在网页中载入外部的音频和视频资源，通过对标签内属性的设置，可以让网页载入外部资源时选择需要的播放模式，即立即播放或者出现"播放"按钮。

4.1.1 HTML5中音视频的问题

尽管外界对HTML5支持视频非常看好，也有取代Flash的潜力，但HTML5视频规范仍然不够成熟，因此还是存在一些问题的。

最显著的问题就是在IE中是不支持的，尽管IE9已经开始支持了。本地UI控件也很方便，但是外观和功能在各浏览器之间是不一致的。为第三方视频建立沙盒比较困难，至少需要内联框架才能完成。

在视频弹幕满天飞的今天，目前HTML5的规范是不够成熟和完善的。

4.1.2 浏览器支持情况

截至2017年4月10日，五大浏览器厂商对HTML5中的audio元素的支持情况如表4-1所示。

表4-1

浏览器	MP3	Wav	Ogg
Internet Explorer	YES	NO	NO
Chrome	YES	YES	YES
Firefox	YES	YES	YES
Safari	YES	YES	NO
Opera	YES	YES	YES

对HTML5中的video元素的支持情况如表4-2所示。

表4-2

浏览器	MP4	WebM	Ogg
Internet Explorer	YES	NO	NO
Chrome	YES	YES	YES

（续表）

浏览器	MP4	WebM	Ogg
Firefox	YES 从 Firefox 21 版本开始 Linux 系统从 Firefox 30 开始	YES	YES
Safari	YES	NO	NO
Opera	YES 从 Opera 25 版本开始	YES	YES

以上就是五大主流浏览器厂商对HTML5中的audio和video元素的支持情况。至于360、遨游、世界之窗、QQ等国产浏览器的支持情况则需要看其内核是哪个厂商的了。一般来说，国内浏览器使用chrome内核的居多，支持情况一般不会很差。

4.2　使用audio和video元素

> 　　前面对HTML5中的audio和video元素了进行简单的讲解，那么这两个元素在HTML5中如何使用呢？下面就一起来学习audio和video元素在HTML5中是如何工作的。

4.2.1　检测浏览器是否支持

在HTML5中，检测浏览器是否支持audio或video元素，最简单的方式是用脚本动态创建它，然后检测特定函数是否存在，代码如下：

```
var hasVideo = !!(document.createElement('video').canPlayType);
```

这段脚本会动态创建一个video元素，然后检查canPlayType()函数是否存在。通过"!!"运算符将结果转换成布尔值，就可以反映出视频对象是否已创建成功。

如果检测结果是浏览器不支持audio或video元素的话，则需要针对这些老的浏览器触发另外一套脚本来向页面中引入媒体标签。虽然同样可以用脚本控制媒体，但使用的是其他播放技术了，如Flash。

另外，可以在audio或video元素中放入备选内容。如果浏览器不支持该元素，那么这些备选内容就会显示在元素对应的位置上。也可以把以Flash插件方式播放同样视频的代码作为备选内容。

如果仅仅只想显示一条文本形式提示信息替代本应显示的内容，那就简单了，在audio或video元素中按下面这样的方式插入信息即可，代码如下：

```
<video src="video.ogg" controls>
Your browser does not support HTML5 video.
```

```
</video>
```

如果要为不支持HTML5媒体的浏览器提供可选方式来显示视频，可以使用相同的方法，将以插件方式播放视频的代码作为备选内容，放在相同的位置即可，代码如下：

```
<video src="video.ogg">
<object data="videoplayer.swf" type="application/x-shockwave-flash">
<param name="movie" value="video.swf"/>
</object>
</video>
```

在video元素中嵌入显示Flash视频的object元素之后，如果浏览器支持HTML5视频，那么HTML5视频会优先显示，Flash视频作后备。不过在HTML5被广泛支持之前，可能需要提供多种的视频格式。

4.2.2　audio元素

作为多媒体元素，audio元素用来向页面中插入音频或其他音频流。

⚠ 【例4.1】添加音频

代码如下：

```
<!DOCTYPE html>
<html lang="en">
<head>
<meta charset="UTF-8">
<title>Document</title>
</head>
<body>
<audio src="Sleep Away.mp3" controls ></audio>
</body>
</html>
```

上面代码中的audio元素总共做了这几件事：先是规定了在页面中插入一个音频文件，再指定了音频的路径，最后让这个音频文件有一个可以供用户使用的播放和暂停音频的按钮。代码运行效果如图4-1所示。

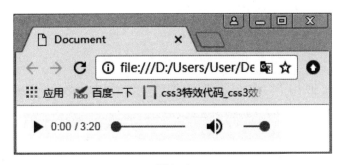

图4-1

从图中可以看出，有一个可以控制播放和暂停的按钮、一个可以拖拽进度的进度条、一个以进度条显示的调节音量的控件。这么少的代码就已经完成了这么多的操作！

当然，如果audio元素只有上面那三个功能的话，还远远不能满足用户的需要。下面列出了audio元素的一些其他属性与功能。

（1）自动播放，如果需要网页中的音频自动播放，可以使用autoplay属性，代码如下：

```
<audio src="Sleep Away.mp3" autoplay></audio>
```

（2）按钮播放，如果需要网页中的音频有控制播放的按钮，可以使用controls属性，代码如下：

```
<audio src="Sleep Away.mp3" controls></audio>
```

（3）循环播放，如果需要网页中的音频循环播放，可以使用loop属性，代码如下：

```
<audio src="Sleep Away.mp3" autoplay  loop></audio>
```

（4）静音，如果需要网页中的音频静音，可以使用muted属性，代码如下：

```
<audio src="Sleep Away.mp3" autoplay muted></audio>
```

（5）预加载，如果需要网页中的音频预加载，可以使用preload属性，代码如下：

```
<audio src="Sleep Away.mp3" preload></audio>
```

🔑 【 TIPS 】

> 注意preload属性不能与autoplay属性共存。

以上就是需要学习与了解的audio元素的集中播放模式。当然，有时候也会遇到一个头疼的问题：MP3格式不被浏览器支持，不能正常播放我们想听的歌或者其他音频文件。所以需要一个完美的解决方案。HTML5考虑了这个问题，可以采用多音频文件的方式来解决，也就是通过准备一个备用的音频文件即可解决。

解决方案的代码如下：

```
<audio controls>
<source src="Sleep Away.mp3"/>
<source src="Sleep Away.ogg"/>
</audio>
```

在上面这段代码中，使用了source元素，从而使浏览器可以自动选择能够播放的音频文件。如果浏览器不支持MP3文件，那么就会播放下面的ogg文件。如果两个文件都能识别，则会只播放第一个文件。

4.2.3 使用audio元素

在对audio元素有了全面的了解后，下面制作一个案例，以便大家更好地掌握audio元素。可以为audio元素加上按钮，利用audiogenic实现更加丰富的音频效果。

⚠ 【例4.2】 添加按钮

代码如下：

```
<!DOCTYPE html>
<html lang="en">
<head>
<meta charset="UTF-8">
<title>Document</title>
</head>
<body>
<audio id="player" controls>
<source src="Sleep Away.mp3"/>
<source src="Sleep Away.ogg"/>
</audio>
<hr/>
<!--为audio元素添加四个按钮，分别是播放、暂停、增加声音和减小声音-->
<input type="button" value="播放" onclick="document.getElementById("player").
play()">
<inpu type="button"value="暂停" onclick="document.getElementById("player").
pause()">
<inpu type="button"value="增加声音" onclick="document.
getElementById("player").volume+=0.1">
<input ype="button" value="减小声音" onclick="document.
getElementById("player").volume-=0.1">
</body>
</html>
```

代码运行效果如图4-2所示。

图4-2

4.2.4 video元素

在HTML5以前，如果要在网页中观看视频，都需要一些外部的插件才能完成。但在HTML5中，不需要Flash这样的插件了，只需要下面这段代码即可：

```
<video src="Wildlife.wmv">您的浏览器不支持video</video>
```

代码虽然很简单，但是目前浏览器之间支持的格式不同，都会遇到问题。可以像audio元素的解决方案那样，通过加入备用的视频文件来适应不同的浏览器。当然，这里依然需要source元素来引入需要的视频文件，代码如下：

```
<video width="320" height="240" controls>
<source src="movie.mp4" type="video/mp4">
<source src="movie.ogg" type="video/ogg">您的浏览器不支持Video标签。
</video>
```

4.2.5 使用video元素

⚠ 【例4.3】 使用video元素

在对video元素有了一个全面的了解后，下面通过实际操作加深一下理解，具体代码如下：

```
<!DOCTYPE htm1>
<htm1>
<head>
<meta charset="UTF-8" />
<title>video test</title>
<script type="text/JavaScript">
var video;
function init(){
video = document.getElementById("video1");
//监听视频播放结束事件
video.addEventListener("ended",function(){
alert("播放结束。");
},true);
//发生错误
video.addEventListener("error",function(){
switch(video.error.code){
case MediaError.Media_ERROR_ABORTED:
alert("视频的下载过程被中止。");
break;
case MediaError.MEDIA_ERR_NETWORK:
alert("网络发生故障，视频的下载过程被中止。");
break;
case MediaError.MEDIA_ERR_DECODE:
alert("解码失败。");
break;
```

```
case MediaError.MEDIA_ERR_SRC_NOT_SUPPORTED:
alert("不支持播放的视频格式。");
break;
}
},false);
}
function play(){
//播放视频
video.play();
}
function pause(){
//暂停视频
video.pause();
}
</script>
</head>
<body onLoad="init()">
<!--可以添加controls属性来显示浏览器自带的播放控制条-->
<video id="video1" src="test.gov"></video>
<br/>
<button onClick="play()">播放</button>
<button onClick="pause()">暂停</button>
</body>
</html>
```

本章小结

　　本章较为详细地介绍了HTML5中audio和video元素的用法。使用HTML5中的audio和video元素可以轻松地在网页上实现音频和视频。随着HTML5标准的不断完善和发展，HTML5支持的音频和视频会不断丰富起来。

Chapter

05

表单应用

本章概述

　　表单是HTML5最大的改进之一。HTML5表单大大改进了表单的功能，改进了表单的语义化。对于Web全段开发者而言，HTML5表单大大提高了工作效率。本章就介绍HTML5中表单的应用。

重点知识

- HTML5 form概述
- 新的表单元素
- 表单新属性
- form应用

5.1 HTML5 form概述

> HTML5 Form被业界称为Web Form 2.0，是对目前Web表单的全面升级，在保持简便易用特性的同时，还增加了很多内置控件和属性来满足用户的需求，并且减少了开发人员的编程工作。

5.1.1 HTML5 form的新特性

HTML5 Form在保持了简便易用的同时，还增加了很多的内置控件和属性，HTML5主要在以下几个方面对目前的Web表单做了改进。

1. 内建的表单校验系统

HTML5为不同类型的输入控件，各自提供了新的属性以控制这些控件的输入行为，如常见的必填项required属性，以及数字类型控件提供的max、min等。在提交表单时，一旦校验错误，浏览器将不执行提交操作，并且会给出相应的提示信息，如下面的代码所示：

```
<input type="text" required/>
<input type="number" min="1" max="10"/>
```

2. 新的控件类型

HTML5提供了一系列新控件，完全具备类型检查的功能，如email输入框。

```
<input type="email" />
```

当然，除了上述email类型之外，还有非常重要的日期输入类型框。在HTML5之前，通常使用JS和CSS实现日历脚本，而现在只需要使用<input type="date" />即可实现日期的选择。

3. 改进的文件上传控件

可以使用一个空间上传多个文件，自行规定上传文件的类型，甚至可以设定每个文件的最大容量。在HTML5应用中，文件上传控件将变得非常强大和易用。

4. 重复的模型

HTML5提供了一套重复机制，来帮助用户构建一些需要重复输入的列表，其中包括add、remove、move-up、move-down等按钮类型。通过一套重复的机制，开发人员可以非常方便地实现经常看到的编辑列表。

5.1.2 浏览器支持情况

在应用HTML5 Form时，各浏览器支持的程度不一，因此需要熟练掌握各浏览器对HTML5中Form的支持情况。在表5-1~表5-3分别列出它们对HTML5新的输入类型、新的表单元素、新的表单属性的支持情况。

表5-1

输入类型	IE	Firefox	Opera	Chrome	Safari
email	No	4.0	9.0	10.0	No
url	No	4.0	9.0	10.0	No
number	No	No	9.0	7.0	No
range	No	No	9.0	4.0	4.0
Date pickers	No	No	9.0	10.0	No
search	No	4.0	11.0	10.0	No
color	No	No	11.0	No	No

表5-2

表单元素	IE	Firefox	Opera	Chrome	Safari
datalist	No	No	9.5	No	No
keygen	No	No	10.5	3.0	No
output	No	No	9.5	No	No

表5-3

表单属性	IE	Firefox	Opera	Chrome	Safari
autocomplete	8.0	3.5	9.5	3.0	4.0
autofocus	No	No	10.0	3.0	4.0
form	No	No	9.5	No	No
form overrides	No	No	10.5	No	No
height and width	8.0	3.5	9.5	3.0	4.0
list	No	No	9.5	No	No
min, max and step	No	No	9.5	3.0	No
multiple	No	3.5	No	3.0	4.0
novalidate	No	No	No	No	No
pattern	No	No	9.5	3.0	No
placeholder	No	No	No	3.0	3.0
required	No	No	9.5	3.0	No

通过上面的表格可以看出，目前Opera对新的输入类型的支持最好。不过，已经可以在所有主流的浏览器中使用它们了。即使不被支持，仍然可以显示为常规的文本域。如果在学习中使用不一样的浏览器，可能会在支持度和外观上出现差异。

5.1.3　输入型控件

HTML5 拥有多个新的表单输入型控件，这些新特性提供了更好的输入控制和验证，下面就来为大家介绍一下这些新的表单输入型控件。

1. Input类型-email

email 类型用于应该包含e-mail地址的输入域。在提交表单时，会自动验证email域的值，代码实例如下：

```
E-mail: <input type="email" name="email_url" />
```

2. Input类型-url

url类型用于应该包含url地址的输入域。在提交表单时，表单会自动验证url域的值，代码实例如下：

```
Home-page: <input type="url" name="user_url" />
```

 【TIPS】

　　iPhone 中的 Safari 浏览器支持 url输入类型，并通过改变触摸屏键盘来配合它（添加 .com 选项）。

3. Input类型-number

number类型用于应该包含数值的输入域。还能够设定对所接受数字的限定，代码实例如下：

```
points: <input type="number" name="points" max="10" min="1" />
```

请使用如表5-4所示的属性来规定对数字类型的限定。

表5-4

属性	值	描述
max	number	规定允许的最大值
min	number	规定允许的最小值
step	number	规定合法的数字间隔（如果step="3"，则合法的数是-3，0，3，6等）
value	number	规定默认值

【TIPS】--

iPhone中的Safari浏览器支持number输入类型，并通过改变触摸屏键盘来配合它（显示数字）。

4. Input类型-range

range类型用于应该包含一定范围内数字值的输入域。range类型在页面中显示为可移动的滑动条，还能够设定对所接受数字的限定，代码实例如下：

```
<input type="range"  min="2"  max="9" />
```

请使用如表5-5所示的属性来规定对数字类型的限定。

表5-5

属性	值	描述
max	number	规定允许的最大值
min	number	规定允许的最小值
step	number	规定合法的数字间隔（如果 step="3"，则合法的数是 -3，0，3，6 等）
value	number	规定默认值

5. Input类型-Date Pickers（日期选择器）

HTML5拥有多个可供选取日期和时间的新输入类型，包括：
- date: 选取日、月、年。
- month: 选取月、年。
- week: 选取周、年。
- time: 选取时间（小时和分钟）。
- datetime: 选取时间、日、月、年（UTC 时间）。
- datetime-local: 选取时间、日、月、年（本地时间）。

如果我们想要从日历中选取一个日期，代码如下：

```
Date: <input type="date" name="date" />
```

6. Input 类型 – search

search类型用于搜索域，开发者可以用在大名鼎鼎的百度搜索。search域在页面中显示为常规的单行文本输入框。

7. Input 类型 – color

color类型用于颜色，可以让用户在浏览器中直接使用拾色器找到自己想要的颜色。color域会在页面中生成一个允许用户选取颜色的拾色器。

代码实例如下：

```
color: <input type="color" name="color_type" />
```

5.2 新的表单元素

在HTML5 Form中，添加了一些新的表单元素。这些元素能够更好地帮助完成开发工作，同时能更好地满足客户的需求。下面就来一起学习这些新的表单元素。

本节介绍新的表单元素有：datalist、eygen、Output。

1. datalist元素

<datalist>标签定义选项列表。它与input元素配合使用，以定义input可能的值。datalist及其选项不会被显示出来，它仅仅是合法的输入值列表。一般使用input元素的list属性来绑定datalist。

⚠ 【例5.1】 使用datalist元素

代码如下：

```
<input list="cars" />
<datalist id="cars">
<option value="BMW">
<option value="Ford">
<option value="Volvo">
</datalist>
```

代码运行效果如图5-1所示。

图5-1

2. keygen元素

<keygen>标签用于表单对密钥的生成。当提交表单时，私钥存储在本地，公钥发送到服务器上。

代码实例如下:

```
<form action="demo_keygen.asp" method="get">
    Username: <input type="text" name="usr_name" />
    Encryption: <keygen name="security" />
    <input type="submit" />
</form>
```

在这里，很多人可能都会好奇，这个keygen标签到底是干什么的？一般会在什么样的场景下去使用它呢？下面就为大家解除疑惑。

首先<keygen>标签会生成一个公钥和私钥，私钥会存放在用户本地，而公钥则会发送到服务器上。那么<keygen>标签生成的公钥/私钥是用来做什么的？在看到公钥/私钥的时候，应该就会想到非对称加密。没错，<keygen>标签在这里起到的作用也是一样的。

<keygen>标签所期望的是在收到SPKAC（SignedPublicKeyAndChallenge）排列后，服务器会生成一个客户端证书（Client Certificate），然后返回到浏览器，让用户去下载保存到本地。在需要验证的时候，使用本地存储的私钥和证书后，通过TLS/SSL安全传输协议到服务端做验证。

以下是使用<keygen>标签的益处：

● 可以提高验证时的安全性。
● 如果是作为客户端证书来使用，可以提高对MITM攻击的防御力度。
● keygen标签是跨越浏览器实现的，实现起来非常容易。
● 可以不用考虑操作系统的管理员权限问题。

例如，操作系统对不同用户设置了不同的浏览器权限，IE或者其他浏览器可以设置禁用key的生成，在这种情况下，可以通过keygen标签来生成和使用没有误差的客户端证书。

3. output元素

<output>标签定义不同类型的输出，如脚本的输出。这个新元素是一个好用且好玩的东西。下面通过使用output元素做出一个简易的加法计算器。

⚠️ 【例5.2】使用output元素

代码如下:

```
<form oninput="x.value=parseInt(a.value)+parseInt(b.value)">0
<input type="range" id="a" value="50">100
+<input type="number" id="b" value="50">
=<output name="x" for="a b"></output>
</form>
```

代码运行效果如图5-2所示。

图5-2

5.3　表单新属性

> 在HTML5 form中，新添了很多新属性，这些新属性与传统的表单相比，功能更加强大，用户体验也更好。

下面介绍HTML5 form中表单的新属性。

1. form属性

在HTML4中，表单内的从属元素必须书写在表单内部。而在HTML5中，可以把它们书写在页面上的任何位置，然后给元素指定一个form属性，属性值为该表单单位的ID，这样就可以声明该元素从属于指定表单了，代码实例如下：

```
<form action="" id="myForm">
<input type="text" name="">
</form>
<input type="submit" form="myForm" value="提交">
```

在上面的实例中，提交表单并没有写在<form>表单元素内部。如果是之前的HTML版本，那么这个提交按钮在页面中只是一个可以看但是却没用的按钮；但是在HTML5中，为它加入了form属性，使得它即便没有写在<form>表单中，依然可以执行自己的提交动作，这样就大大方便了在写页面布局时考虑页面结构是否合理。

2. formaction属性

在HTML4中，一个表单内的所有元素都只能通过表单的action属性统一提交到另一个页面。在HTML5中，可以给所有的提交按钮（如<input type="submit"/>、<input type="image" src="" />和<button type="submit"></button>）都增加不同的formaction属性，单击不同的按钮，可以将表单中的内容提交到不同的页面，代码示例如下：

```
<form action="" id="myForm">
<input type="text" name="">
<input type="submit" value="" formaction="a.php">
<input type="image" src="img/logo.png" formaction="b.php">
<button type="submit" formaction="c.php"></button>
</form>
```

除了formaction属性之外，还有formenctype、formmethod、formtarget等属性也可以重载form元素的enctype、method、target等属性。

3. placeholder属性

使用placeholder属性就是输入占位符，是出现在输入框中的提示文本。当用户单击输入框时，它就会自动消失。一般来说，placeholder属性用于提示用户在文本框内应该输入的内容或规则。如果浏览器不支持此属性的话，就会被自动忽略，显示浏览器默认的状态。当输入框中有值或者获得焦点时，不显示placeholder的值。

使用方法也是非常简单的，只要在input输入类型中加入placeholder属性，然后指定提示文字即可，代码实例如下：

```
<input type="text" name="username" placeholder="请输入用户名" />
```

代码运行效果如图5-3所示。

请输入用户名

图5-3

4. autofocus属性

autofocus属性用于指定input在网页加载后自动获得焦点，代码示例如下：

```
<input type="text" autofocus/>
```

代码运行效果如图5-4所示。

请输入用户名

图5-4

从上图中可以看出，页面加载完成后光标会自动跳转到输入框，等待用户输入。

5. novalidate属性

新版本的浏览器会在提交时对email、number等语义input做验证。有的会显示验证失败信息；有的则不提示失败信息，只是不提交。为input、button、form等增加novalidate属性，则提交表单时进行的有关检查会被取消，表单将无条件提交，代码实例如下：

```
<form action="novalidate" >
<input type="text">
<input type="email">
<input type="number">
<input type="submit" value="">
</form>
```

6. required属性

可以对input元素与textarea元素指定required属性。该属性表示在用户提交时进行检查，检查该元素内一定要有输入内容，代码示例如下：

```
<form action="" novalidate>
<input type="text" name="username" required />
```

```
<input type="password" name="password" required />
<input type="submit" value="提交">
</form>
```

7. autocomplete属性

autocomplete属性用来保护敏感用户的数据，避免本地浏览器对它们进行不安全的存储。通俗地说，可以设置input在输入时是否显示之前的输入项。例如，可以应用在登录用户处，避免安全隐患，代码实例如下：

```
<input type="text" name="username" autocomplete />
```

当属性值为on时，该字段不受保护，值可以被保存和恢复。当属性值为off时，该字段受保护，值不可以被保存和恢复。当属性值不指定时，使用浏览器的默认值。

8. list属性

在HTML5中，为单行文本框增加了list属性，该属性的值是某个datalist元素的id，代码实例如下：

```
<input list="cars" />
<datalist id="cars">
<option value="BMW">
<option value="Ford">
<option value="Volvo">
</datalist>
```

代码运行效果如图5-5所示。

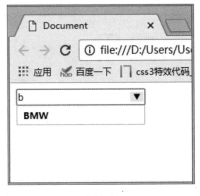

图5-5

9. min和max属性

min与max这两个属性是数值类型或日期类型，它们是input元素的专用属性，限制了在input元素中输入的数字与日期的范围。代码实例如下：

```
<input type="number" min="0" max="100" />
```

代码运行效果如图5-6所示。

图5-6

10. step属性

step属性控制input元素中的值在增加或减少时的步幅，代码示例如下：

```
<input type="number" step="4"/>
```

11. pattern属性

pattern属性主要通过一个正则表达式来验证输入的内容，代码实例如下：

```
<input type="text" required pattern="[0-9][a-zA-Z]{5}" />
```

上述代码表示，输入的内容格式必须是以一个数字开头，后面紧跟五个字母，字母大小写类型不限。

12. multiple属性

multiple属性允许输入域中选择多个值，通常它适用于file类型，代码实例如下：

```
<input type="file" multiple />
```

上述代码中的file类型本来只能选择一个文件，但是加上multiple属性之后可以同时选择多个文件进行上传操作。

实例精讲 form应用

用户注册页面是所有论坛、SNS社区都会用到的一个界面。作为注册页面，通常有以下几个元素：

● 用户名：作为登录使用。

● 密码：登录时使用。

● 邮箱、电话以及其他个人信息：了解用户的联系方式及其他信息。

在对注册表单进行提交操作时，通常都会对用户名、密码、邮箱等信息进行验证，这是为了防止非法字符进入数据库，也可以及时在页面上抛出异常，避免用户的多次操作。

下面就介绍一个常见的注册表单的案例，以巩固前面学习的form及其新增属性的知识，进一步加强对HTML5表单的使用，代码实例如下：

```
<!DOCTYPE html>
<html lang="en">
<head>
<meta charset="UTF-8">
```

```
<title>HTML5 Forms</title>
<style>
*{margin:0;padding:0;}
h1{
text-align: center;
background:#ccc;
}
form{
/* text-align:center; */
}
div{
padding:10px;
padding-left:50px;
}
.prompt_word{
color:#aaa;
}
</style>

</head>
<body>
<h1>用户注册表</h1>
<form id="userForm" action="#" method="post" oninput="x.value=userAge.
value">
<div>
用户名：<input type="text" name="username" required pattern="[0-9a-zA-z]
{6,12}" placeholder="请输入用户名">
<span class="prompt_word">用户名必须是6-12位英文字母或者数字组成</span>
</div>
<div>
密码：<input type="password" name="pwd2" id="pwd1" required placeholder="请输
入密码" pattern="[a-zA-Z][a-zA-Z0-9]{10,20}" />
<span class="prompt_word">密码必须是英文字母开头和数字组成的10-20位字符组成</span>
</div>
<div>
确认密码：<input type="password" name="pwd2" id="pwd2" required placeholder="
请再次输入密码" pattern="[a-zA-Z][a-zA-Z0-9]{10,20}" />
<span class="prompt_word">两次密码必须一致</span>
</div>
<div>
姓名：<input type="text" placeholder="请输入您的姓名" />
</div>
<div>
生日：<input type="date" id="userDate" name="userDate">
</div>
<div>
主页：<input type="url" name="userUrl" id="userUrl">
</div>
<div>
```

```
邮箱: <input type="email" name="userEmail" id="userEmail">
</div>
<div>
年龄: <input type="range" id="userAge" name="userAge" min="1" max="120"
step="1" />
<output for="userAge" name="x"></output>
</div>
<div>
性别: <input type="radio" name="sex" value="man" checked>男<input type="radio"
name="sex" value="woman">女
</div>
<div>
头像: <input type="file" multiple>
</div>
<div>
学历: <input type="text" list="userEducation">
<datalist id="userEducation">
<option value="初中">初中</option>
<option value="高中">高中</option>
<option value="本科">本科</option>
<option value="硕士">硕士</option>
<option value="博士">博士</option>
<option value="博士后">博士后</option>
</datalist>
</div>
<div>
个人简介: <textarea name="userSign" id="userSign" cols="40" rows="5"></
textarea>
</div>
<div>
<input type="checkbox" name="agree" id="agree"><label for="agree">我同意注册协
议</label>
</div>
</form>
<div>
<input type="submit" value="确认提交" form="userForm" />
</div>
</body>
</html>
```

代码运行效果如图5-7所示。

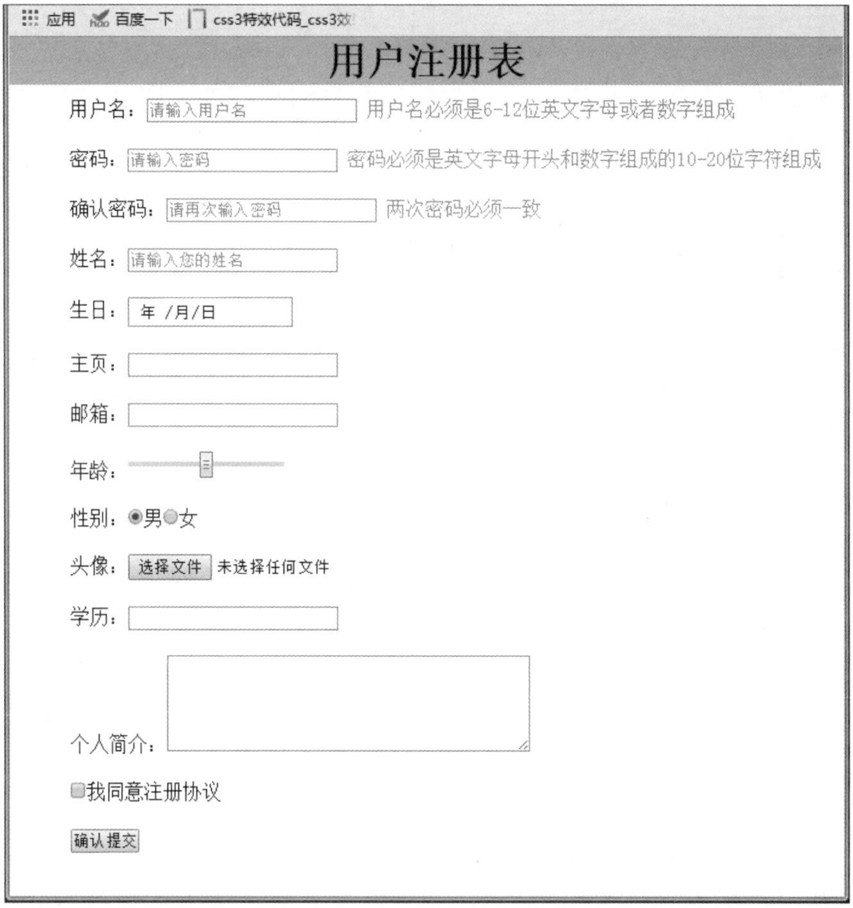

图5-7

本章小结

　　本章首先介绍了HTML5 Form的新特性，接着讲解了各大浏览器对HTML5 Form支持的情况，然后对新的输入型控件、表单元素和表单属性做了详细的介绍，最后通过一个实例带着大家深入巩固对HTML5 Form的使用。

　　通过本章的学习，相信大家可以体会到HTML5表单的强大功能和方便性，进而通过对表单新的输入类型和特性的实践加深表单的应用。

Chapter

06

HTML5拖放

本章概述

　　HTML5提供了直接支持拖放操作的API，支持浏览器与其他应用程序之间的数据互相拖动，这也是HTML5中较为突出的一个部分。

重点知识

- 拖放API
- 重现邮箱附件拖拽上传

6.1 拖放API

> 虽然在HTML5之前已经可以使用mousedown、mousemove和mouseup来实现拖放操作，但是只支持在浏览器内部拖放。而在HTML5中，已经支持在浏览器与其他应用程序之间完成数据的互相拖动，同时大大简化了有关拖放的代码。

6.1.1 实现拖放API的过程

在HTML5中，要想实现拖放操作，至少需要经过如下两个步骤。

Step 01 把要拖放的对象元素的draggable属性设置为true(draggable="true")，这样才能拖放该元素，代码实例如下：

```
<div draggable="true">可以对我进行拖拽！</div>
```

另外，img元素与a元素（必须制定href）默认允许拖放。

Step 02 编写与拖放有关的事件处理代码。

下面是与拖放有关的几个主要事件：

- ondtagstart事件：当拖拽元素开始被拖拽时触发的事件，此事件作用在被拖拽的元素上。
- ondragenter事件：当拖拽元素进入目标元素时触发的事件，此事件用在目标元素上。
- ondragover事件：当拖拽元素在目标元素上移动时触发的事件，此事件用在目标元素上。
- ondrop事件：当被拖拽元素在目标上同时松开鼠标时触发的事件，此事件作用在目标元素上。
- ondragend事件：当拖拽完成后触发的事件，此事件作用在被拖拽的元素上。

6.1.2 dataTransfer对象的属性与方法

HTML5支持拖拽数据储存，主要使用dataTransfer接口，作用于元素的拖拽基础上。dataTransfer对象包含以下几个属性和方法：

- dataTransfer.dropEffrct[=value]：返回已选择的拖放效果，如果该操作效果与最初设置的effectAllowed效果不符，则拖拽操作失败。可以设置修改，包含四个值：none、copy、link和move。
- dataTransfer.effectAllowed[=value]：返回允许执行的拖拽操作效果，可以设置修改，包含九个值：none、copy、copyLink、copyMove、link、linkMove、move、all和uninitiallzed。
- dataTransfer.types：返回在dragstart事件触发时为元素存储数据的格式，如果是外部文件的拖拽，则返回files。
- dataTransfer.clearData([format,data])：删除指定格式的数据，如果未指定格式，则删除当前元素的所有携带数据。
- dataTransfer.setData(format,data)：为元素添加指定数据。
- dataTransfer.getData(format)：返回指定数据，如果数据不存在，则返回空字符串。

- dataTransfer.files：如果是拖拽文件，则返回正在拖拽的文件列表FileList。
- dataTransfer.setDragimage(element,x,y)：指定拖拽元素时跟随鼠标移动的图片，x和y分别是相对于鼠标的坐标。
- dataTransfer.addElement(element)：添加一起跟随拖拽的元素，如果想让某个元素跟随被拖拽元素一同被拖拽，则使用此方法。

⚠ 【例6.1】拖放区域

Step 01 打开sublime，创建一个HTML文档，标题为"我的第一个拖拽练习"。

Step 02 创建两个div方块区域，分别定义id为d1和d2，其中d2是将来要进行拖拽操作的div，所以要定义属性draggable，值为true，HTML的代码如下：

```
div id="d1"></div>
<div id="d2" draggable="true">请拖拽我</div>
```

Step 03 样式的部分也很简单，d1作为投放区域，面积可以大一些，d2作为拖拽区域，面积小一些，为了更好地区分它们，还把它们的边框颜色给改变了，style代码如下：

```
*{margin:0;padding:0;}
#d1{width: 500px;
    height: 500px;
    border:blue 2px solid;
    }
#d2{width: 200px;`
    height: 200px;
    border: red so lid 2px;
    }
```

Step 04 通过JavaScript操作拖放API的部分，首先需要在页面中获取元素，分别获取到d1和d2（d1为投放区域，d2为拖拽区域），Script代码如下：

```
var d1 = document.getElementById("d1");
var d2 = document.getElementById("d2");
```

接着为拖拽区域绑定事件，分别为开始拖动和结束拖动，并让它们在d1里面反馈出来，代码如下：

```
d2.ondragstart = function(){
d1.innerHTML = "开始! ";
}
d2.ondragend = function(){
d1.innerHTML += "结束! ";
}
```

拖拽区域的事件写完之后，在页面上可以拖动d2区域，也能在d1里面看见页面的反馈，但是现在还不能把d2放入到d1中去。为此，需要为投放区分别绑定一系列的事件，也是为了能够及时看见页面的反馈，接着在d1里面写入一些文字，代码如下：

```
d1.ondragenter = function (e){
d1.innerHTML += "进入";
e.preventDefault();
}
d1.ondragover = function(e){
e.preventDefault();
}
d1.ondragleave = function(e){
d1.innerHTML += "离开";
e.preventDefault();
}
d1.ondrop = function(e){
// alert("成功! ");
e.preventDefault();
d1.appendChild(d2);
}
```

【TIPS】

　　dragenter和dragover可能会受到浏览器默认事件的影响，所以在这两个事件中使用e.preventDefault();来阻止浏览器的默认事件。

　　到这里，已经实现了这个简单的拖拽小实例了。当然，如果你需要再深入完善实例的话，可以为这个拖拽事件添加一些数据。例如，可以在拖拽事件一开始的时候就把数据添加进去，代码如下：

```
d2.ondragstart = function(e){
e.dataTransfer.setData("myFirst","我的第一个拖拽小实例! ");
d1.innerHTML = "开始! ";
}
```

　　这样，数据myFirst就放进拖拽事件中了，可以在拖拽事件结束之后把数据读取出来，代码如下：

```
d1.ondrop = function(e){
// alert("成功! ");
e.preventDefault();
alert(e.dataTransfer.getData("myFirst"));
d1.appendChild(d2);
}
```

　　拖拽动作进行前的效果如图6-1所示，拖拽动作进行后的效果如图6-2所示。

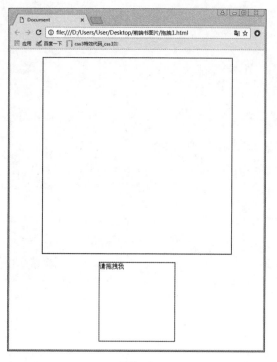

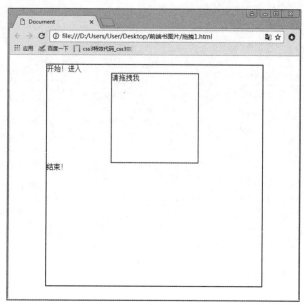

图6-1   图6-2

6.1.3 拖放列表

在页面中有两块区域，它们中可能会有一些子元素，通过鼠标的拖拽让这些子元素在两个父元素里面来回交换，这样的效果应该怎么实现呢？

⚠ 【例6.2】 拖放列表

Step 01 打开sublime，新建一个HTML文档，命名为"拖放列表"。在页面中需要两个div作为容器，用来存放一些小块的span，HTML代码如下：

```
<div id="content"></div>
<div id="content2">
<span>item1</span>
<span>item2</span>
<span>item3</span>
<span>item4</span>
</div>
```

Step 02 为文档中的这些元素描上样式。为了区分两个div，分别为它们描上不同的边框颜色，CSS代码如下：

```
*{margin:0;padding:0;}
#content{
margin:20px auto;
width: 300px;
height: 300px;
```

```
border:2px red solid;
}
#content span{
display:block;
width: 260px;
height: 50px;
margin:20px;
background:#ccc;
text-align:center;
line-height:50px;
font-size:20px;
}
#content2{
margin:0 auto;
width: 300px;
height: 300px;
border:2px solid blue;
list-style:none;
}
#content2 span{
display:block;
width: 260px;
height: 50px;
margin:20px;
background:#ccc;
text-align:center;
line-height:50px;
font-size:20px;
}
```

Step 03 为这些元素执行拖放操作。在开发的时候，不一定知道div中有多少个span子元素，所以一般不会直接在HTML页面中的span元素中添加draggable属性，而是通过JS动态地为每个span元素添加draggable属性，JS代码如下：

```
var cont = document.getElementById("content");
var cont2 = document.getElementById("content2");
var aSpan = document.getElementsByTagName("span");

for(var i=0;i<aSpan.length;i++){
aSpan[i].draggable = true;
aSpan[i].flag = false;
aSpan[i].ondragstart = function(){
this.flag = true;
}
aSpan[i].ondragend = function(){
this.flag = false;
}
}
```

拖拽区域的事件写完了，这里特别要注意的是，除了为每个span添加draggable属性之外，还添加自定义属性flag。这个flag属性在后面的代码中会有大作用！

投放区域的事件在上一小节中已经介绍过了，这里就不再赘述了，代码如下：

```
cont.ondragenter = function(e){
e.preventDefault();
}
cont.ondragover = function(e){
e.preventDefault();
}
cont.ondragleave = function(e){
e.preventDefault();
}
cont.ondrop = function(e){
e.preventDefault();
for(var i=0;i<aSpan.length;i++){
if(aSpan[i].flag){
cont.appendChild(aSpan[i]);
}
}
}
cont2.ondragenter = function(e){
e.preventDefault();
}
cont2.ondragover = function(e){
e.preventDefault();
}
cont2.ondragleave = function(e){
e.preventDefault();
}
cont2.ondrop = function(e){
e.preventDefault();
for(var i=0;i<aSpan.length;i++){
if(aSpan[i].flag){
cont2.appendChild(aSpan[i]);
}
}
}
```

到这里，代码就全部完成了。其实原理不复杂，操作也足够简单。相比较以前使用纯JavaScript操作来说，已经简化了很多，大家也自己动手试试，一起来实现这样的列表拖放效果。

拖拽前和拖拽后的效果如图6-3、6-4所示。

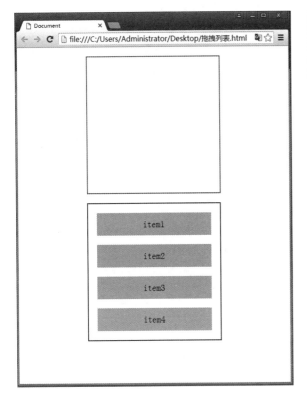

图6-3

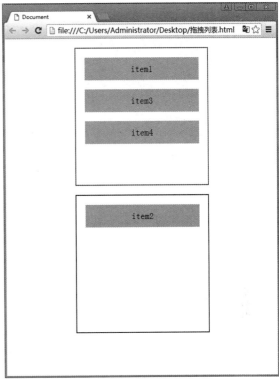

图6-4

实例精讲 重现邮箱附件拖拽上传

我们经常会在邮箱里上传文件，接下来就模拟在QQ邮箱中上传文件的操作。通过这个实例可以找到HTML5中文件拖放不一样的功能，代码如下：

```
<!doctype html>
<html>
<head>
<meta charset="utf-8">
<title>HTML5重现QQ邮箱附件拖拽上传</title>
<style>
*{
margin:0;
padding:0;
word-wrap: break-word;
font-family:"Hiragino Sans GB","Hiragino Sans GB W3","Microsoft YaHei",
font-style:normal;
font-size:100%;
list-style:none;
}
```

```
#uploadbox{
margin:100px auto;
width:800px;
height:150px;
line-height:150px;
text-align:center;
font-size:24px;
color:#999;
border:3px #c0c0c0 dashed;
position:relative;
}
</style>
<script>
var $ = function(id){return document.getElementById(id);};
window.onload = function()
{
var uploadbox = $("uploadbox");
uploadbox.ondragover = function(e)
{
e.preventDefault();
this.innerHTML = "ÊÍ·ÅÊ6±ê£¬Á¢¼´ÉÏ´«£¡";
this.style.background = "#eee";
return false;
};
uploadbox.ondragleave = function()
{
this.innerHTML = "½«ÎÄ¼þÍÏ×§ÖÁ´ËÇøÓò£¬¼´¿ÉÉÏ´«£¡";
this.style.background = "#fff";
return false;
};
uploadbox.ondrop = function(e)
{
e.preventDefault();
var fd = new FormData();
for(var i = 0, j = e.dataTransfer.files.length; i < j; i++)
{
fd.append("files[]", e.dataTransfer.files[i]);
}
upload(fd);
return false;
};
var upload = function(f)
{
var xhr = new XMLHttpRequest();
xhr.open("POST", "up.php", true);
xhr.setRequestHeader('X-Requested-With', 'XMLHttpRequest', 'Content-Type',
'multipart/form-data;');
xhr.upload.onprogress = function(e)
{
```

```
var percent = 0;
if(e.lengthComputable)
{
percent = 100 * e.loaded / e.total;
uploadbox.innerHTML = percent + "%";
}
};
xhr.send(f);
};
};
</script>
</head>
<body>
<div id="uploadbox">将文件拖拽至此区域，即可上传！</div>
</body>
</html>
```

既然要拖拽上传文件，所以需要有个后台来接收我们上传的文件，这里准备了一个php的后台文档来接收上传的文件，php代码如下：

```php
<?php
function random($length, $numeric = 0)
{
$seed = base_convert(md5(microtime().$_SERVER['DOCUMENT_ROOT']), 16, $numeric
? 10 : 35);
$seed = $numeric ? (str_replace('0', '', $seed).'012340567890') : ($seed.'zZ'.
strtoupper($seed));
if($numeric)
{
$hash = '';
}
else
{
$hash = chr(rand(1, 26) + rand(0, 1) * 32 + 64);
$length--;
}
$max = strlen($seed) - 1;
for($i = 0; $i < $length; $i++)
{
$hash .= $seed{mt_rand(0, $max)};
}
return $hash;
}
function fileext($filename)
{
return addslashes(strtolower(substr(strrchr($filename, '.'), 1, 10)));
}
$files = $_FILES["files"];
```

```
for($i = 0, $j = count($files["name"]); $i < $j; $i++)
{
$filename = date('His').strtolower(random(16)).'.'.fileext($files["name"][$i]);
if(!file_exists("upload/".$filename))
{
move_uploaded_file($files["tmp_name"][$i], "upload/".$filename);
}
}
?>
```

代码运行结果如图6-5所示。

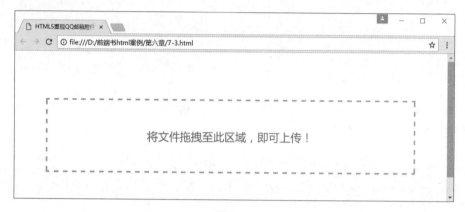

图6-5

本章小结

　　本章首先介绍了在HTML5中的拖放API、拖放的属性和方法，接着实现了一个拖放实例，又做了一个拖放列表的实例，最后做了一个模拟QQ邮箱拖放上传的实例。通过这些实例大家一定会对HTML5拖放操作有更深刻的认识。

Chapter

07

地理位置信息处理

本章概述

　　地理信息定位被广泛地应用在科研、侦查、安全等领域。在HTML5中，使用Geolocation API和position对象可以获取用户当前的地理位置，同时可以将用户当前所在的地理位置信息在地图上标注出来。本章就来学习有关地理位置信息处理的内容。

重点知识

- 关于地理位置信息
- 浏览器对Geolocation 的支持情况
- 隐私的处理
- 使用Geolocation API
- 在地图上显示你的 位置

7.1 关于地理位置信息

在介绍地理位置信息处理之前，应该先掌握使用HTML5 Geolocation API定位地理位置信息的实现方法。本节将分别讲解通过IP地址、GPS、WI-FI、手机定位等方式定位数据的实现方法。

7.1.1 经度和纬度坐标

经纬度是经度与纬度的合称，组成一个坐标系统，称为地理坐标系统。它是一种利用三度空间的球面，来定义地球上的空间的球面坐标系统，能够标示地球上的任何一个位置。

纬线和经线是人类为度量方便而假设的辅助线。纬线定义为地球表面某点随地球自转所形成的轨迹。任何一根纬线都是圆形，而且两两平行。纬线的长度是赤道的周长乘以纬线的纬度的余弦。赤道最长，离赤道越远的纬线，周长越短，到了两极就缩为0。从赤道向北和向南，各分90°，称为北纬和南纬，分别用N和S表示。

经线也称子午线，定义为地球表面连接南北两极的大圆线上的半圆弧。任意两根经线的长度相等，相交于南北两极。每一根经线都有其相对应的数值，称为经度。经线指示南北方向。

7.1.2 IP地址定位数据

IP地址用于给Internet上的电脑一个编号。大家日常见到的情况是，每台联网的PC都需要有IP地址，才能正常通信。我们可以把"个人电脑"比作"一台电话"，那么"IP地址"就相当于"电话号码"，而Internet中的路由器就相当于电信局的"程控式交换机"。

IP地址是一个32位的二进制数，通常被分割为4个"8位二进制数"（也就是4个字节）。IP地址通常用"点分十进制"表示成（a.b.c.d）的形式，其中，a,b,c,d都是0~255之间的十进制整数。例如，点分十进IP地址（100.4.5.6）实际上是32位二进制数（01100100.00000100.00000101.00000110）。

基于IP地址定位的实现方法主要分为以下两个步骤：

Step 01 自动查找用户的IP地址。

Step 02 检索其注册的无力地址。

7.1.3 GPS地理定位数据

GPS是英文Global Positioning System（全球定位系统）的简称。它起始于1958年美国军方的一个项目，1964年投入使用。利用该系统可以在全球方位内实现全天候、连续和实时的三维导航定位和测速。另外，利用该系统用可以进行高精度的事件传递和高精度的精密定位。

与IP地址定位不同的是，使用GPS可以非常精确地定位数据，但是它也有一个非常致命的缺点：它的定位时间可能比较长。这一缺点使得它不适合需要快速定位响应数据的应用程序。

7.1.4　Wi-Fi地理定位数据

　　Wi-Fi是一种允许电子设备连接到一个无线局域网（WLAN）的技术，通常使用2.4G UHF或5G SHF ISM射频频段。无线局域网通常是有密码保护的；也可是开放的，这样就允许任何在WLAN范围内的设备连接。Wi-Fi是一个无线网络通信技术的品牌，由Wi-Fi联盟持有。目的是改善基于IEEE 802.11标准的无线网路产品之间的互通性。有人把使用IEEE 802.11系列协议的局域网称为无线保真，甚至把Wi-Fi等同于无线网际网路（Wi-Fi是WLAN的重要组成部分）。

　　基于WiFi的地理定位数据的优点是：定位准确，可以在室内使用，定位简单、快速等。但是在乡村等无线接入点比较少的地区，WiFi定位的效果就不是很好。

7.1.5　用户自定义的地理定位

　　除了前面讲解的几种地理定位方式之外，还可以通过用户自定义的方法来实现地理定位。例如，应用程序允许用户输入自己的地址、联系电话、邮件地址等详细信息，再利用这些信息来提供位置感知服务。

　　当然，由于各种限制，用户自定义的地理定位数据可能存在不准确的结果，特别是在用户的当前位置改变后。但是用户自定义地理定位的方式还是有很多优点的，具体表现为以下两个方面：

- 能够允许地理定位服务的结果作为备用位置信息。
- 用户自行输入可能会比检测更快。

7.2　浏览器支持情况

> 　　各个浏览器对HTML5 Geolocation的支持情况也是不一样的，并且在不断更新。本节首先会对HTML5 Geolocation API进行介绍，然后讲解各个浏览器对HTML5 Geolocation API的支持情况。

7.2.1　Gerlocation API概述

1. getCurrentPosition

　　HTML5中的GPS定位功能主要用的是getCurrentPosition，该方法封装在navigator.geoloca-tion属性里，是 navigator.geolocation对象的方法。使用getCurrentPosition方法可以获取用户当前的地理位置信息，该方法的定义如下：

```
getCurrentPosition(successCallback,errorCallback,positionOptions);
```

　　（1）successCallback

　　表示调用getCurrentPosition函数成功以后的回调函数，该函数带有一个参数，对象字面量格式，表示获取到的用户位置数据。该对象包含两个属性coords和timestamp，其中coords属性包含7

个值：

- accuracy：精确度。
- latitude：纬度。
- longitude：经度。
- altitude：海拔。
- altitudeAcuracy：海拔高度的精确度。
- heading：朝向。
- speed：速度。

（2）errorCallback

和 successCallback函数一样，有一个参数，对象字面量格式，表示返回的错误代码。它包含两个属性：

- message：错误信息。
- code：错误代码。

其中错误代码包括以下四个值：

- UNKNOW_ERROR：表示不包括在其他错误代码中的错误，这里可以在message中查找错误信息。
- PERMISSION_DENIED：表示用户拒绝浏览器获取位置信息的请求。
- POSITION_UNAVALIABLE：表示网络不可用或者连接不到卫星。
- TIMEOUT：表示获取超时。必须在options中指定了timeout值时，才有可能发生这种错误。

（3）positionOptions

positionOptions 的数据格式为JSON，有三个可选的属性：

- enableHighAcuracy — 布尔值：表示是否启用高精确度模式，如果启用这种模式，浏览器在获取位置信息时，可能需要耗费更多的时间。
- timeout — 整数：表示浏览需要在指定的时间内获取位置信息，否则触发errorCallback。
- maximumAge — 整数/常量：表示浏览器重新获取位置信息的时间间隔。

下面通过一个实例展示如何使用getCurrentPosition方法获取当前的位置信息。

⚠ 【例7.1】 使用getCurrentPosition方法

代码如下：

```html
<!DOCTYPE HTML>
<head>
<script type="text/JavaScript">
function showLocation(position) {
var latitude = position.coords.latitude;
var longitude = position.coords.longitude;
alert("Latitude : " + latitude + " Longitude: " + longitude);
}
function errorHandler(err) {
if(err.code == 1) {
alert("Error: Access is denied!");
}else if( err.code == 2) {
alert("Error: Position is unavailable!");
}
```

```
    }
    function getLocation(){
    if(navigator.geolocation){
    // timeout at 60000 milliseconds (60 seconds)
    var options = {timeout:60000};
    navigator.geolocation.getCurrentPosition(showLocation, errorHandler,
options);
    }else{
    alert("Sorry, browser does not support geolocation!");
    }
    }
    </script>
    </head>
    <body>
    <form>
    <input type="button" onclick="getLocation();" value="Get Location"/>
    </form>
    </body>
    </html>
```

如图7-1所示是在IE11浏览器中得到的结果。

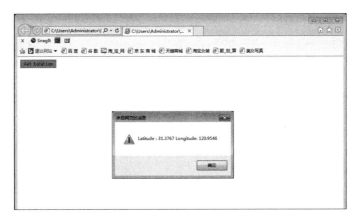

图7-1

如图7-2所示是在chrome浏览器中得到的结果。

图7-2

由于浏览器不同，上述代码的运行结果也就不一样，具体结果取决于浏览器的设置。

除了getCurrentPosition方法可以定位用户的地理位置信息之外，还有另外两个方法。

2. watchCurrentPosition方法

该方法用于定期自动地获取用户的当前位置信息，实例代码如下：

```
watchCurrentPosition(successCallback,errorCallback,positionOptions);
```

该方法返回一个数字，这个数字的使用方法与JavaScript中setInterval方法的返回参数的使用方法类似。该方法也有三个参数，这三个参数的使用方法与getCurrentPosition方法中的参数说明与使用方法相同，在此不再赘述。

3. clearWatch方法

该方法用于停止对当前用户地理位置信息的监视，它的定义如下：

```
clearWatch(watchId);
```

该方法的参数watchId是调用watchPosition方法监视地理位置信息时的返回参数。

7.2.2 HTML5 Geolocation的浏览器支持情况

目前，因特网中运行着各式各样的浏览器，这里只对五大浏览器厂商的支持情况进行分析，其他的浏览器（如国内的很多浏览器厂商）多数使用五大浏览器的内核，所以不做过多的分析与比较。

支持HTML5 Geolocation的浏览器有以下几种：

- Firefox浏览器：Firefox3.5及以上的版本支持HTML5 Geolocation。
- IE浏览器：在该浏览器中通过Gears插件支持HTML5 Geolocation。
- Opera浏览器：Opera10.0及以上版本支持HTML5 Geolocation。
- Safrai浏览器：Safrai4以及iPhone中支持HTML5 Geolocation。

7.3 隐私的处理

> HTML5 Geolocation规范提供了一套保护用户隐私的机制。在没有用户明确许可的情况下，不可以获取用户的地理位置信息。

7.3.1 应用隐私保护机制

在用户允许的情况下，其他用户可以获取用户的位置信息。例如，用户在一家商店买衣服，如果应用程序可以让他们得知该商店附近有一家服装店正在打折，那么用户就会觉得共享他们的位置信息是有用的，会允许应用程序获取其位置信息。

在访问HTML5 Geolocation API的页面时，会触发隐私保护机制。例如，在Firefox浏览器中执行HTML5 Geolocation代码时，就会触发这一隐私保护机制。当代码执行时，网页中将会弹出一个是否确认分享用户方位信息的对话框，只有单击"共享位置信息"按钮时，才会获取用户的位置信息。

7.3.2 处理位置信息

用户的信息通常属于敏感数据，因此在接收到之后，必须小心地进行处理和存储。如果用户没有授权存储这些信息，那么应用程序在得到这些信息之后应该立即删除。

在收集地理定位数据时，应用程序应该着重提示用户以下几个方面的内容：

- 掌握收集位置数据的方法。
- 了解收集位置数据的原因。
- 知道位置信息能够保存多久。
- 保证用户位置信息的安全。
- 掌握位置数据共享的方法。

7.4 使用Geolocation API

> Geolocation API用于将用户当前位置信息共享给信任的站点，这涉及用户的隐私安全问题，所以当一个站点需要获取用户的当前位置时，浏览器会提示"允许"或"拒绝"。本节将详细讲解Geolocation API的使用方法。

7.4.1 检测浏览器是否支持

在开发之前需要得知浏览器是否支持所要完成的工作。如果浏览器不支持，就需要提前准备一些替代的方案。

⚠️ 【例7.2】检测浏览器是否支持Geolocation API

代码如下：

```
<!DOCTYPE html>
<html lang="en">
<head>
<meta charset="UTF-8">
<title>Document</title>
<script>
window.onload = function(){
show();
function show(){
if(navigator.geolocation){
document.getElementById("text").innerHTML = "您的浏览器支持HTML5Geolocation！";
```

```
}else{
document.getElementById("text").innerHTML = "您的浏览器不支持HTML5Geolocation！";
}
}
}
</script>
</head>
<body>
<h1 id="text"></h1>
</body>
</html>
```

是的，只需要这个小小的函数即可检测到您的浏览器是否支持HTML5 Geolocation。

7.4.2 位置请求

1. 使用HTML5地理位置定位功能

定位功能（Geolocation）是HTML5的新特性，因此只能在支持HTML5的浏览器上运行，特别是手持设备（如iphone）的地理定位更加精确。首先我们要检测用户设备上的浏览器是否支持地理定位，如果支持，则获取地理信息。这个特性可能侵犯用户的隐私，除非用户同意，否则用户位置信息是不可用的。所以在访问该应用时，会提示是否允许地理定位，选择允许即可，JS代码如下：

```
function getLocation(){
if (navigator.geolocation){
navigator.geolocation.getCurrentPosition(showPosition,showError);
}else{
alert("浏览器不支持地理定位。");
}
}
```

从上面的代码可以知道，如果用户设备支持地理定位，则运行getCurrentPosition()方法。如果getCurrentPosition()运行成功，则向参数showPosition中规定的函数返回一个coordinates对象，getCurrentPosition()方法的第二个参数showError用于处理错误，它规定当获取用户位置失败时运行的函数。

我们先来看函数showError()，它规定获取用户地理位置失败时的一些错误代码处理方式，JS代码如下：

```
function showError(error){
switch(error.code) {
case error.PERMISSION_DENIED:
alert("定位失败,用户拒绝请求地理定位");
break;
case error.POSITION_UNAVAILABLE:
alert("定位失败,位置信息是不可用");
break;
```

```
case error.TIMEOUT:
alert("定位失败,请求获取用户位置超时");
break;
case error.UNKNOWN_ERROR:
alert("定位失败,定位系统失效");
break;
}
}
```

再来看函数showPosition(),调用coords的latitude和longitude即可获取到用户的纬度和经度,JS代码如下:

```
function showPosition(position){
var lat = position.coords.latitude;  //纬度
var lag = position.coords.longitude; //经度
alert('纬度:'+lat+',经度:'+lag);
}
```

2. 利用百度地图和谷歌地图接口获取用户地址

从前面可知,利用HTML5的Geolocation可以获取用户的经纬度,那么需要把抽象的经纬度转成可读的有意义的真正的用户地理位置信息。幸运的是,百度地图和谷歌地图都提供了这方面的接口,我们只需要将HTML5获取到的经纬度信息传给地图接口,就会返回用户所在的地理位置,包括省、市、区信息,甚至有街道、门牌号等详细的地理位置信息。

首先在页面定义要展示地理位置的div,分别定义id#baidu_geo和id#google_geo。只需修改关键函数showPosition()。先来看百度地图接口交互,将经纬度信息通过Ajax方式发送给百度地图接口,接口会返回相应的省、市、区和街道信息。百度地图接口返回的是一串JSON数据,我们可以根据需求将需要的信息展示给div#baidu_geo。注意,这里用到了jQuery库,需要先加载jQuery库文件,JS代码如下:

```
function showPosition(position){
var latlon = position.coords.latitude+','+position.coords.longitude;
//baidu
var url =
"http://api.map.baidu.com/geocoder/v2/?ak=C93b5178d7a8ebdb830b9b557abce78b&
callback=renderReverse&location="+latlon+"&output=json&pois=0";
$.ajax({
type: "GET",
dataType: "jsonp",
url: url,
beforeSend: function(){
$("#baidu_geo").html('正在定位...');
},
success: function (json) {
if(json.status==0){
$("#baidu_geo").html(json.result.formatted_address);
}
```

```
},
error: function (XMLHttpRequest, textStatus, errorThrown) {
$("#baidu_geo").html(latlon+"地址位置获取失败");
}
});
});
```

再来看谷歌地图接口交互。同样，将经纬度信息通过Ajax方式发送给谷歌地图接口，接口会返回相应的省、市、区和街道信息。谷歌地图接口返回的也是一串JSON数据，这些JSON数据比百度地图接口返回的要更详细。可以根据需求将需要的信息展示给div#google_geo，JS代码如下：

```
function showPosition(position){
var latlon = position.coords.latitude+','+position.coords.longitude;
//google
var url = 'http://maps.google.cn/maps/api/geocode/json?latlng='+latlon+'&lan
guage=CN';
$.ajax({
type: "GET",
url: url,
beforeSend: function(){
$("#google_geo").html('正在定位...');
},
success: function (json) {
if(json.status=='OK'){
var results = json.results;
$.each(results,function(index,array){
if(index==0){
$("#google_geo").html(array['formatted_address']);
}
});
}
},
error: function (XMLHttpRequest, textStatus, errorThrown) {
$("#google_geo").html(latlon+"地址位置获取失败");
}
});
}
```

以上代码分别将百度地图接口和谷歌地图接口整合到函数showPosition()中，可以根据实际情况进行调用。当然这只是一个简单的应用，可以根据这个简单的实例开发出很多复杂的应用。

实例精讲　在地图上显示你的位置

> 本节将演示如何使用Google Maps API。对于个人和网站而言，Google的地图服务是免费的。使用Google地图可以轻而易举地在网站中加入地图功能。

要在Web页面上创建一个简单的地图，开发人员需要执行以下操作。

Step 01 在Web页面上创建一个名为map的div，并将其设置为相应的样式。

Step 02 将Google Maps API添加到项目之中。它将为Web页面加载需要的Map code，同时还会告知Google你所使用的设备是否具有GPS传感器。

下面的代码片段显示了某设备如何加载一个没有GPS传感器的Map code。如果设备具有GPS传感器，请将参数sensor的值从false修改为true，代码如下：

```
<script src="http://maps.googleapis.com/maps/api/js?sensor=false"></script>
```

Step 03 创建自己的地图。在showPosition函数中，创建一个google.maps.LatLng类的实例，并将其保存在名为position的变量之中。在该google. maps.LatLng类的构造函数中，传入纬度值和经度值。下面的代码片段演示了如何创建一张地图，代码如下：

```
var position = new google.maps.LatLng(latitude, longitude);
```

Step 04 设置地图的选项。可设置很多选项，其中包括三个基本选项：

- 缩放（zoom）级别：取值范围0~20。值为0的视图是从卫星角度拍摄的基本视图，值为20的视图是最大的放大倍数。
- 地图的中心位置：这是一个表示地图中心点的LatLng变量。
- 地图样式：该值可以改变地图显示的方式。表7-1详细地列出了可选择的Google Map的基本样式，大家可以自行试验不同的地图样式。

表7-1

地图样式	描述
google.maps.MapTypeId.SATELLITE	显示使用卫星照片的地图
google.maps.MapTypeId.ROAD	显示公路路线图
google.maps.MapTypeId.HYBRID	显示卫星地图和公路路线图的叠加
google.maps.MapTypeId.TERRAIN	显示公路名称和地势

下面的代码片段演示了如何设置地图选项：

```
varmyOptions = {
zoom: 18,
```

```
center: position,
mapTypeId: google.maps.MapTypeId.HYBRID
};
```

Step 05 绘制地图。根据纬度和经度信息，可以将地图绘制在getElementById方法所取得的div对象上。下面列举了绘制地图的代码，为简洁起见，移除了错误处理代码。

```html
<!doctype html>
<html lang="en">
<head>
<meta charset="utf-8">
<title>地理定位</title>
<style>
#map{
width:600px;
height:600px;
Border:2px solid red;
}
</style>
<script type="text/JavaScript" src="http://maps.googleapis.com/maps/api/js?sensor=false">
</script>
<script>
function findYou(){
if(!navigator.geolocation.getCurrentPosition(showPosition,
noLocation, {maximumAge : 1200000, timeout : 30000})){
document.getElementById("lat").innerHTML=
"This browser does not support geolocation.";
}
}
function showPosition(location){
var latitude = location.coords.latitude;
var longitude = location.coords.longitude;
var accuracy = location.coords.accuracy;
//创建地图
var position = new google.maps.LatLng(latitude, longitude);
//创建地图选项
var myOptions = {
zoom: 18,
center: position,
mapTypeId: google.maps.MapTypeId.HYBRID
};
//显示地图
var map = new google.maps.Map(document.getElementById("map"),
myOptions);
document.getElementById("lat").innerHTML=
"Your latitude is " + latitude;
document.getElementById("lon").innerHTML=
```

```
"Your longitude is " + longitude;
document.getElementById("acc").innerHTML=
"Accurate within " + accuracy + " meters";
}
function noLocation(locationError)
{
var errorMessage = document.getElementById("lat");
switch(locationError.code)
{
case locationError.PERMISSION_DENIED:
errorMessage.innerHTML=
"You have denied my request for your location.";
break;
case locationError.POSITION_UNAVAILABLE:
errorMessage.innerHTML=
"Your position is not available at this time.";
break;
case locationError.TIMEOUT:
errorMessage.innerHTML=
"My request for your location took too long.";
break;
default:
errorMessage.innerHTML=
"An unexpected error occurred.";
}
}
findYou();
</script>
</head>
<body>
<h1>找到你啦！</h1>
<p id="lat"> </p>
<p id="lon"> </p>
<p id="acc"> </p>
<div id="map">
</div>
</body>
</html>
```

　　HTML5允许开发人员创建具有地理位置感知功能的Web页面。使用navigator. geolocation新功能，就可以快速地获取用户的地理位置。例如，使用getCurrentPosition方法就可以获得终端用户的纬度和经度。

　　跟踪用户所在的地理位置肯定会给用户带来对隐私的担忧，因此geolocation技术完全取决于用户是否允许共享自己的地理位置信息。在未经用户明确许可的情况下，HTML5不会跟踪用户的地理位置。

　　尽管HTML5的Geolocation API对确定地理位置非常有用，但在页面中添加Google Maps API可以使geolocation技术更贴近生活。只要数行代码，就可以将一个完整的具有交互功能的Google地图，呈现在Web页面一个指定的div之中，还可以在地图指定的位置上设置一些图标。

本章小结

　　通过本章的学习，相信大家已经对HTML5地理定位相关的知识有了深刻的认识。广告商和开发人员会设想出很多办法，以充分利用用户的地理位置信息。在未来几年，geolocation技术的应用将会不断增长。所以如何更好地使用HTML5地理定位信息，还需要大家在以后的工作和学习中逐渐开发拓展。

读书笔记

Chapter

08

本地储存应用

本章概述

　　本地存储机制是对HTML4中cookie存储应用的改善。由于cookie存储机制有很多缺点，所以在HTML5中已经不再使用它，转而使用改善的Web Storage存储机制来实现本地存储功能。本章就来学习Web本地存储应用的相关知识。

重点知识

- webstorage概述
- 浏览器支持情况
- 使用webstorage API
- 本地数据库

8.1 webStorage概述

> webStorage是HTML5中本地存储的解决方案之一。在HTML5的websto
> -rage概念引入之前，除去IE User Data、Flash Cookie、Google Gears等解
> 决方案，浏览器兼容的本地存储方案只能使用cookie，而webStorage就是cookie
> 的替代方案。

8.1.1 webStorage简介

webStorage是HTML新增的本地存储解决方案之一，但并不是为了取代cookie而制定的标准。cookie作为HTTP协议的一部分，用来处理客户端和服务器通信是不可或缺的，session正是依赖于实现的客户端状态保持。webStorage的意图在于解决本来不应该由cookie做，却不得不用cookie的本地存储。

webStorage提供两种类型的API：localStorage和sessionStorage。从名字就可以看出两者大概的区别。localStorage在本地永久性存储数据，除非显式将其删除或清空。sessionStorage存储的数据只在会话期间有效，关闭浏览器则自动删除。两个对象都有共同的API。

8.1.2 简单的数据库应用

如果用webStorage作为数据库，首先要考虑以下问题：
- 在数据库中，大多数表都分为几列，怎样对列进行管理？
- 怎样对数据库进行检索？

下面以客户联系信息管理网页为例，介绍实现原理。

客户联系信息分为姓名、Email、电话号码、备注等四列，保存在localStorage中。如果输入客户的姓名并且进行检索，可以获取该客户的所有信息。保存数据时将客户的姓名作为关键名来保存，这样在获取客户其他信息时会比较方便。怎样将客户联系信息分几列来进行保存呢？要做到这一点，需要使用JSON格式。将对象以JSON格式作为文本来保存，获取该对象时通过JSON格式来进行获取，就可以在webStorage中保存和读取具有复杂结构的数据了。

⚠ 【例8.1】 创建简单的数据库

代码如下：

```
<!DOCTYPE html>
<html>
<head lang="en">
<meta charset="UTF-8">
<title>简易数据库示例</title>
<script>
//用于保存数据
function saveStorage(){
```

```
//saveStorage函数的处理流程
//1、从个输入文本框中获取数据
//2、创建对象，将获取的数据作为对象的属性进行保存
//3、将对象转换成JSON格式的文本框
//4、将文本数据保存到localStorage中
var data = new Object;
data.name = document.getElementById('name').value;
data.email = document.getElementById('email').value;
data.tel = document.getElementById('tel').value;
data.memo = document.getElementById('memo').value;
var str = JSON.stringify(data);
localStorage.setItem(data.name,str);
alert("数据已保存。");
}
//用于检索数据
function findStorage(id){
//findStorage函数的处理流程
//1、在localStorage中，将检索用的姓名作为键值，获取对应的数据
//2、将获取的数据转换成JSON对象
//3、取得JSON对象的各个属性值，创建要输出的内容
//4、在页面上输出内容
var find = document.getElementById('find').value;
var str = localStorage.getItem(find);
var data = JSON.parse(str);
var result = "姓名: " + data.name + '<br>';
result +="Email:" + data.email + '<br>';
result +="电话号码: " +data.tel + '<br>';
result +="备注: " + data.memo + '<br>';
var target = document.getElementById(id);
target.innerHTML = result;
}
</script>
</head
<body>
<h1>使用webStorage来做简易数据库示例</h1>
<table>
<tr><td>姓名: </td><td><input type="text" id="name"></td></tr>
<tr><td>Email:</td><td><input type="text" id="email"></td></tr>
<tr><td>电话号码: </td><td><input type="text" id="tel"></td></tr>
<tr><td>备注: </td><td><input type="text" id="memo"></td></tr>
<tr>
<td></td>
<td><input type="button" value="保存" onclick="saveStorage();"></td>
</tr>
</table>
<hr>
<p>检索: <input type="text" id="find">
<input type="button" value="检索" onclick="findStorage('msg');">
</p>
```

```
<p id="msg"></p>
</body>
</html>
```

代码运行结果如图8-1所示。

图8-1

8.2 浏览器支持情况

> 在HTML5中，webstorage的浏览器支持度是非常理想的，目前所有的主流浏览器版本几乎都是支持webstorage的，本节将讲解webstorage的浏览器支持情况。

在HTML5中，以下浏览器支持webstorage：

- Chrome3.0及以上版本。
- Firefox3.0及以上版本。
- IE8.0及以上版本。
- Opera10.5及以上版本。
- Safrai4.0及以上版本。

8.3 使用webstorage API

> Web Storage API简单易用。本节先介绍数据的简单存储和获取，然后讲解localStorage和lsessionStorage之间的差异。

8.3.1　存储和获取数据

在Web Storage API中，实现本地数据的存储和读取是非常简单的事情，下面通过实例展示Web Storage API的使用方法。在下面的例子中，先往本地存储中写入数据，接着会把这些数据在控制台中打印出来。

⚠ 【例8.2】 存储和获取数据

代码如下：

```
<!DOCTYPE html>
<html lang="en">
<head>
<meta charset="UTF-8">
<title>webStorage</title>
<script>
function writeStorage(){
var username = document.getElementById("username").value;
var password = document.getElementById("password").value;
// 存储到storage中
localStorage.username = username;
localStorage.password = password;
}
function updateStorage(){
localStorage.username = "李四";
}
// 输出所有的Storage
function readStorage(){
console.log(localStorage);
}
</script>
</head>
<body>
用户名: <input type="text" id="username" /><br/>
密码: <input type="text" id="password" /><br/>
<input type="button" value="写入webStorage" onclick="writeStorage()" />
<input type="button" value="输出所有的Storage" onclick="readStorage()">
</body>
</html>
```

代码运行结果如图8-2所示。

图8-2

125

8.3.2 localstorage和sessionstorage

LocalStorage和sessionStorage在编程上的区别是访问它们的名称不同，分别是通过localStorage和sessionStorage对象来访问的。二者行为上的差异主要是数据的保存时长和共享方式不同。通常情况下，sessionStorage在使用时数据会存储到窗口或标签页，数据只在构建它们的窗口或标签页内可见。在使用localStorage时，数据的生命期比窗口或浏览器的生命期长，数据被同源的每个窗口或标签页共享。

8.3.3 Web Storage事件机制

Web Storage拥有一个事件监听器。这个监听器会在本地存储的数据产生改变时，对开发人员或者用户发出提醒。想要使用这个事件监听器，需要使用window对象的addEventListener()方法，这个方法会对本地Storage中数据的操作（修改、删除）进行监听，并且可以根据监听结果给出相应的处理，使用方法如下：

```
window.addEventListener("storage",doReaction,flag);
```

addEventListener()方法中有三个参数：

● storage：表示对Storage（包括session和local）进行监听。
● doReaction：自定义函数，事件发生时回调，会接收一个StorageEvent类型的参数，包括storageArea、key（发生变化的key）、oldValue（原值）、newValue（新值）、url（引发变化的URL）。
● flag：表示触发时机（flag目标和冒泡时触发，true为捕获时触发），一般多使用false。

三个参数简单明了，所以这个方法使用起来也是非常方便的。

⚠ 【例8.3】使用addEventListener()方法

代码如下：

```
<!DOCTYPE html>
<html lang="en">
<head>
<meta charset="UTF-8">
<title>Document</title>
<script type="text/JavaScript">
function doStart(){
window.addEventListener("storage",callback,false);
}
function callback(se){
console.log("被修改的key: "+se.key);
console.log("原值: "+se.oldValue);
console.log("新值: "+se.newValue);
console.log("url地址: "+se.url);
if(se.key=="username"){
console.log("用户名被修改啦，请通知管理员！ ");
}else if(se.key == "password"){
```

```
console.log("密码被修改啦，请通知管理员！");
}
}
</script>
</head>
<body>
<input type="button" value="开始监听" onclick="doStart()">
</body>
</html>
```

这样就可以在控制台输出事先设置好但是事后又被修改的storage了，代码运行效果如图8-3所示。

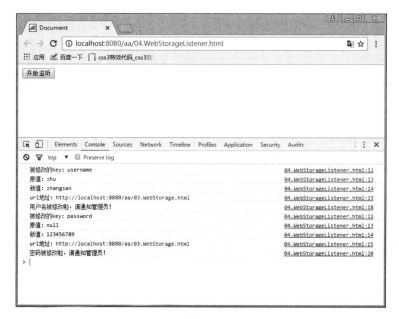

图8-3

8.4 本地数据库

> 在HTML5中添加了很多功能，以将原本必须要保存在服务器上的数据保存在客户端本地，从而大大提高了Web应用程序的性能，减轻了服务器的负担。下面将介绍本地数据库存储的相关知识。

8.4.1 什么是本地数据库

数据库的本地存储功能是非常重要的。在HTML5中，内置了一个可以通过SQL语言来访问的数据库。

在HTML4中，数据库只能被放置在服务器端，只能通过服务器来访问数据库。但是在HTML5

中，可以像访问本地文件那样去访问内置数据库。这种数据库被称为SQLLite，又被称为文件型SQL数据库。

在使用SQLLite数据库之前，需要编写JavaScript脚本，具体的步骤如下：

Step 01 用openDatabase方法创建一个访问数据库的对象。

Step 02 使用 **Step 01** 创建的数据库访问对象来执行transaction方法，通过此方法可以设置一个开启事务成功的事件响应方法，在事件响应方法中可以执行SQL。

首先，必须要使用openDatabase方法来创建一个访问数据库的对象，实现代码如下：

```
//Demo: 获取或者创建一个数据库，如果数据库不存在那么创建之
var dataBase = openDatabase("student", "1.0", "学生表", 1024 * 1024, function () { });
```

用openDatabase方法可以打开一个已经存在的数据库。如果数据库不存在，它还可以创建数据库，其中几个参数的意义分别是：

- 数据库名称。
- 数据库的版本号，目前来说，1.0就可以了，当然可以不填。
- 对数据库的描述。
- 设置分配的数据库的大小（单位是kb）。
- 回调函数（可省略）。

初次调用时创建数据库，以后就是建立连接了。

用db.transaction方法可以设置一个回调函数，此函数可以接受一个参数，就是开启的事务的对象，然后通过此对象可以执行Sql脚本。

8.4.2 用executesql执行查询

通过executeSql方法执行查询，代码如下：

```
ts.executeSql(sqlQuery,[value1,value2..],dataHandler,errorHandler);
```

下面对参数进行说明：

- sqlQuery：需要具体执行的sql语句，可以是create、select、update、delete。
- [value1,value2..]：sql语句中所有用到的参数的数组，在executeSql方法中，将sql语句中所要使用的参数先用"？"代替，然后依次将这些参数组成数组，并放在第二个参数中。
- dataHandler：执行成功时调用的回调函数，通过该函数可以获得查询结果集。
- errorHandler：执行失败时调用的回调函数。

⚠ 【例8.4】使用executeSql方法

代码如下：

```
<!DOCTYPE html>
<html lang="en">
<head>
<meta charset="utf-8">
<script src="jquery.min.js" type="text/JavaScript"></script>
```

```
<script type="text/JavaScript">
function initDatabase() {
var db = getCurrentDb();                      //初始化数据库
if(!db) {alert("您的浏览器不支持HTML5本地数据库");return;}
db.transaction(function (trans) {       //启动一个事务，并设置回调函数
//执行创建表的Sql脚本
trans.executeSql("create table if not exists Demo(uName text null,title text
null,words text null)", [], function (trans, result) {
}, function (trans, message) {
}, function (trans, result) {
}, function (trans, message) {
}
);
});
}
$(function () {                              //页面加载完成后绑定页面按钮的单击事件
initDatabase();
$("#btnSave").click(function () {
var txtName = $("#txtName").val();
var txtTitle = $("#txtTitle").val();
var txtWords = $("#txtWords").val();
var db = getCurrentDb();
//执行sql脚本，插入数据
db.transaction(function (trans) {
trans.executeSql("insert into Demo(uName,title,words) values(?,?,?) ",
[txtName, txtTitle, txtWords], function (ts, data) {
}, function (ts, message) {
alert(message);
});
});
showAllTheData();
});
});
function getCurrentDb() {
//打开数据库，或者直接连接数据库参数：数据库名称、版本、概述、大小
//如果数据库不存在，那么创建之
var db = openDatabase("myDb", "1.0", "it's to save demo data!", 1024 *
1024); ;
return db;
}
//显示所有数据库中的数据到页面上去
function showAllTheData() {
$("#tblData").empty();
var db = getCurrentDb();
db.transaction(function (trans) {
trans.executeSql("select * from Demo ", [], function (ts, data) {
if (data) {
for (var i = 0; i < data.rows.length; i++) {
appendDataToTable(data.rows.item(i));//获取某行数据的json对象
```

```
}
}
}, function (ts, message) {alert(message);var tst = message;});
});
}
function appendDataToTable(data) {     //将数据展示到表格里面
//uName,title,words
var txtName = data.uName;
var txtTitle = data.title;
var words = data.words;
var strHtml = "";
strHtml += "<tr>";
strHtml += "<td>"+txtName+"</td>";
strHtml += "<td>" + txtTitle + "</td>";
strHtml += "<td>" + words + "</td>";
strHtml += "</tr>";
$("#tblData").append(strHtml);
}
</script>
</head>
<body>
<table>
<tr>
<td>用户名: </td>
<td><input type="text" name="txtName" id="txtName" required/></td>
</tr>
<tr>
<td>标题: </td>
<td><input type="text" name="txtTitle" id="txtTitle" required/></td>
</tr>
<tr>
<td>留言: </td>
<td><input type="text" name="txtWords" id="txtWords" required/></td>
</tr>
</table>
<input type="button" value="保存" id="btnSave"/>
<hr/>
<input type="button" value="展示所哟数据" onclick="showAllTheData();"/>
<table id="tblData">
</table>
</body>
</html>
```

代码运行效果如图8-4所示。

图8-4

8.4.3 使用数据库实现网页留言

下面以Web留言本为例，学习如何对数据库进行一些简单的操作。前面已经讲解了使用webstorage的方法，下面通过本地数据库来实现Web留言本的效果。

⚠ 【例8.5】 使用数据库实现网页留言

Step 01 打开sublime，新建一个HTML5文件。在新建的HTML5页面的"代码"视图中输入以下代码，创建HTML页面。

```html
<!DOCTYPE html>
<html>
<head lang="en">
<title></title>
</head>
<body onload="init()">
<table>
<tr>
<td>姓名: </td>
<td><input type="text" id="name"></td>
</tr>
<tr>
<td>留言: </td>
<td><input type="text" id="memo"></td>
</tr>
<tr>
<td><button type="submit" onclick="saveData()">保存</button></td>
</tr>
</table>
<hr>
<table border="1" id="datatable">
</table>
```

```
<p id="msg"></p>
</body>
</html>
```

代码运行效果如图8-5所示。

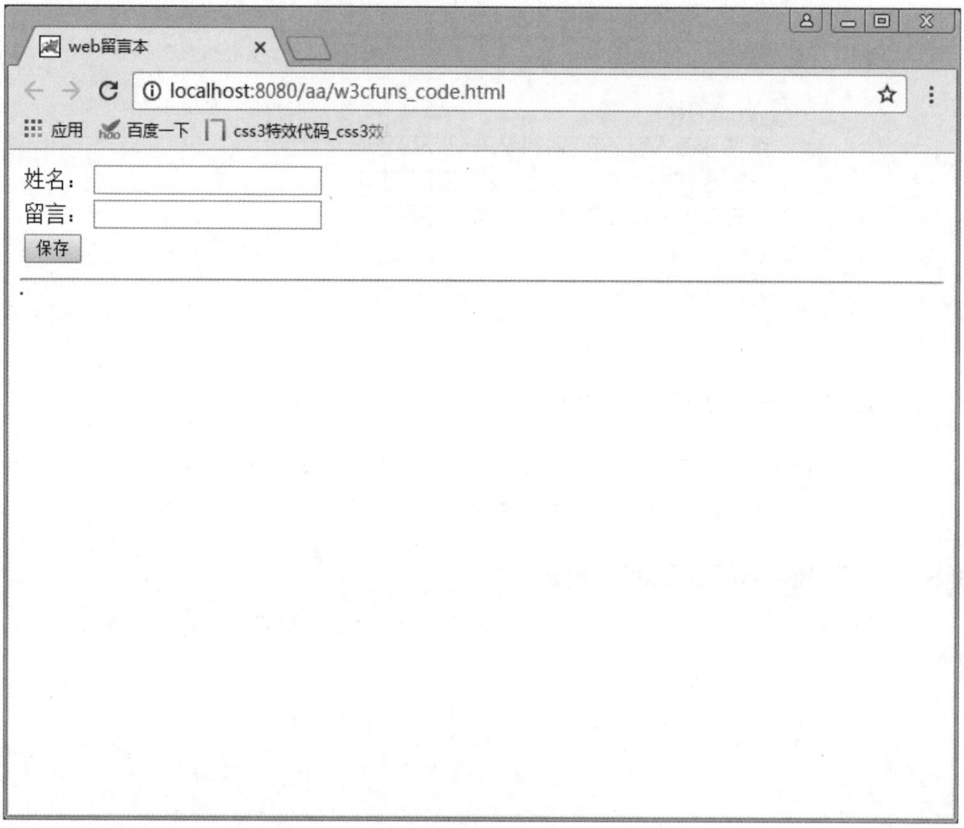

图8-5

来看一下上述代码创建的HTML界面。在页面中，有一个输入姓名的文本框，有一个输入留言的文本框，还有一个保存数据的按钮。这里在按钮下面画了一个水平线，水平线的下方有一个表格，这个表格用来从数据库中读取数据，再把数据渲染到页面当中。因为现在的页面中还没有获取任何数据，所以暂时在水平线的下方看不见任何表格内容。

Step 02 页面的布局部分已经全部完成了，现在只差JavaScript代码了。JavaScript代码需要做的事情如下：

- 获取数据存入数据库。
- 从数据库中读取数据。
- 将得到的数据渲染到页面当中。

具体代码如下：

```
<script>
var datatable=null;
var db=openDatabase("MyData","","My Database",1024*100);
function init(){
```

```
datatable=document.getElementById("datatable");
showAllData();
}
function removeAllData(){
for(var i=datatable.childNodes.length-1;i>=0;i--){
datatable.removeChild(datatable.childNodes[i]);
}
var tr=document.createElement("tr");
var th1=document.createElement("th");
var th2=document.createElement("th");
var th3=document.createElement("th");
th1.innerHTML="姓名";
th2.innerHTML="留言";
th3.innerHTML="时间";
tr.appendChild(th1);
tr.appendChild(th2);
tr.appendChild(th3);
datatable.appendChild(tr);
}
function showData(row){
var tr=document.createElement("tr");
var td1=document.createElement("td");
td1.innerHTML=row.name;
var td2=document.createElement("td");
td2.innerHTML=row.message;
var td3=document.createElement("td");
var t=new Date();
t.setTime(row.time);
td3.innerHTML= t.toLocaleDateString()+" "+ t.toLocaleTimeString();
tr.appendChild(td1);
tr.appendChild(td2);
tr.appendChild(td3);
datatable.appendChild(tr);
}
function showAllData(){
db.transaction(function(tx){
tx.executeSql("CREATE TABLE IF NOT EXISTS MsgData(name TEXT,message
TEXT,time INTEGER)",[]);
tx.executeSql("SELECT * FROM MsgData",[],function(tx,rs){
removeAllData();
for(var i=0;i<rs.rows.length;i++){
showData(rs.rows.item(i))
}
})
})
}
function addData(name,message,time){
db.transaction(function(tx){ tx.executeSql("INSERT INTO MsgData VALUES
(?,?,?)",[name,message,time],function(tx,rs){ alert("成功"); },
```

```
function(tx,error){
alert(error.source+"::"+error.message);
}
)
})
}
function saveData(){
var name=document.getElementById("name").value;
var memo=document.getElementById("memo").value;
var time=new Date().getTime();
addData(name,memo,time);
showAllData();
}
</script>
```

至此，JS脚本全部编写完了，来一起看一看完成后的Web留言页面是如何工作的吧，代码运行效果如图8-6所示。

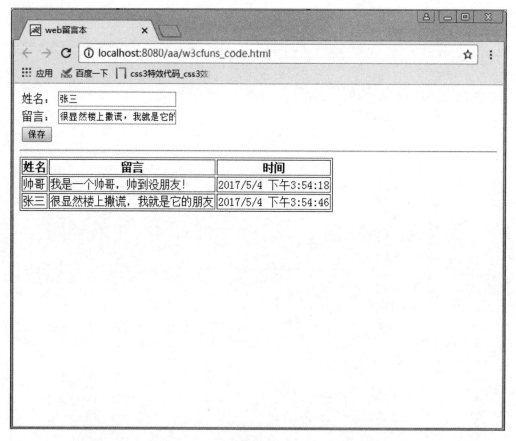

图8-6

本章小结

　　本章讲解了Web本地存储的相关知识，首先介绍了webstorage的基本概念，然后带着大家一起使用webstorage，最后通过一个实例讲解本地数据库的使用方法。通过学习本章，大家对web-storage会有全新的认识。

读书笔记

Chapter

09

Web与Web Workers API应用

本章概述

　　离线Web是当前流行的网络技术之一。在HTML5中，提供了一个供本地缓存使用的API。使用这个API，可以实现离线Web应用程序的开发。Web Workers API是被广泛应用的网络技术之一。通过Web Workers可以将耗时较长的处理交给后台线程去运行，从而避免了HTML5因为某个处理耗时过长，而导致用户不得不结束处理进程的尴尬状况。本章就来一起学习以上两种应用。

重点知识

- 离线Web概述
- 使用离线Web
- 离线Web的具体应用
- workers概述
- 使用Web Workers API

9.1　离线Web概述

> 在Web应用中使用缓存的原因之一就是为了支持离线应用。在全球互连的时代，离线应用仍有其使用价值。当无法上网时，会考虑到应用离线Web来完成工作。本节将讲解有关Web应用的基础知识。

9.1.1　离线Web简介

在HTML5中新增了一个API，为离线Web应用程序的开发提供了可能性。为了让Web应用程序在离线状态时也能正常工作，就必须要把所有构成Web应用程序的资源文件（如HTML文件、CSS文件、JavaScript脚本文件等）都放在本地缓存中。

本地缓存不同于网页缓存。

首先，本地缓存是为整个Web应用程序服务的，而浏览器的网页缓存只服务于单个网页，任何网页都具有网页缓存，而本地缓存只缓存那些指定缓存的网页。

其次，网页缓存也是不安全、不可靠的，因为不知道在网站中到底缓存了哪些页面，以及缓存了网页上的哪些资源。本地缓存是可靠的，可以控制对哪些内容进行缓存，不对哪些内容进行缓存，开发人员还可以用编程的手段来控制缓存的更新，利用缓存对象的各种属性、状态和事件来开发出更为强大的离线应用程序。

9.1.2　离线Web应用的浏览器支持情况

在HTML5中，很多浏览器都支持离线Web应用：

- Chrome浏览器：Chrome4.0以上版本浏览器支持离线Web应用。
- Firefox浏览器：Firefox3.5以上版本浏览器支持离线Web应用。
- Opera浏览器：Opera10.6以上版本浏览器支持离线Web应用。
- Safrai浏览器：Safrai4.0以上版本浏览器支持离线Web应用。

由于目前不同的浏览器对于HTML5离线Web应用的支持程度是不一样的，所以在使用之前最好对浏览器进行测试。

9.2　使用离线Web

> 下面就带着大家一起来学习离线Web的具体使用知识。

9.2.1 构建简单的离线应用程序

HTML5新增了离线应用，使得网页或应用在没有网络的情况下依然可以使用。

离线应用的使用需要以下几个步骤：

Step 01 离线检测（确定是否联网）。

Step 02 访问一定的资源。

Step 03 有一块本地空间用于保存数据（无论是否上网，都不妨碍读写）。

当然，首先需要对浏览器进行检测，看一下浏览器是否支持离线Web应用，代码如下：

```
if(window.applicationCache){
//浏览器支持离线应用
alert("您的浏览器支持离线应用");
}else{
//浏览器不支持离线应用
alert("您的浏览器弱爆了，不支持离线应用，快去");
}
```

描述文件用来列出需要和不需要缓存的资源，以备离线时使用。描述文件的扩展名以前用.manifest，现在推荐使用.appcache，并且描述文件需要配置正确的MIME-type，即text/cache-manifest，必须在Web服务器上进行配置（文件编码必须是UTF-8）。但是不同的服务器有不同的配置方法。

首行必须以以下字符串开始，代码如下：

```
CACHE MANIFEST
```

接下来就是要缓存文件的URL，一行一个（相对URL是相对于清单文件而言的，不是相对于文件），代码如下：

```
#以"#"开头的是注释
common.css
Common.js
```

这个文件中列举的所有的文件都会被缓存。

在清单中，可以使用特殊的区域头来标识头信息之后的清单项的类型，上面最简单的缓存属于CACHE:区域，代码如下：

```
#该头信息之后的内容需要缓存
CACHE:
common.css
Connom.js
```

以NETWORK:开头的区域列举的文件总是从线上获取，不缓存。NETWORK:头信息支持通配符"*"，表示任何未明确列举的资源，都将通过网络加载，代码如下：

```
#该头信息之后的内容不需要缓存，总是从线上获取
```

```
NETWORK:
a.css
#表示以name开头的资源都不要缓存
name/
```

以FALLBACK:开头的区域中的内容提供了获取不到缓存资源时的备选资源路径。该区域中的内容，每一行包含两个URL。第一个URL是一个前缀，任何匹配的资源都不被缓存，第二个URL表示需要被缓存的资源，代码如下：

```
FALLBACK:
name/   example.html
```

一个清单可以有任意多个区域，且位置没有限制。

9.2.2 支持离线行为

假设要构建一个包含css、js、HTML的单页应用，同时要为这个单页应用添加离线支持。要将描述文件与页面关联起来，需要使用HTML标签的manifest特性指定描述文件的路径，代码如下：

```
<html manifest='./offline.appcche'>
```

开发离线应用的第一步就是检测设备是否离线。

HTML5新增了navigator.onLine属性。当它为true的时候，表示联网；值为false的时候，表示离线，代码如下：

```
if(navigator.onLine){
//联网
}else{
//离线
}
```

【TIPS】

IE6及以上浏览器及其他标准浏览器都支持这个属性。

1. online事件（IE9+浏览器支持）

当网络从离线变为在线的时候，触发该事件，在Window上触发该事件，不需要刷新，代码如下：

```
window.online = function(){
//需要触发的事件
}
```

2. offline事件（IE9+浏览器支持）

当网络从在线变为离线的时候，触发该事件。和online事件一样，在Window上触发该事件，不需要刷新，代码如下：

```
window.offline = function(){
//需要触发的事件
}
```

⚠️ 【例9.1】 查看网页是否在线

代码如下：

```
<!DOCTYPE html>
<html lang="en">
<head>
<meta charset="UTF-8">
<title>Document</title>
<script>
function loadState(){
if(navigator.online){
console.log("在线");
}else{
console.log("离线");
}
//添加事件监听器，实时监听
window.addEventListener("在线"function(){
console.log("在线");
},true);
window.addEventListener("离线"function(){
console.log("离线");
},true);
}
</script>
</head>
<body>
</body>
</html>
```

9.2.3 mannifest文件

Web应用程序的本地缓存，是通过每个页面的manifest文件来管理的。manifest文件是一个简单文本文件，它以清单的形式列举了需要被缓存或不需要被缓存的资源文件的文件名称，以及这些资源文件的访问路径。可以为每一个页面单独指定一个mainifest文件，也可以为整个Web应用程序指定一个总的manifest文件，manifest文件示例如下：

```
CACHE MANIFEST
#文件的开头必须书CACHE MANIFEST
#该manifest文件的版本号
#version 7
```

```
CACHE:
other.html
hello.js
images/myphoto.jpg
NETWORK:
http://google.com/xxx
NotOffline.jsp
*
FALLBACK:
online.js locale.js
CACHE:
newhello.html
newhello.js
```

在manifest文件中，第一行必须是CACHE MANIFEST文字，以把本文件的作用告知浏览器，即对本地缓存中的资源文件进行具体设置。同时，真正运行或测试离线Web应用程序的时候，需要对服务器进行配置，让服务器支持text/cache-manifest这个MIME类型（在HTML5中规定manifest文件的MIME类型为text/cache-manifest）。

在manifest文件中，可以加上注释来进行一些必要的说明或解释，注释行以"#"开始。文件中可以且最好加上版本号，以表示该manifest文件的版本。版本号可以是任何形式的，更新文件时一般也会对该版本号进行更新。

指定资源文件时，文件路径可以是相对路径，也可以是绝对路径，每个资源文件为一行。在指定资源文件的时候，可以把资源文件分为三类，分别是CACHE、NETWORK和FALLBACK：

- CACHE类别中指定需要被缓存在本地的资源文件。为某个页面指定需要本地缓存的资源文件时，不需要把这个页面本身指定在CACHE类型中。因为如果一个页面具有manifest文件，浏览器会自动对这个页面进行本地缓存。

- NETWORK类别为显式指定不进行本地缓存的资源文件，这些资源文件只有当客户端与服务器端建立连接的时候才能访问。该示例中的"*"为通配符，表示没有在本manifest文件中指定的资源文件都不进行本地缓存。

- FALLBACK类别中指定两个资源文件，第一个资源文件是能够在线访问时使用的资源文件，第二个资源文件是不能在线访问时使用的备用资源文件。

每个类别都是可选的。但是如果文件开头没有指定类别，而直接书写资源文件，此时浏览器把这些资源文件视为CACHE类别，直到看见文件中第一个被书写出来的类别为止，并且允许在同一个manifest文件中重复书写同一类别。

为了让浏览器能够正常阅读该文本文件，需要在Web应用程序页面上的HTML元素的manifest属性中指定manifest文件的URL地址，指定方法如下：

```
<!-- 可以为每个页面单独指定一个manifest文件 -->
<html manifest="hello.manifest">
</html>
<!-- 也可以为整个Web应用程序指定一个总的manifest文件 -->
<html manifest="global.manifest">
</html>
```

至此，将资源文件保存到本地缓存区的基本操作就完成了。在对本地缓存区的内容进行修改时，只要修改manifest文件就可以了。当文件被修改后，浏览器可以自动检查manifest文件，并自动更新本地缓存区中的内容。

9.2.4 applicationCache对象

applicationCache对象代表本地缓存，可以用它来通知用户本地缓存已经被更新，也允许用户手工更新本地缓存。在浏览器与服务器的交互过程中，当浏览器对本地缓存进行更新并加入新的资源文件时，会触发applicationCache对象的updateready事件，通知本地缓存已经被更新。可以利用该事件告诉用户本地缓存已经被更新，用户需要手工刷新页面来得到最新版本的应用程序，代码如下：

```
applicationCache.addEventListener("updateready", function(event) {
// 本地缓存已被更新，通知用户。
alert("本地缓存已被更新，可以刷新页面来得到本程序的最新版本。");
}, false);
```

另外，可以通过applicationCache对象的swapCache()方法，来控制如何进行本地缓存的更新及更新的时机，代码如下：

```
swapCache()方法
```

该方法用来手工执行本地缓存的更新，它只能在applicationCache对象的updateReady事件被触发时调用。updateReady事件只有在服务器上的manifest文件被更新，并且把manifest文件中所要求的资源文件下载到本地后触发。该事件的含义是"本地缓存准备被更新"。当这个事件被触发后，可以用swapCache()方法来手工进行本地缓存的更新。

如果本地缓存的容量非常大，本地缓存的更新工作将需要相对较长的时间，而且会把浏览器锁住。这时最好有个提示，告诉用户正在进行本地缓存的更新，代码如下：

```
applicationCache.addEventListener("updateready", function(event) {
// 本地缓存已被更新，通知用户。
alert("正在更新本地缓存……");
applicationCache.swapCache();
alert("本地缓存更新完毕，可以刷新页面使用最新版应用程序。");
}, false);
```

在以上代码中，如果不使用swapCache()方法，本地缓存一样会被更新，但是更新的时候不一样。如果不调用该方法，本地缓存将在下一次打开本页面时被更新；如果调用该方法，则本地缓存将会被立刻更新。因此，可以使用confirm()方法让用户选择更新时机，是立刻，还是下次打开页面时更新，特别是当用户可能正在页面上执行一个较大操作的时候。

另外，尽管使用swapCache()方法立刻更新了本地缓存，但是并不意味着我们页面上的图像和脚本文件也会被立刻更新，它们都是在重新打开本页面时才会生效。下面是较完整的示例，HTML代码如下：

```
<!DOCTYPE html>
```

```
<html manifest="swapCache.manifest">
<head>
<meta charset="UTF-8"/>
<title>swapCache()方法示例</title>
<script type="text/JavaScript" src="js/script.js"></script>
</head>
<body>
<p>swapCache()方法示例。</p>
</body>
</htm1>
```

JS代码如下：

```
document.addEventListener("load", function(event) {
setInterval(function() {
// 手工检查是否有更新
applicationCache.update();
}, 5000);
applicationCache.addEventListener("updateready", function(event) {
if(confirm("本地缓存已被更新，需要刷新页面获取最新版本吗？")) {
// 手工更新本地缓存
applicationCache.swapCache();
// 重载页面
location.reload();
}
}, false);
});
```

该页面使用的manifest文件的内容如下：

```
Txt代码
CACHE MANIFEST
#version 1.20
CACHE:
script.js
```

9.4　Web Workers概述

　　Web Workers是一种机制，从一个Web应用的主执行线程中分离出一个后台线程，在这个后台线程中运行脚本操作。这个机制的优势是：耗时的处理可以在一个单独的线程中来执行，与此同时，主线程（通常是UI）可以在毫不堵塞的情况下运行。

9.4.1 Web Workers简介

一个worker是一个使用构造函数（如Worker()）来创建的对象，在一个命名的JS文件里面运行，这个文件包含了在worker线程中运行的代码。Workers不同于现在的window，是在另一个全局上下文中运行的。在专用的Workers例子中，是由DedicatedWorkerGlobalScope对象代表这个上下文环境。标准Workers是由单个脚本使用的，共享Workers使用的是SharedWorkerGlobal-Scope。

在worker线程里面，可以运行任何你喜欢的代码，当然也有一些例外。例如，不能直接操作worker里面的DOM，也不能使用window对象的一些默认方法和属性。但是，可以使用window下许多可用的项目，包括WebSockets、类似IndexedDB和Firefox OS独有的Data Store API这样的数据存储机制。

在HTML5中，创建后台线程的步骤十分简单，只需要在Worker类的构造器中，将需要在后台线程中执行主脚本文件的URL地址作为参数，然后创建Worker对象就可以了，代码如下：

```
var Worker = Worker("Worker.js");
```

在后台线程中是不能访问页面或窗口对象的。如果在后台线程的脚本文件中使用window对象或document对象，则会引起错误的发生。

使用Worker对象的Message方法来对后台线程发送消息，如下面代码所示：

```
Worker.postMessage(message);
```

在上述代码中，发送的消息是文本数据，但也可以是任何JavaScript对象（需要通过JSON对象的stingoify方法将其转换成文本数据）。

另外，可以通过获取Worker对象的onmessage事件句柄及Worker对象的postMessage方法，在后台线程内部进行消息的接收和发送。

9.4.2 Web Workers的简单应用

在简单了解了Web Workers之后，下面讲解它的简单应用。

1. 生成Worker

创建一个新的worker十分简单。你所要做的就是调用Worker()构造函数，并指定一个要在worker线程内运行脚本的URI。如果希望能够收到worker的通知，可以将worker的onmessage属性设置成一个特定的事件处理函数，代码如下：

```
var myWorker = new Worker("my_task.js");

myWorker.onmessage = function (oEvent) {
    console.log("Called back by the worker!\n");
};
```

或者，你也可以使用addEventListener()，代码如下：

```
var myWorker = new Worker("my_task.js");
myWorker.addEventListener("message", function (oEvent) {
    console.log("Called back by the worker!\n");
}, false);
myWorker.postMessage(""); //启动 worker
```

上述代码中的第一行创建了一个新的worker线程。第二行为worker设置了message事件的监听函数。当worker调用自己的postMessage()函数时，就会调用这个事件处理函数。最后，第五行启动了worker线程。

【TIPS】

传入Worker构造函数的参数URI必须遵循同源策略。目前，不同的浏览器制造商对于哪些URI应该遵循同源策略尚有分歧；Gecko 10.0 (Firefox 10.0 / Thunderbird 10.0 / SeaMonkey 2.7)及后续版本允许传入data URI，而Internet Explorer 10则不认为Blob URI对worker是一个有效的脚本。

2. 传递数据

在主页面与worker之间传递的数据是通过拷贝，而不是共享来完成的。传递给worker的对象需要经过序列化，接下来在另一端还需要反序列化。页面与worker不会共享同一个实例，最终的结果就是在每次通信结束时生成数据的一个副本。大部分浏览器使用结构化拷贝来实现该特性。

在此，创建一个名为emulateMessage()的函数，它将模拟从worker到主页面（反之亦然）之间通信过程中的变量的"拷贝而非共享"行为，代码如下：

```
function emulateMessage (vVal) {
    return eval("(" + JSON.stringify(vVal) + ")");
}
// Tests
// test #1
var example1 = new Number(3);
alert(typeof example1);                    // object
alert(typeof emulateMessage(example1));    // number

// test #2
var example2 = true;
alert(typeof example2);                    // boolean
alert(typeof emulateMessage(example2));    // boolean

// test #3
var example3 = new String("Hello World");
alert(typeof example3);                    // object
alert(typeof emulateMessage(example3));    // string

// test #4
var example4 = {
"name": "John Smith",
"age": 43
```

```
};
alert(typeof example4);                    // object
alert(typeof emulateMessage(example4));    // object

// test #5
function Animal (sType, nAge) {
this.type = sType;
this.age = nAge;
}
var example5 = new Animal("Cat", 3);
alert(example5.constructor);                       // Animal
alert(emulateMessage(example5).constructor);       // Object
```

拷贝而并非共享的那个值称为消息，可以使用postMessage()将消息传递给主线程或从主线程传送回来。message事件的data属性就包含了从worker传回来的数据，代码如下：

```
example.html: (主页面):
myWorker.onmessage = function (oEvent) {
console.log("Worker said : " + oEvent.data);
};
myWorker.postMessage("ali");
my_task.js (worker):
postMessage("I\'m working before postMessage(\'ali\').");
onmessage = function (oEvent) {
postMessage("Hi " + oEvent.data);
};
```

🔑【TIPS】--

　　通常来说，后台线程（包括worker）无法操作DOM。如果后台线程需要修改DOM，那么它应该将消息发送给它的创建者，让创建者来完成这些操作。

如你所见，worker与主页面之间传输的消息始终是JSON消息，即使它是一个原始类型的值。所以，完全可以传输JSON数据或任何能够序列化的数据类型。

```
postMessage({"cmd": "init", "timestamp": Date.now()});
```

9.5　使用Web Workers API

在HTML5中，Web Workers已经得到了很多浏览器的支持，具体有以下几个：

- Chrome3.0及以上的浏览器。
- Firefox3.5及以上的浏览器。
- Opera10.6及以上的浏览器。
- Safrai4.0及以上的浏览器。
- IE10及以上的浏览器。

9.5.1　检测浏览器是否支持

在使用Web Workers API函数之前，要确认浏览器是否支持Web Workers。如果不支持，可以提供一些备用信息，提醒用户使用最新的浏览器。下面通过一个实例来讲解如何检查用户的浏览器是否支持Web Workers。

⚠ 【例9.2】 检测浏览器是否支持Web Workers

打开sublime，新建一个HTML文档。到"代码"视图中输入下面的代码，接着到浏览器中运行，代码示例如下：

```
<!DOCTYPE html>
<html lang="en">
<head>
<meta charset="UTF-8">
<title>Document</title>
<script>
window.onload = function(){
var sup = document.getElementById("support");
if(typeof Worker!=="undefined"){
sup.innerHTML = "您的浏览器支持Web Workers";
}else{
sup.innerHTML = "您的浏览器不支持Web Workers";
}
}
</script>
</head>
<body>
<h1>检测您的浏览器是否支持Web Workers</h1>
<p id="support"></p>
</body>
</html>
```

在IE9中测试的结果如图9-1所示，在chrome中测试的结果如图9-2所示。

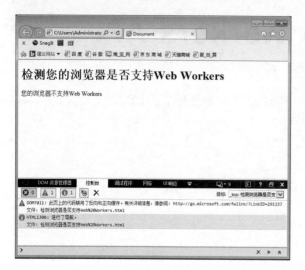
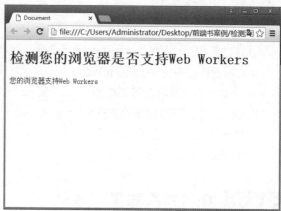

图9-1   图9-2

9.5.2 创建Web Workers

在HTML5中，Web Workers初始化时会接收一个JavaScript文件的URL地址，其中包含Worker执行的代码。下面的代码会设置事件监听器，并与生成Worker的容器进行通信，创建Web Workers。JavaScript文件的URL可以是相对路径或者绝对路径，只需同源（相同的协议、主机和端口）即可，示例代码如下：

```
var Worker = Worker("echo Worker.js");
```

9.5.3 多线程文件的加载与执行

对于多个JavaScript文件组成的应用程序来说，可以通过包含script元素的方式，在页面加载时同步加载JavaScript文件。然而，由于Web Workers没有访问document对象的权限，所以在Worker中必须使用另外一种方法导入其他的JavaScript文件，代码如下：

```
importScripts("helper.js");
```

导入的JavaScript文件只会在某一个已有的Worker中加载并执行。多个脚本的导入也可以使用importScripts函数，它们会按顺序执行。

9.5.4 与Web Workers通信

Web Workers生成以后，就可以使用postMessage API传送和接收数据了。postMessage还支持跨框架和跨窗口通信。下面将通过一个实例来讲解如何与Web Workers通信。

⚠ 【例9.3】 与Web Workers通信

代码如下：

```
<!DOCTYPE html>
<html>
<head>
<meta charset="UTF-8">
<title>web worker</title>
</head>
<body>
<p>计数:<output id="result"></output></p>
<button onclick="startr()">开始worker</button>
<button onclick="end()">停止worker</button>
<script type="text/JavaScript">
var w;
function start(){
if(typeof(Worker)!="undefined"){
if(typeof(w)=="undefined"){
w = new Worker("webworker.js");
}
//onmessage是Worker对象的properties
w.onmessage = function(event){//事件处理函数,用来处理后端的web worker传递过来的消息
document.getElementById("result").innerHTML=event.data;
};
    }else{
document.getElementById("result").innerHTML="sorry,your browser does not
support web workers";
}
}
function end(){
w.terminate();//利用Worker对象的terminated方法终止
w=undefined;
}
</script>
</body>
</html>
```

在后台运行webworker.js文件，代码如下：

```
var i = 0;
function timer(){
i = i + 1;
postMessage(i);
setTimeout("timer()",1000);
}
timer();
```

至此，已经完成这个通信的实例了。在这里，让运行在后台的webworker.js文件每0.5秒数字都会+1，代码运行效果如图9-3和图9-4所示。

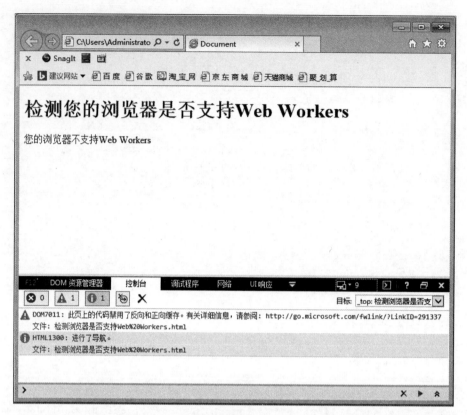

图9-3

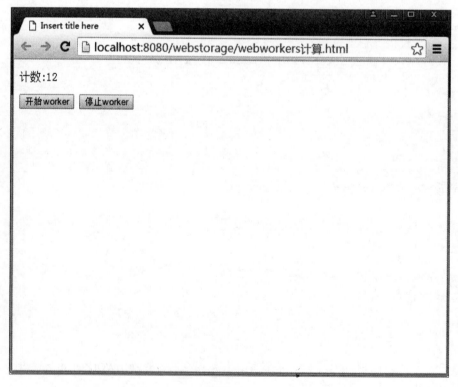

图9-4

实例精讲　离线Web的具体应用

离线应用程序的缓存功能允许指定Web应用程序所需的全部资源，这样浏览器就能在加载HTML文档时把它们都下载下来。

（1）定义浏览器缓存

● 启用离线缓存：创建一个清单文件，并在HTML元素的manifest属性里引用它。

● 指定离线应用程序里要缓存的资源：在清单文件的顶部或者CACHE区域里列出资源。

● 指定资源不可用时要显示的备用内容：在清单文件的FALLBACK区域里列出内容。

● 指向始终向服务器请求的资源：在清单文件的BETWORK区域里列出内容。

首先创建fruit.appcache的清单文件，代码如下：

```
CACHE MANIFEST
example.html
banana100.png
FALLBACK:
* 404.html
NETWORK:
cherries100.png
CACHE:
apple100.png
```

再创建404.html文件，用于链接指向的HTML文件不在离线缓存中，就可以用它来代替，代码如下：

```
<!DOCTYPE HTML>
<html manifest="fruit.appcache">
<head>
<title>Offline</title>
</head>
<body>
<h1>您要的页面找不到了！</h1>
或许您可以帮我们找找孩子！
</body>
</html>
```

最后创建需要启用离线缓存的HTML文件，代码如下：

```
<!DOCTYPE HTML>
<html manifest="fruit.appcache">
<head>
<title>Example</title>
<style>
img {border: medium double black; padding: 5px; margin: 5px;}
</style>
```

```
</head>
<body>
<img id="imgtarget" src="banana100.png"/>
<div>
<button id="banana">Banana</button>
<button id="apple">Apple</button>
<button id="cherries">Cherries</button>
</div>
<a href="otherpage.html">Link to another page</a>
<script>
var buttons = document.getElementsByTagName("button");
for (var i = 0; i < buttons.length; i++) {
buttons[i].onclick = handleButtonPress;
}
function handleButtonPress(e) {
document.getElementById("imgtarget").src = e.target.id + "100.png";
}
</script>
</body>
</html>
```

（2）检测浏览器状态

window.navigator.online：如果浏览器确定为离线，就返回false；如果浏览器可能在线，则返回true。

（3）使用离线缓存

可以通过调用window.applicationCache属性直接使用离线缓存，它会返回一个Application–Cache对象。

ApplicationCache对象有三个成员：

- update()：更新缓存以确保清单里的项目都已下载了最新的版本。
- swapCache()：交换当前缓存与较新的缓存。
- status：返回缓存的状态。

ApplicationCache对象的status属性有六个值：

- 0——UNCACHED：此文档没有缓存，或者缓存数据尚未被下载。
- 1——IDLE：缓存没有执行任何操作。
- 2——CHECKING：浏览器正在检查清单或清单所指定项目的更新。
- 3——DOWNLOADING：浏览器正在下载清单或内容的更新。
- 4——UPDATEREADY：有更新后的缓存数据可用。
- 5——OBSOLETE：缓存数据已经废弃，不应该再使用了。这是请求清单文件时返回HTTP状态码4xx所造成的（通常表明清单文件已被移走/删除）。

ApplicationCache对象定义的事件，在缓存状态改变时触发：

- checking：浏览器正在获取初始清单或者检查清单更新。
- noupdate：没有更新可用，当前的清单是最新版。
- downloading：浏览器正在下载清单里指定的内容。
- progress：在下载阶段触发。

● cached：清单里指定的所有内容都已被下载和缓存了。

● updateready：新资源已下载，并且可以使用了。

● obsolete：缓存已废弃。

```
Plain:
CACHE MANIFEST
CACHE:
example.html
banana100.png
cherries100.png
apple100.png
FALLBACK:
* offline2.html
Html:
<!DOCTYPE HTML>
<html manifest="fruit.appcache">
<head>
<title>Example</title>
<style>
img {border: medium double black; padding: 5px; margin: 5px;}
div {margin-top: 10px; margin-bottom: 10px}
table {margin: 10px; border-collapse: collapse;}
th, td {padding: 2px;}
body > * {float: left;}
</style>
</head>
<body>
<div>
<img id="imgtarget" src="banana100.png"/>
<div>
<button id="banana">Banana</button>
<button id="apple">Apple</button>
<button id="cherries">Cherries</button>
</div>
<div>
<button id="update">Update</button>
<button id="swap">Swap Cache</button>
</div>
The status is: <span id="status"></span>
</div>
<table id="eventtable" border="1">
<tr><th>Event Type</th></tr>
</table>
<script>
var buttons = document.getElementsByTagName("button");
for (var i = 0; i < buttons.length; i++) {
buttons[i].onclick = handleButtonPress;
}
```

```
window.applicationCache.onchecking = handleEvent;
window.applicationCache.onnoupdate = handleEvent;
window.applicationCache.ondownloading = handleEvent;
window.applicationCache.onupdateready = handleEvent;
window.applicationCache.oncached = handleEvent;
window.applicationCache.onobselete = handleEvent;
function handleEvent(e) {
document.getElementById("eventtable").innerHTML +=
"<tr><td>" + e.type + "</td></td>";
checkStatus();
}
function handleButtonPress(e) {
switch (e.target.id) {
case 'swap':
window.applicationCache.swapCache();
break;
case 'update':
window.applicationCache.update();
checkStatus();
break;
default:
document.getElementById("imgtarget").src = e.target.id
+ "100.png";
}
}
function checkStatus() {
var statusNames = ["UNCACHED", "IDLE", "CHECKING", "DOWNLOADING",
"UPDATEREADY", "OBSOLETE"];
var status = window.applicationCache.status;
document.getElementById("status").innerHTML = statusNames[status];
}
</script>
</body>
</html>
```

本章小结

　　本章讲了离线Web应用的相关内容，学习了如何给予HTML5离线Web应用，创建即使没有连接因特网也可以使用的应用程序。为确保应用中所需的文件成功缓存，需要这些文件指定在manifest文件中，随后在应用程序的主页面中进行引用，通过添加监听在线和离线状态的变化，进而根据因特网连接与否让网站执行不同的操作。其次介绍了Web Workers的一些基础知识，了解了Web Workers的一些简单应用，然后讲解了Web Workers的通信是如何实现的。关于Web Workers的一些更加有趣的用法和深入的探索，还需要大家在以后的工作和学习中慢慢去挖掘。

读书笔记

Chapter

10

CSS基础

本章概述

CSS是一种为网站添加布局效果以及显示样式的工具，它可以节省大量的时间，采用一种全新的方式来设计网站。CSS是每个网页开发人员必须掌握的一门技术。本章将带领大家学习有关CSS的知识。

重点知识

- CSS概述
- CSS选择器
- CSS的继承
- CSS绝对数值单位
- CSS相对数值单位

10.1 CSS概述

> CSS是一门崭新的老技术。在互联网领域，任何一门技术只要超过了10年时间都可以称为老技术。CSS的第一个版本作为W3C的推荐出现在1996年12月17日。这个老技术出现已经超过20个年头了。说它是崭新的，是要从它的布局方式以及今天我们还正在完善的CSS3标准说起。

在2007年之前的国内，CSS多数情况下用于纯粹的编写页面样式，例如，在这里加一个边框，在那里加一段虚线等。并没有多少人采用我们今天所熟知的CSS盒子布局。从2007年开始，国内突然发现国外不少网站都已经摒弃了以前的表格布局，而采用CSS布局方式，而且发现这种布局方式要比以前的表格布局更加好看且灵活。于是大家都争相采用CSS布局。当然，这些还不足以说明它的崭新之处，而是W3C在今天依然正在完善的CSS3版本才足够说明这一点。

10.1.1 CSS简介

CSS是Cascading Style Sheet（层叠样式表）的缩写。它是一种标记性语言，用于控制页面样式与布局，并且允许样式信息与网页内容相分离。

相对于传统的HTML表现来说，CSS能够对网页中对象的位置排版进行精确的控制，支持几乎所有的字体、字号样式，拥有对网页中的对象创建盒模型的能力，并且能够进行初步的交互设计，是目前基于文本展示最优秀的表现设计语言。

同样的一个网页，不使用CSS，页面只剩下内容部分，所有的修饰部分（如字体样式、背景、高度等）都消失了。所以我们可以把CSS看成是人身上的衣服和化妆品。HTML就是人，人在没有衣服和没有精心打理的时候表现出来的样式可能不是很出彩，但是配上一身裁剪得体的衣服，再画上美丽的妆容，即便是普通人，也可以光彩照人。对于网页来说，使用了CSS之后，就可以让一个本来看上去不那么出彩的页面变得高端大气。

10.1.2 CSS的特点及优点

以前，网页排版布局时，如果不是专业人员或特别有耐心的人，很难让网页按照自己的构思与想法来显示信息。即便是掌握了HTML语言精髓的人，也要通过多次测试，才能驾驭这些信息的排版。

而CSS样式表就是在这种需求下应运而生的。它首先要做的就是为网页上的元素进行精确定位，轻易地控制文字、图片等元素。

其次，它把网页上的内容结构和表现形式进行分离。浏览者想要看的是网页上的内容，而为了让浏览者更加轻松和愉快地看到这些信息，就要通过格式来控制。以前内容和形式在网页上的分布是交错结合的，查看和修改都非常不方便。而现在把两者分开，就会大大方便网页设计者的操作。内容结构和表现形式相分离，使得网页可以只由内容结构来构成，而把所有表现形式保存到某个样式表当中。这样做的好处表现在以下两个方面：

- 简化了网页的格式代码，外部CSS样式表还会被浏览器保存在缓存中，加快了下载显示的速度，同时减少了需要上传的代码量。

- 当网页样式需要被修改的时候，只需要修改保存了CSS代码的样式表即可，不需要改变HTML页面的结构，就能改变整个网站的表现形式和风格。在修改数量庞大的站点时，显得格外有用和重要。避免了一个一个地修改网页，极大地减少了重复性的劳动。

10.1.3 CSS的基本语法

CSS样式表用到的许多CSS属性都与HTML属性类似。如果用户熟悉HTML布局的话，那么在使用CSS的时候许多代码就不会陌生。例如，我们希望将网页的背景色设置为浅灰色，代码如下：

```
HTML: <body bgcolor="#ccc"></body>
CSS: body{background-color:#ccc;}
```

CSS语言是由选择器、属性和属性值组成的，基本语法如下：

```
选择器{属性名:属性值;}也就是selector{properties:value;}
```

这里对选择器、属性和属性值进行说明：
- 选择器：选择器用来定义CSS样式名称，每种选择器都有各自的写法，后面将进行具体介绍。
- 属性：属性是CSS的重要组成部分。它是修改网页中元素样式的根本。例如，修改网页中的字体样式、字体颜色、背景颜色、边框线形等都是属性。
- 属性值：属性值是CSS属性的基础。所有的属性都需要有一个或以上的属性值。

关于CSS语法需要注意以下几点：
- 属性和属性值必须写在{}中。
- 属性和属性值中间用"："分割开。
- 每写完一个完整的属性和属性值，都需要以"；"结尾。如果只写了一个属性或者最后一个属性后面可以不写"；"，但是不建议这么做。
- CSS书写属性时，属性与属性之间对空格、换行是不敏感的，允许空格和换行的操作。
- 如果一个属性有多个属性值，那么每个属性值之间需要以空格分割开。

10.1.4 引入CSS的方法

在网页中，需要引用CSS，让它成为网页中的修饰工具。如何才能引用CSS来为页面服务呢？下面介绍在页面中应该如何引入CSS样式表。

在页面中引入CSS样式表时，有三种方法：内联引入方法、内部引入方法、外部引入方法。这三种方法分别是怎么执行引入的呢？

1. 内联引入方法

每一个HTML元素都拥有一个叫做style的属性。它是用来控制元素的外观。特别之处就在于，在style属性里面写入的CSS代码都是作为HTML中style属性的属性值出现的。

⚠ 【例10.1】使用内联引入方法

代码如下：

```
<p style="color:red;">一行文字的颜色样式可以通过color属性来改变</p>
```

代码运行效果如图10-1所示。

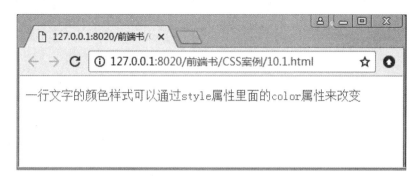

图10-1

2. 内部引入方法

页面中有很多元素需要管理的时候，内联引入CSS样式很显然是不合适的，因为那样会产生很多重复性的操作与劳动。例如，需要把页面中所有的<p>标签中的文字都改成红色，使用内联CSS的话，需要往每一个<p>里手动添加（在不考虑JavaScript的情况下），这样的重复劳动产生的劳动量是非常惊人的。很显然，程序员不可能让自己变成流水线上的机器人，所以可以把有相同需求的元素整理好并分成很多类别，让相同类别的元素使用同一个样式。

我们会在页面的<head>部分引入<style>标签，然后在<style>标签内部写入需要的CSS样式。例如，可以让<p>标签里的文字的颜色为红色，文字大小为20像素，<div>标签里文字的颜色为绿色，文字大小为10像素。

⚠ 【例10.2】使用内部引入方法

HTML代码如下：

```
<body>
<p>我是第1行P标签文字</p>
<div>我是第2行div标签文字</div>
<p>我是第3行P标签文字</p>
<div>我是第4行div标签文字</div>
<p>我是第5行P标签文字</p>
<div>我是第6行div标签文字</div>
<p>我是第7行P标签文字</p>
<div>我是第8行div标签文字</div>
<p>我是第9行P标签文字</p>
<div>我是第10行div标签文字</div>
</body>
```

CSS代码如下：

```
<style>
p{
```

```
color:red;
font-size:20px;
}
span{
color:green;
font-size:10px;
}
</style>
```

代码运行效果如图10-2所示。

图10-2

可以很清楚地看到，本来用内联样式需要复制粘贴很多次的操作，通过内部样式表就可以很轻松地达到效果，省心省力。这样的方式也更利于后期对代码和页面的维护工作。

3. 外部引入方法

前面介绍了内联样式表和内部样式表，但是这两种样式表的写法并不推荐大家在开发当中使用。在开发中通常是一个团队的很多人在一起合作，项目的页面想必也不会很少（一般一个移动app至少也要20个页面），如果使用内部样式表进行开发的话，就会遇到一个非常头疼的问题：如果众多页面中有一些样式相同的地方，是不是都要在样式表中再写一遍？

事实上，根本不需要去这么做。最好的方法就是：在HTML文档的外部新建一个CSS样式表，然后把样式表引入HTML文档中。这样就可以实现同一个CSS样式可以被无数个HTML文档调用。具体做法是：新建一些HTML文档，在HTML文档外部新建一个以.css为后缀名的CSS样式表，在HTML文档的\<head\>部分以\<link type="text/css" rel="stylesheet" href="url"\>标签进行引入。

　　这时会发现，外部样式表内的样式已经可以在HTML文档中进行使用了。这样做的话，需要对所有页面进行样式修改的时候，只需要修改一个CSS文件即可，而不用对所有的页面逐个进行修改。只修改CSS样式，就不需要对页面中的内容进行变动。

10.2 CSS选择器

> 　　在对页面中的元素进行样式修改的时候，首先需要找到页面中的元素，然后进行样式修改。例如，修改页面中<div>标签的样式，就需要在样式表中先找到需要修改的<div>标签。如何才能找到呢？这就需要CSS中的选择器来完成，本节将带领大家一起学习CSS中的选择器。

10.2.1 三大基础选择器

　　在CSS中，选择器可以分为四种，分别为：元素选择器、类选择器、ID选择器和属性选择器。由这些选择器衍生出来的复合选择器、后代选择器等其实都是它们的扩展应用而已。

1. 元素选择器

　　页面中的元素是构成页面的基础。CSS元素选择器用来声明页面中哪些元素使用将要适配的CSS样式。所以，页面中的每一个元素名都可以成为CSS元素选择器的名称。例如，div选择器就是用来选中页面中的所有div元素。同理，还可以对页面中的p、ul、li等元素进行CSS元素选择器的选取，然后对这些被选中的元素进行CSS样式的修改。

⚠ 【例10.3】 使用元素选择器

　　代码如下：

```
<style>
p{
color:red;
font-size: 20px;
}
ul{
list-style-type:none;
}
a{
text-decoration:none;
}
</style>
```

　　以上这段CSS代码表示：HTML页面中所有的<p>标签文字的颜色都采用红色，文字大小为20px；所有的<ul>无序列表采用没有列表标记风格，所有的<a>取消下划线显示。每一个CSS选择器都包含选择器本身、属性名和属性值。其中，属性名和属性值均可以同时设置多个，以达到对同一个元素声明多重CSS样式风格的目的。代码运行结果如图10-3所示。

图10-3

2. 类选择器

在页面当中，可能有一些元素的元素名并不相同，但是依然需要它们拥有相同的样式。如果使用之前的元素选择器来操作的话，就会显得非常繁琐，所以不妨换种思路来考虑这个事情。假如需要对页面中的<p>、<a>和<div>标签使用同一种文字样式，那么可以把这三个元素看成是同一种类型样式的元素，然后对它们进行归类操作。

在CSS中，使用类操作需要在元素内部使用class属性，而class的属性值就是为元素定义的"类名"。

⚠ 【例10.4】 使用类选择器

Step 01 为需要的元素添加class类名，代码如下：

```
<body>
<p class="myTxt">我是一行p标签文字</p>
<p class="myTxt"><a class="myTxt" href="#">我是a标签内部的文字</a></p>
<div class="myTxt">div文字也和它们的样式相同</div>
</body>
```

Step 02 为当前类添加样式，代码如下：

```
<style type="text/css">
.myTxt{
color:red;
font-size: 30px;
text-align: center;
}
</style>
```

以上两段代码分别为需要改变样式的元素添加class类名，为需要改变的类添加CSS样式。这样，就可以同时为多个不同元素添加相同的CSS样式。这里需要注意的是，因为<a>标签天生自带下划线，所以在页面中<a>标签的内容还是会有下划线存在。如果对此很介意的话，可以单独为<a>标签多添加一个类名（一个标签可以存在多个类名，它们之间使用空格分隔），代码如下：

```
<p class="myTxt"><a class="myTxt myA" href="#">我是a标签内部的文字</a></p>
.myA{text-decoration: none;}
```

通过以上代码可以实现取消<a>标签下划线的目的，有下划线的效果如图10-4所示，无下划线的效果如图10-5所示。

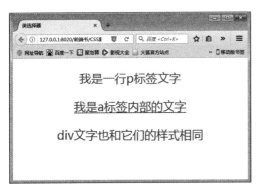

图10-4

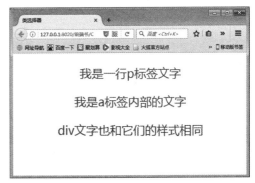

图10-5

3. ID选择器

元素选择器和类选择器其实都是对一类元素进行选取和操作，假设需要对页面中的众多<p>标签中的某一个进行选取和操作，使用类选择器也可以达到目的，但是类选择器毕竟是对一类或是一群元素进行操作，如果单独为某个元素使用类选择器，就显得不是那么合理，所以需要一个独一无二的选择器。ID选择器就是这样的，必定ID属性的值是唯一的。

⚠ 【例10.5】 使用ID选择器

HTML代码如下：

```
<p>这是第1行文字</p>
<p id="myTxt">这是第2行文字</p>
<p>这是第3行文字</p>
<p>这是第4行文字</p>
<p>这是第5行文字</p>
```

CSS代码如下：

```
<style>
    #myTxt{
        font-size: 30px;
        color:red;
    }
</style>
```

代码在第二个<p>标签中设置了id属性，并且也在CSS样式表中对id进行了样式设置。具体的是让id属性值为myTxt的元素的字号大小为30像素，文字颜色为红色，代码运行效果如图10-6所示。

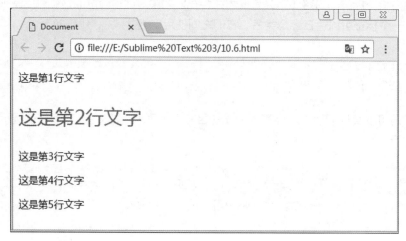

图10-6

10.2.2 集体选择器

在编写页面的时候，会遇到很多个元素都要采用同一种样式属性的情况，这时会把这些样式相同的元素放在一起进行集体声明，而不是单个分开来。这样做可以极大地简化操作，集体选择器就是为这种情况而设计的。

⚠ 【例10.6】 使用集体选择器

代码如下：

```
<!DOCTYPE html>
<html lang="en">
<head>
<meta charset="UTF-8">
<title>Document</title>
<style>
li,.mytxt,span,a{
font-size: 20px;
color:red;
}
</style>
</head>
<body>
<ul>
<li>item1</li>
<li>item2</li>
<li>item3</li>
<li>item4</li>
</ul>
<hr/>
```

```
<p>这是第1行文字</p>
<p class="mytxt">这是第2行文字</p>
<p class="mytxt">这是第3行文字</p>
<p class="mytxt">这是第4行文字</p>
<p>这是第5行文字</p>
<hr/>
<span>这是span标签内部的文字</span>
<hr/>
<a href="#">这是a标签内部的文字</a>
</body>
</html>
```

集体选择器的语法是在每个选择器之间使用逗号隔开。通过集体选择器可以达到对多个元素进行集体声明的目的。以上代码选中了页面中所有的<li>、<span>、<a>以及类名为mytxt的元素，并且对这些元素进行集体样式的编写。代码运行效果如图10-7所示。

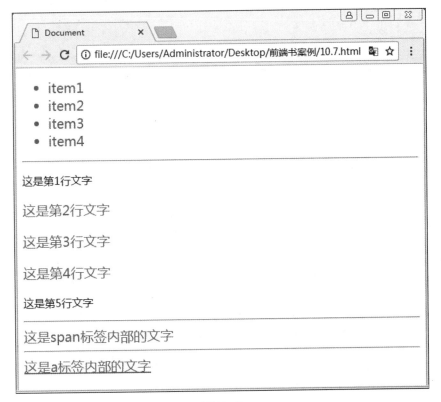

图10-7

10.2.3 属性选择器

CSS属性选择器可以根据元素的属性和属性值来选择元素。

属性选择器的语法是把需要选择的属性写在一对中括号里，例如把包含标题（title）的所有元素变为红色，可以写作：

```
*[title] {color:red;}
```

也可以采取与上面类似的写法，可以只对有href属性的锚（a元素）应用样式：

```
a[href] {color:red;}
```

还可以根据多个属性进行选择，只需将属性选择器链接在一起即可。例如，将同时有href和title属性的HTML超链接的文本设置为红色，可以这样写：

```
a[href][title] {color:red;}
```

以上都是属性选择器的用法。也可以把以上所学的选择器组合起来，采用创造性的方法来使用这个特性。

⚠ 【例10.7】 使用属性选择器

代码如下：

```
<!DOCTYPE html>
<html lang="en">
<head>
<meta charset="UTF-8">
<title>Document</title>
<style>
img[alt]{
border:3px solid red;
}
img[alt="image"]{
border:3px solid blue;
}
</style>
</head>
<body>
<img src="风景.jpg" alt="" width="300">
<img src="风景.jpg" alt="image" width="300">
<img src="风景.jpg" alt="" width="300">
<img src="风景.jpg" alt="" width="300">
<img src="风景.jpg" alt="" width="300">
<img src="风景.jpg" alt="" width="300">
</body>
</html>
```

上面这段代码想要实现的是：所有拥有alt属性的img标签都有3个像素宽度的，实线类型的边框，并且为红色；又对alt属性且值为image的元素重新进行样式设置，它的边框颜色可以有所变化，设置为了蓝色。代码运行效果如图10-8所示。

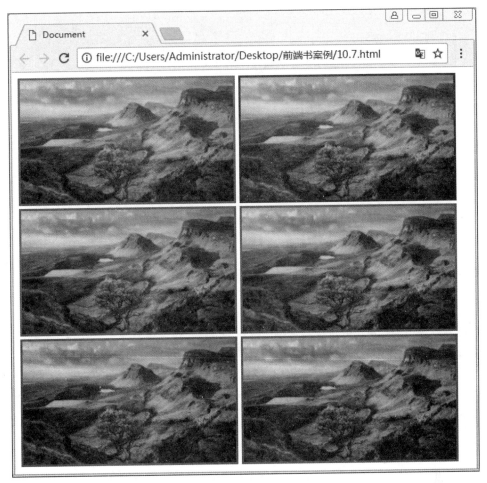

图10-8

10.2.4 后代选择器

后代选择器（descendant selector）又称为包含选择器，它可以选择作为某元素后代的元素。

1. 根据上下文选择元素

可以定义后代选择器以创建一些规则，使这些规则在某些文档结构中起作用，而在另外一些结构中不起作用。举例来说，如果希望只对h1元素中的em元素应用样式，可以这样写：

```
h1 em {color:red;}
```

上面这个规则，会把作为h1元素后代的em元素的文本变为红色，而其他em文本（如段落或块引用中的em）则不会被这个规则选中，代码如下：

```
<h1>This is a <em>important</em> heading</h1>
<p>This is a <em>important</em> paragraph.</p>
```

效果如图10-9所示。

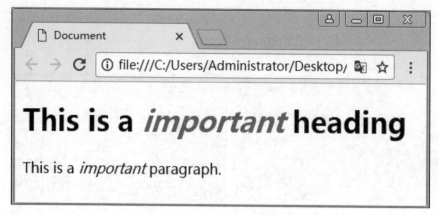

图10-9

当然，这样的效果也可以在h1中找到的每个em元素上放一个class属性去实现，但是使用后代选择器的效率会更高。

2. 语法解释

在后代选择器中，规则左边的选择器一端包括两个或多个用空格分隔的选择器。选择器之间的空格是一种结合符（combinator）。每个空格结合符可以解释为"…在…找到"、"…作为…的一部分"、"…作为…的后代"，但是要求必须从右向左读选择器。

因此，h1 em选择器可以解释为"作为h1元素后代的任何em元素"。如果要从左向右读选择器，可以换成以下说法："包含em的所有h1会把以下样式应用到该em"。

3. 具体应用

后代选择器的功能极其强大。有了它，可以使在HTML中将不可能实现的任务成为可能。

假设有一个文档，其中有一个边栏，还有一个主区。边栏的背景为蓝色，主区的背景为白色，这两个区都包含链接列表。不能把所有链接都设置为蓝色，因为这样边栏中的蓝色链接都无法看到。

解决方法是使用后代选择器。在这种情况下，可以为包含边栏的div指定值为sidebar的class属性，并把主区的class属性值设置为maincontent，然后编写以下样式：

```
div.sidebar {background:blue;}
div.maincontent {background:white;}
div.sidebar a:link {color:white;}
div.maincontent a:link {color:blue;}
```

关于后代选择器有一个易被忽视的方面，即两个元素之间的层次间隔可以是无限的。

例如，如果写作ul li，这个语法就会选择从ul元素继承的所有li元素，而不论li的嵌套层次有多深。

⚠ 【例10.8】 使用后代选择器

代码如下：

```
<!DOCTYPE html>
<html lang="en">
<head>
<meta charset="UTF-8">
```

```
<title>Document</title>
<style>
ul li{
color:red;
}
</style>
</head>
<body>
<ul>
<li>第1部分
<ol>
<li>item1</li>
<li>item2</li>
<li>item3</li>
<li>item4</li>
</ol>
</li>
<li>第2部分
<ol>
<li>item1</li>
<li>item2</li>
<li>item3</li>
<li>item4</li>
</ol>
</li>
<li>第3部分
<ol>
<li>item1</li>
<li>item2</li>
<li>item3</li>
<li>item4</li>
</ol>
</li>
<li>第4部分
<ol>
<li>item1</li>
<li>item2</li>
<li>item3</li>
<li>item4</li>
</ol>
</li>
</ul>
</body>
</html>
```

　　从以上代码的运行结果会发现，隶属于ul元素下的所有li元素文字的颜色都变成了红色，即便是ol元素下的li元素，也会跟着一起进行样式的设置。代码运行结果如图10-10所示。

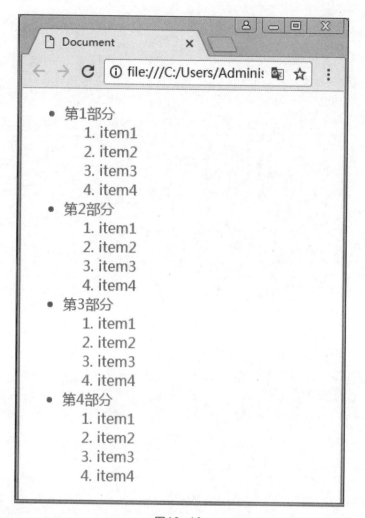

图10-10

10.2.5 子元素选择器

与后代选择器相比，子元素选择器（Child selectors）只能选择作为某元素的子元素的元素。

如果不希望选择任意后代元素，而是希望缩小范围，只选择某个元素的子元素，那么请使用子元素选择器（Child selector）。

⚠ 【例10.9】使用子元素选择器

希望选择只作为h1元素的子元素的strong元素，可以这样写：

```
h1 > strong {color:red;}
```

这个规则会把第一个h1下面的两个strong元素变为红色，但是第二个h1中的strong不受影响：

```
<h1>This is <strong>very</strong> <strong>very</strong> important.</h1>
<h1>This is <em>really <strong>very</strong></em> important.</h1>
```

代码运行效果如图10-11所示。

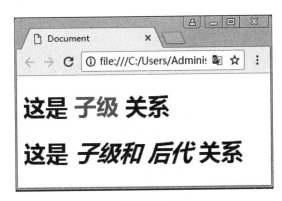

图10-11

10.2.6 相邻兄弟选择器

相邻兄弟选择器（Adjacent sibling selector）可选择紧接在另一元素后的元素，且二者有相同的父元素。

1. 选择相邻兄弟

如果需要选择紧接在另一个元素后的元素，而且二者有相同的父元素，可以使用相邻兄弟选择器（Adjacent sibling selector）。例如，要增加紧接在h1元素后出现的段落的上边距，可以这样写：

```
h1 + p {color:red;}
```

这个选择器读作："选择紧接在h1元素后出现的段落，h1和p元素拥有共同的父元素"。

2. 语法解释

相邻兄弟选择器使用了加号（+），即相邻兄弟结合符（Adjacent sibling combinator）。与子结合符一样，相邻兄弟结合符旁边可以有空白符。请看下面这个文档树片段：

```
<div>
<ul>
<li>List item 1</li>
<li>List item 2</li>
<li>List item 3</li>
</ul>
<ol>
<li>List item 1</li>
<li>List item 2</li>
<li>List item 3</li>
</ol>
</div>
```

在上面的片段中，div元素中包含两个列表：一个无序列表，一个有序列表，每个列表都包含三个列表项。这两个列表是相邻兄弟，列表项本身也是相邻兄弟。不过，第一个列表中的列表项与第二个列表中的列表项不是相邻兄弟，因为这两组列表项不属于同一父元素（最多只能算堂兄弟）。

请记住，用一个结合符只能选择两个相邻兄弟中的第二个元素，请看下面的选择器：

```
li + li {font-weight:bold;}
```

上面这个选择器只会把列表中的第二个和第三个列表项变为粗体，而第一个列表项不受影响。

3. 结合其他选择器

相邻兄弟结合符还可以结合其他选择器使用，下面一起来做一个稍微复杂点儿的小练习。

⚠️ 【例10.10】 结合使用选择器

HTML代码如下：

```
<!DOCTYPE html>
<html lang="en">
<head>
<meta charset="UTF-8">
<title>Document</title>
</head>
<body>
<div>一个div容器</div>
<span>一个span容器</span>
<hr/>
<ul>
<li>items1</li>
<li>items2</li>
<li>items3</li>
<li>items4</li>
</ul>
</body>
</html>
```

代码中想以<html>根元素为起点，找到<div>元素后面的<span>元素和<hr/>元素后面的<ul>元素下面的所有<li>元素，并且对它们设置CSS样式，CSS代码如下：

```
<style>
html>body div+span,html>body hr+ul li{
color:red;
border:red solid 2px;
}
</style>
```

上面这段CSS代码使用了子元素选择器、后代选择器、集体选择器和相邻兄弟选择器。CSS选择器代码可以解释为：从<html>元素中找到一个叫做<body>的子元素，并且在<body>元素中找到所有后代为<div>的元素，接着从<div>元素的同级后面找到元素名为<span>的元素，第二个选择器声明解释相同。

代码运行效果如图10-12所示。

图10-12

10.2.7 伪类

在CSS中，伪类用来添加一些选择器的特殊效果。伪类的语法如下：

```
selector:pseudo-class {property:value;}
```

CSS类也可以使用伪类，代码如下：

```
selector.class:pseudo-class {property:value;}
```

1. anchor伪类

在支持CSS的浏览器中，链接的不同状态都可以以不同的方式显示，代码如下。

```
a:link {color:#FF0000;}        /* 未访问的链接 */
a:visited {color:#00FF00;}     /* 已访问的链接 */
a:hover {color:#FF00FF;}       /* 鼠标划过链接 */
a:active {color:#0000FF;}      /* 已选中的链接 */
```

通过以上伪类可以为链接添加不用状态的效果。在使用中一定要小心关于链接伪类的"小技巧"：
- 在CSS定义中，a:hover必须被置于a:link和a:visited之后，才是有效的。
- 在CSS定义中，a:active必须被置于a:hover之后，才是有效的。

2. 伪类和CSS类

伪类可以与CSS类配合使用，代码如下：

```
a.red:visited {color:#FF0000;}
<a class="red" href="#">CSS</a>
```

如果上面例子的链接已被访问，那么它会显示为红色。

3. CSS - :first - child伪类

可以使用:first-child伪类来选择元素的第一个子元素。

【TIPS】

在IE8之前的版本中，必须声明<!DOCTYPE>，这样:first-child才能生效。

【例10.11】使用:first-child伪类

代码如下：

```
<!DOCTYPE html>
<html lang="en">
<head>
<meta charset="UTF-8">
<title>Document</title>
<style>
ul li:first-child{
color:red;
}
</style>
</head>
<body>
<ul>
<li>items1</li>
<li>items2</li>
<li>items3</li>
<li>items4</li>
</ul>
</body>
</html>
```

以上代码在HTML文档树中写入了一个无序列表，使用:first-child伪类选择第一个<li>元素，并且对它设置了文字颜色，代码运行效果如图10-13所示。

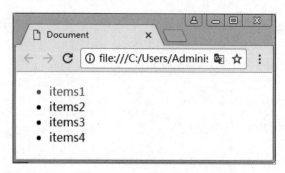

图10-13

4. CSS - :lang伪类

使用:lang伪类能为不同的语言定义特殊的规则。

【TIPS】

IE8必须声明<!DOCTYPE>才能支持:lang伪类。

⚠ 【例10.12】使用:lang伪类

代码如下：

```
<!DOCTYPE html>
<html lang="en">
<head>
<meta charset="UTF-8">
<title>Document</title>
<style>
q:lang(no){
quotes: "~" "~"
}
</style>
</head>
<body>
<p>文字<q lang="no">段落中的引用的文字</q>文字</p>
</body>
</html>
```

在以上代码中，使用:lang伪类为属性值为no的q元素定义引号的类型，代码运行效果如图10-14所示。

图10-14

10.2.8 伪元素

CSS伪元素用来添加一些选择器的特殊效果。伪元素的语法：( )方法改为：

```
selector:pseudo-element {property:value;}
```

CSS类也可以使用伪元素，例如：

```
selector.class:pseudo-element {property:value;}
```

1. first-line伪元素

first-line伪元素用于对文本的首行设置特殊样式。

⚠️【例10.13】使用first-line伪元素

代码如下:

```
<!DOCTYPE html>
<html lang="en">
<head>
<meta charset="UTF-8">
<title>Document</title>
<style>
p:first-line{
color:red;
}
</style>
</head>
<body>
<p>马布里到底是怎么样的球员？近日，巴尔博萨在球员论坛中撰文，深情讲述自己的NBA生涯，在他的
职业生涯中遇到的马布里给他带来了温暖和帮助，巴尔博萨的讲述也更让我们看到马布里不为人知的性格和故
事。</p>
</body>
</html>
```

在以上代码中，可以为第一行文字设置文字颜色为红色，代码运行效果如图10-15所示。

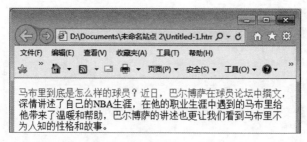

图10-15

2. first-letter伪元素

first-letter伪元素用于对文本的首字母设置特殊样式，代码如下:

```
p:first-lette
color:#ff0000;
font-size:xx-large;
}
```

🔑【TIPS】

first-letter伪元素只能用于块级元素。下面的属性可应用于first-letter伪元素:

```
font properties
color properties
background properties
margin properties
padding properties
border properties
text-decoration
vertical-align (only if "float" is "none")
text-transform
line-height
float
clear
```

3. 伪元素和CSS类

伪元素可以结合CSS类，例如：

```
p.article:first-letter {color:#ff0000;}
<p class="article">A paragraph in an article</p>
```

上面的例子会使所有class为article的段落的首字母变为红色。

4. CSS-:before伪元素

使用:before伪元素可以在元素的内容前面插入新内容。插入的新内容可以是文本，也可以是图片等。下面介绍如何使用:before伪元素在<div>元素之前插入文本和图片。

⚠ 【例10.14】 使用:before伪元素插入文本

代码如下：

```
<!DOCTYPE html>
<html lang="en">
<head>
<meta charset="UTF-8">
<title>Document</title>
<style>
div:before{
content: "周星驰大话西游经典台词: ";
}
</style>
</head>
<body>
<div>"曾经有一份真诚的爱情摆在我的面前，我没有珍惜，等到失去的时候才追悔莫及，人世间最痛苦
的事情莫过于此。如果上天能够给我一个重新来过的机会，我会对那个女孩子说三个字：'我爱你'。如果非
要给这份爱加上一个期限，我希望是，一万年。"</div>
</body>
</html>
```

以上代码展示了一段经典台词。作为解释行的文字"周星驰大话西游经典台词："没有直接写在<div>元素中，而是选择写在了:before伪元素里。这里要向大家特别说明，花括号中的content是必须存在的，如果没有content，那么:before伪元素就将失去作用。要写入的文本可以直接写在引号内。代码运行效果如图10-16所示。

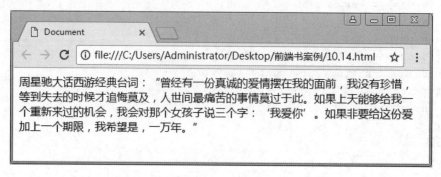

图10-16

还需要注意，虽然在页面中已经能够很清晰地看见使用:before伪元素添加的内容，这些内容也占据了一定的位置空间，但是这些内容是通过CSS样式展示在页面中的，它们并没有被放入HTML结构树中。可以通过浏览器的控制台来发现这一点，如图10-17所示。

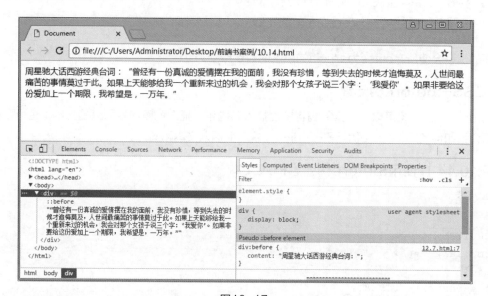

图10-17

在上图中不难发现，<div>元素的内容前面是一个:before伪元素，而在:before伪元素中的content内容则是"周星驰大话西游经典台词："。所以，这一段内容并没有真正被解析到HTML结构树中。

接下来，介绍如何使用:before伪元素在<div>元素内容之前添加一张图片。

⚠ 【例10.15】使用:before伪元素添加图片

代码如下：

```
<!DOCTYPE html>
<html lang="en">
<head>
```

```
<meta charset="UTF-8">
<title>Document</title>
<style>
div:before{
content: url(tom.jpg);
}
</style>
</head>
<body>
<div>tom看起来很沮丧，像是受到了欺负！</div>
</body>
</html>
```

代码运行效果如图10-18所示。

图10-18

这次引用的是图片，不是单纯的文本，所以并没有使用引号。

5. CSS2 – :after伪元素

使用:after伪元素可以在元素的内容之后插入新内容。它的用法和之前介绍的:before伪元素完全一致，不同的是得到的结果。下面介绍如何在每个<h1>元素后面插入一幅图片。

⚠ 【例10.16】使用:after伪元素插入图片

代码如下：

```
<!DOCTYPE html>
<html lang="en">
<head>
<meta charset="UTF-8">
<title>Document</title>
```

```
<style>
h1:after{
content: url(tomjerry.jpg);
}
</style>
</head>
<body>
<h1>tom猫和jerry老鼠的故事</h1>
<h1>tom猫和jerry老鼠的故事</h1>
<h1>tom猫和jerry老鼠的故事</h1>
</body>
</html>
```

代码运行效果如图10-19所示。

图10-19

10.3　CSS的继承

> CSS的继承是指被包含在内部的标签将拥有外部标签的样式。继承特性最典型的应用通常在整个网页的样式初始化，需要指定为其他样式的部分设定在个别元素里。这项特性可以给网页设计者更理想的发挥空间。

10.3.1　继承关系

CSS的一个非常重要的特性就是继承，它是依赖于祖先——后代的关系。继承是一种机制，它允许样式不仅可以应用于某个特定的元素，还可以应用于它的后代。换句话说，继承是指设置父级的CSS样式，子级以及子级以下都具有此样式。

例如，在body中定义了文字大小和颜色，其实也会影响页面中的段落文本。

⚠ 【例10.17】 使用继承关系

代码如下：

```
<!DOCTYPE html>
<html lang="en">
<head>
<meta charset="UTF-8">
<title>Document</title>
<style>
body{
font-size: 30px;
color:red;
}
</style>
</head>
<body>
<span>这是span元素中的文本</span>
<p>这是p元素中的文本</p>
<div>这是div元素中的文本</div>
</body>
</html>
```

代码运行效果如图10-20所示。

从以上代码和运行效果可以看出，并没有为<body>元素中的<p>、<span>和<div>元素设置CSS样式，但是它们却拥有这些CSS样式。可以打开浏览器的控制台，查看这些CSS样式到底是从何而来，如图10-21所示。

可以很清晰地看出，<p>元素的CSS样式继承自<body>元素。因为CSS的继承特性，可以很方便地通过设置父级元素的样式，而达到集体设置子级和后代元素样式的目的，这样可以减少很多代码，也更便于维护。

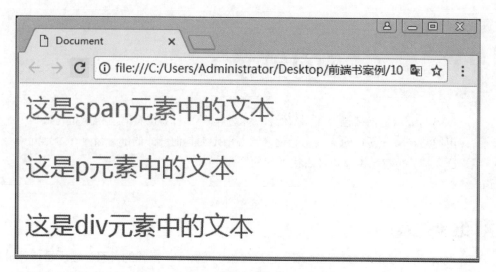

图10-20

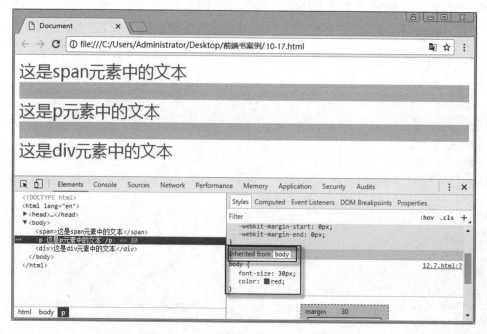

图10-21

10.3.2 CSS继承的局限性

继承是CSS非常重要的一部分，用户甚至不用去考虑它为什么会这样，但是CSS继承也是有局限性的。有一些CSS属性是不能被继承的，如border、margin、padding和background。

例如为父级元素添加了border属性后，子级元素是不会继承的。

⚠ 【例10.18】 CSS继承的局限性

代码如下：

```
<!DOCTYPE html>
<html lang="en">
```

```
<head>
<meta charset="UTF-8">
<title>Document</title>
<style>
div{
border:2px solid red;
}
</style>
</head>
<body>
<div>border属性是不会<em>被子级元素</em>继承的</div>
</body>
</html>
```

代码运行效果如图10-22所示。

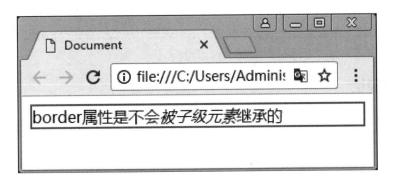

图10-22

如果需要为<em>元素添加border属性，就需要再单独为<em>编写CSS样式，代码如下：

```
em{
border:2px solid red;
}
```

代码运行效果如图10-23所示。

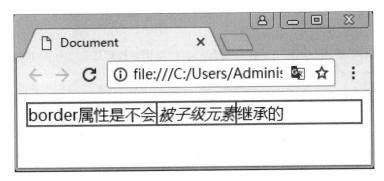

图10-23

当子级元素和父级元素的样式产生冲突时，子级元素会遵循自己的样式，CSS样式将不会继承。

10.4 CSS绝对数值单位

> 在CSS中，绝对数值单位是一个固定的值，它反应的是真实的物理尺寸，绝对长度单位视输出介质而定，不依赖于环境（显示器、分辨率、操作系统等）。

下面介绍CSS中的绝对数值单位。

1. 像素（px）

像素是网页中最常见的长度单位，也是学习Web前端最基础的长度单位。

显示器的分辨率（无论是PC端，还是移动端）是由最基础的像素构成的。例如，常见的PC显示器2k宽屏的分辨率就是1920*1080，这里的长度单位就是像素（px）。还有一些4K屏和苹果的视网膜屏都是分辨率更高的屏幕。像素表现在屏幕上就是分布在屏幕中一个个发光点。常见的2k屏指的是横向上分布着1920个像素点，纵向上分布着1080个像素点。

2. 常见长度单位

常见的长度单位分别有四种：

- 毫米：mm。
- 厘米：cm。
- 英寸：in（1in = 96px = 2.54cm）。
- 点：pt（point），大约1/72英寸（1pt = 1/72in）。

10.5 CSS相对数值单位

相对长度单位指定了一个长度相对于另一个长度的属性。对于不同的设备，相对长度更适用，它们包括：

- em：描述相对于应用在当前元素的字体尺寸，也是相对长度单位。一般浏览器的字体大小默认为16px，2em == 32px。
- ex：依赖于英文字母小x的高度。
- ch：数字0的宽度。
- rem：根元素（html）的font-size。
- vw：viewpoint width，视窗宽度，1vw=视窗宽度的1%。
- vh：viewpoint height，视窗高度，1vh=视窗高度的1%。
- vimn：vh和vw中较小的那个。
- vmax：vh和vw中较大的那个。

本章小结

　　本章主要讲解了CSS的概念和CSS选择器，接着讲解了CSS继承的特性和CSS的单位。本章的知识是学习CSS的基础，想要在后面的CSS课程中有所建树，就必须要把本章的基础知识全部学习得足够牢靠。

读书笔记

Chapter

11

CSS样式

本章概述

　　CSS样式可以使网页更美观和更直观。CSS样式包括字体样式、段落样式、边框样式、外轮廓样式、列表样式等。本章就来具体讲解这些样式。

重点知识

- 字体样式
- 段落样式
- 边框
- 外轮廓
- 列表样式简介
- 列表相关属性

11.1 字体样式

> 网页中包含大量的文字信息，所有文字构成的网页元素都是网页文本。文本的样式由字体样式和段落样式组成。使用CSS可以修改和控制文字的大小、颜色、粗细、下划线等。在修改时，只需要修改CSS文本样式即可。

11.1.1 字体font-family

在CSS中，有两种类型的字体系列名称：

● 通用字体系列：拥有相似外观的字体系统组合，如Serif或Monospace。

● 特定字体系列：一个特定的字体系列，如Times或Courier。

通过font-family属性设置文本的字体系列。它应该设置几个字体名称作为一种"后备"机制，如果浏览器不支持第一种字体，那么将尝试下一种字体。

 【TIPS】

如果字体系列的名称超过一个字，那么它必须使用引号，如Font Family："宋体"。多个字体系列是用一个逗号分隔指明，例如：

```
p{font-family:"Times New Roman", Times, serif;}
```

11.1.2 字号font-size

该属性设置元素的文字大小。注意，实际上它设置的是字符框的高度，而实际的字符字形可能比这些框高或矮（通常会矮）。

各个关键字对应的字体必须比一个最小关键字相应的字体要高，并且要小于下一个最大关键字对应的字体。

可以在网页中随意设置文字大小，例如：

```
<p>检测文字大小! </p>
p{font-size: 20px;}
```

常用的font-size属性值的单位为以下几种：

● 像素（px）：根据显示器的分辨率来设置大小，Web应用中常用此单位。

● 点数（pt）：根据Windows系统定义的字号大小来确定，pt就是point，是印刷行业常用的单位。

● 英寸（in）、厘米（cm）和毫米（mm）：根据实际大小来确定。此类单位不会因为显示器的分辨率改变而改变。

● 倍数（em）：表示当前文本的大小。

● 百分比（%）：是以当前文本的百分比定义大小。

⚠ 【例11.1】 设置文字大小

下面就用一个小的实例来练习这些单位的用法，代码如下：

```
<!DOCTYPE html>
<html lang="en">
<head>
<meta charset="UTF-8">
<title>Document</title>
<style>
p{
font-size: 20px;
}
div{
font-size: 20pt;
}
a{
font-size: 1in;
}
span{
font-size: 2em;
}
em{
font-size: 200%;
}
</style>
</head>
<body>
<p>检测文字大小! 20px</p>
<hr/>
<div>检测文字大小! 20pt</div>
<hr/>
<a href="">检测文字大小! 1in</a>
<hr/>
<span>检测文字大小! 2em</span>
<hr/>
<em>检测文字大小! 200%</em>
</body>
</html>
```

代码运行效果如图11-1所示。

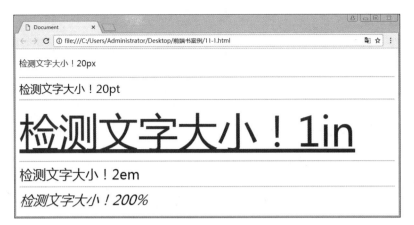

图11-1

11.1.3 字重font-weight

该属性用于设置显示元素的文本中所用的字体加粗。数字值400相当于关键字normal，数字值700等价于bold。每个数字值对应的字体加粗必须至少与下一个最小数字一样细，而且至少与下一个最大数字一样粗。

该属性的值可分为两种写法：

● 由100～900的数值组成，只能写整百的数字，例如不能写成856。

● 可以是关键字：normal（默认值）、bold（加粗）、bolder（更粗）、lighter（更细）、inherit（继承父级）。

⚠ 【例11.2】 设置文字粗细

代码如下：

```
<!DOCTYPE html>
<html lang="en">
<head>
<meta charset="UTF-8">
<title>Document</title>
<style>
body{
font-size: 20px;
}
p{
font-weight: normal;
}
div{
font-weight: bold;
}
a{
font-weight: 900;
}
span{
font-weight: 100;
```

```
}
</style>
</head>
<body>
<p>检测文字重量（粗细）! normal</p>
<hr/>
<div>检测文字重量（粗细）! bold</div>
<hr/>
<a href="">检测文字重量（粗细）! 900</a>
<hr/>
<span>检测文字重量（粗细）! 100</span>
</body>
</html>
```

代码运行效果如图11-2所示。

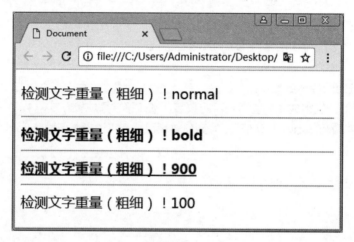

图11-2

11.1.4 文本转换text-transform

在网页中编写文本时，经常遇到一些英文段落，如果不注意大小写的变换，这样就会造成不太友好的阅读体验。CSS的文本text-transform属性就能很好地解决这个问题。

这个属性会改变元素中字母的大小写，而不考虑源文档中文本的大小写。如果值为capitalize，则要对某些字母大写，但是并没有明确定义哪些字母要大写，这取决于用户代理如何识别出各个"词"。

text-transform属性的值可以是以下几种：

- none：默认。定义带有小写字母和大写字母的标准文本。
- capitalize：文本中的每个单词以大写字母开头。
- uppercase：定义仅有大写字母。
- lowercase：定义无大写字母，仅有小写字母。
- inherit：规定应该从父元素继承text-transform属性的值。

⚠️ 【例11.3】 设置文本转换

代码如下：

```html
<!DOCTYPE html>
<html lang="en">
<head>
<meta charset="UTF-8">
<title>Document</title>
<style>
body{
font-size: 20px;
}
p{
text-transform: none;
}
div{
text-transform: capitalize;
}
a{
text-transform: uppercase;
}
span{
text-transform: lowercase;
}
</style>
</head>
<body>
<p>hello world!</p>
<hr/>
<div>hello world!</div>
<hr/>
<a href="">hello world!</a>
<hr/>
<span>HELLOW WORLD!</span>
</body>
</html>
```

代码运行效果如图11-3所示。

图11-3

11.1.5 字体风格font-style

该属性为文本设置斜体、倾斜或正常字体。斜体字体通常定义为字体系列中的一个单独的字体。从理论上讲，用户代理可以根据正常字体计算一个斜体字体。

font-style属性的值可以是以下几种：

- normal：默认值。浏览器显示一个标准的字体样式。
- italic：浏览器会显示一个斜体的字体样式。
- oblique：浏览器会显示一个倾斜的字体样式。
- inherit：规定应该从父元素继承字体样式。

⚠ 【例11.4】 设置字体风格

代码如下：

```
<!DOCTYPE html>
<html lang="en">
<head>
<meta charset="UTF-8">
<title>Document</title>
<style>
body{
font-size: 20px;
}
p{
font-style: normal;
}
div{
font-style: italic;
}
a{
font-style: oblique;
}
</style>
</head>
<body>
<p>hello world!</p>
<hr/>
<div>hello world!</div>
<hr/>
<a href="">hello world!</a>
</body>
</html>
```

代码运行效果如图11-4所示。

图11-4

11.1.6 字体颜色color

color 属性规定文本的颜色。

这个属性设置了一个元素的前景色（在HTML表现中，就是元素文本的颜色）。这个颜色还会应用到元素的所有边框，但是和border-color属性颜色冲突时，会被border-color或另外某个边框颜色属性覆盖。

要设置一个元素的前景色，最容易的方法是使用color属性。color属性的值可以是以下几种：

- color_name：规定颜色值为颜色名称的颜色，如red。
- hex_number：规定颜色值为十六进制值的颜色，如#ff0000。
- rgb_number：规定颜色值为RGB代码的颜色，如rgb(255,0,0)。
- inherit：规定应该从父元素继承颜色。

⚠ 【例11.5】 设置字体颜色

代码如下：

```
<!DOCTYPE html>
<html lang="en">
<head>
<meta charset="UTF-8">
<title>Document</title>
<style>
body{
font-size: 20px;
}
p{
color:red;
}
div{
color:#0000ff;
}
span{
color:rgb(0,255,0);
```

```
    }
    </style>
    </head>
    <body>
    <p>红色</p>
    <hr/>
    <div>蓝色</div>
    <hr/>
    <span>绿色</span>
    </body>
    </html>
```

代码运行效果如图11-5所示。

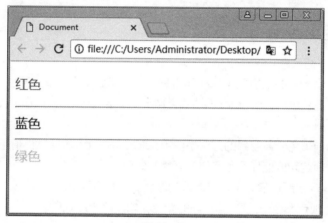

图11-5

11.1.7 文本修饰text-decoration

这个属性允许对文本设置某种效果，如添加下划线。如果后代元素没有自己的装饰，祖先元素上设置的装饰会"延伸"到后代元素中。不要求用户代理支持blink。

text-decoration的值可以是以下几种：

- none：默认。定义标准的文本。
- underline：定义文本下的一条线。
- overline：定义文本上的一条线。
- line-through：定义穿过文本下的一条线。
- blink：定义闪烁的文本。
- inherit：规定应该从父元素继承text-decoration属性的值。

⚠️ 【例11.6】设置文本修饰效果

代码如下：

```
<!DOCTYPE html>
<html lang="en">
<head>
```

```
<meta charset="UTF-8">
<title>Document</title>
<style>
body{
font-size: 20px;
}
p{
text-decoration: none;
}
div{
text-decoration: underline;
}
span{
text-decoration: overline;
}
em{
text-decoration: line-through;
}
</style>
</head>
<body>
<p>这是一行普通文字</p>
<hr/>
<div>这是一行拥有下划线的文字</div>
<hr/>
<span>这是一行拥有上划线的文字</span>
<hr/>
<em>这是一行拥有中间删除线的文字</em>
</body>
</html>
```

代码运行效果如图11-6所示。

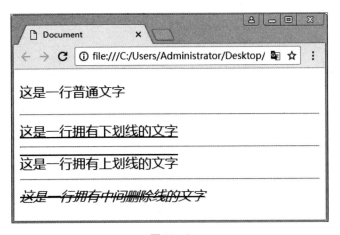

图11-6

11.1.8 字体属性简写font

这个简写属性用于一次设置元素字体的两个或更多方面。使用icon等关键字可以适当地设置元素的字体，使之与用户计算机环境中的某个方面一致。注意，如果没有使用这些关键词，至少要指定字体大小和字体系列。

可以按顺序设置如下属性：

- font-style。
- font-variant。
- font-weight。
- font-size/line-height。
- font-family。

可以不设置其中的某个值，比如 font: 100% verdana，也是允许的。那些未设置的属性会使用其默认值。

⚠ 【例11.7】 设置文本的两个或更多属性

代码如下：

```
<!DOCTYPE html>
<html lang="en">
<head>
<meta charset="UTF-8">
<title>Document</title>
<style>
p{
font:15px arial,sans-serif;
}
div{
font:italic bold 12px/30px Georgia,serif;
}
</style>
</head>
<body>
<p>font属性可以涵括以上所有的CSS属性</p>
<hr/>
<div>font属性可以涵括以上所有的CSS属性</div>
</body>
</html>
```

代码运行如果如图11-7所示。

图11-7

11.2 段落样式

> 在CSS中关于段落的样式主要有行高、缩进、段落对齐、文字间距、文字溢出、段落换行等。这些段落样式也是控制页面中文本段落美观的关键。

11.2.1 字符间隔letter-spacing

letter-spacing属性用于增加或减少字符间的空白（字符间距）。

该属性定义了在文本字符框之间插入多少空间。由于字符字形通常比其字符框要窄，所以在指定长度值时，会调整字母之间通常的间隔。因此，normal就相当于值为0。允许使用负值，这会让字母之间挤得更紧。

letter-spacing属性的值可以是以下几种：

- normal：默认。规定字符间没有额外的空间。
- length：定义字符间的固定空间（允许使用负值）。
- inherit：规定应该从父元素继承letter-spacing属性的值。

⚠ 【例11.8】 设置字符间隔

代码如下：

```
<!DOCTYPE html>
<html lang="en">
<head>
<meta charset="UTF-8">
<title>Document</title>
<style>
p{
```

```
letter-spacing: 2em;
}
div{
letter-spacing: 20px;
}
</style>
</head>
<body>
<p>letter-spacing属性是字间距属性2em</p>
<hr/>
<div>letter-spacing属性是字间距属性20px</div>
</body>
</html>
```

代码运行效果如图11-8所示。

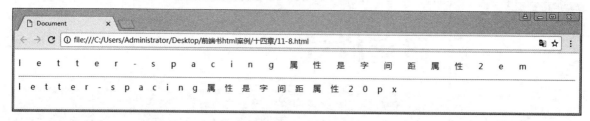

图11-8

11.2.2 单词间隔word-spacing

word-spacing属性用于增加或减少单词间的空白（即字间隔）。

该属性定义元素中字之间插入多少空白符。针对这个属性，"字"定义为由空白符包围的一个字符串。如果指定为长度值，会调整字之间的通常间隔。normal就等同于设置为0。允许指定负长度值，这会让字之间挤得更紧。

word-spacing的值可以是以下几种：

● normal：默认。定义单词间的标准空间。

● length：定义单词间的固定空间。

● inherit：规定应该从父元素继承word-spacing属性的值。

⚠ 【例11.9】 设置单词间隔

代码如下：

```
<!DOCTYPE html>
<html lang="en">
<head>
<meta charset="UTF-8">
<title>Document</title>
<style>
p{
word-spacing: 2em;
```

```
}
div{
word-spacing: 20px;
}
</style>
</head>
<body>
<p>letter-spacing属性是字间距属性2em</p>
<p>hello world!</p>
<hr/>
<div>letter-spacing属性是字间距属性20px</div>
<div>hello world!</div>
</body>
</html>
```

代码运行效果如图11-9所示。

图11-9

11.2.3 段落缩进text-indent

text-indent属性规定文本块中首行文本的缩进。

属性用于定义块级元素中第一个内容行的缩进。这最常用于建立一个"标签页"效果。允许指定负值，这会产生一种"悬挂缩进"的效果。

Text-indent的值可以是以下几种：

- length：定义固定的缩进，默认值0。
- %：定义基于父元素宽度的百分比的缩进。
- Inherit：规定应该从父元素继承text-indent属性的值。

⚠ 【例11.10】 设置段落缩进

代码如下：

```
<!DOCTYPE html>
<html lang="en">
```

```
<head>
<meta charset="UTF-8">
<title>Document</title>
<style>
p{
text-indent: 2em;
}
</style>
</head>
<body>
<p>万维网联盟创建于1994年，是Web技术领域最具权威和影响力的国际中立性技术标准机构。到目前为
止，W3C已发布了200多项影响深远的Web技术标准及实施指南，如广为业界采用的超文本标记语言（标准通
用标记语言下的一个应用）、可扩展标记语言（标准通用标记语言下的一个子集）以及帮助残障人士有效获得
Web内容的信息无障碍指南（WCAG）等，有效促进了Web技术的互相兼容，对互联网技术的发展和应用起到了
基础性和根本性的支撑作用</p>
</body>
</html>
```

代码运行效果如图11-10所示。

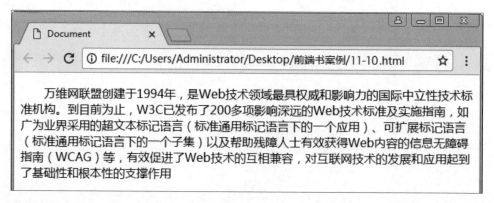

图11-10

11.2.4 横向对齐方式text-align

text-align属性规定元素的水平对齐方式。

该属性通过指定行框与哪个点对齐，从而设置块级元素内文本的水平对齐方式。通过允许用户代理调整行内容中字母和字之间的间隔，可以支持值justify。不同用户代理可能会得到不同的结果。

text-align属性的值可以是以下几种：

- left：把文本排列到左边。默认值由浏览器决定。
- right：把文本排列到右边。
- center：把文本排列到中间。
- justify：实现两端对齐文本效果。
- inherit：规定应该从父元素继承text-align属性的值。

⚠ 【例11.11】 设置文本的横向对齐方式

代码如下：

```
<!DOCTYPE html>
<html lang="en">
<head>
<meta charset="UTF-8">
<title>Document</title>
<style>
p{
text-indent: left;
}
div{
text-align: center;
}
span{
text-align: right;
}
</style>
</head>
<body>
<p>这是默认的水平对齐方式1eft</p>
<hr>
<div>这是居中的水平对齐方式center</div>
<hr>
<span>这是右边的水平对齐方式right</span>
</body>
</html>
```

代码运行效果如图11-11所示。

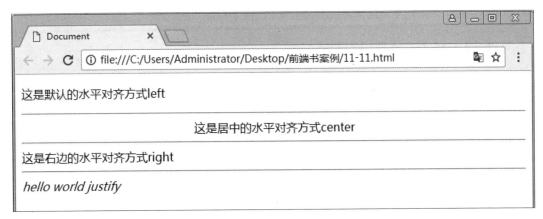

图11-11

　　需要注意的是，属性值justify可以使文本的两端都对齐。在两端对齐文本中，文本行的左右两端都放在父元素的内边界上。然后，调整单词和字母间的间隔，使各行的长度恰好相等。两端对齐文本在打印时很常见。不过在CSS中，还需要多做些考虑。

　　要由用户代理（而不是CSS）来确定两端对齐文本如何拉伸，以填满父元素左右边界之间的空间。例如，有些浏览器可能只在单词之间增加额外的空间，而另外一些浏览器可能会平均分布字母间的额外空间。不过CSS规范特别指出，如果 letter-spacing属性指定为一个长度值，"用户代理不能进一

201

步增加或减少字符间的空间"。还有一些用户代理可能会减少某些行的空间，使文本挤得更紧密。所有这些做法都会影响元素的外观，甚至改变其高度，这取决于用户代理的对齐选择影响了多少文本行。

CSS也没有指定应当如何处理连字符。大多数两端对齐文本使用连字符将长单词分开放在两行，从而缩小单词之间的间隔，改善文本行的外观。不过，由于CSS没有定义连字符行为，用户代理不太可能自动加连字符。因此，在CSS中，两端对齐文本看上去没有打印出来好看，特别是元素可能太窄，以至于每行只能放下几个单词。当然，使用窄设计元素是可以的，不过要当心相应的缺点。

CSS中没有说明如何处理连字符，因为不同的语言有不同的连字符规则。规范没有尝试去调和这些很可能不完备的规则，而是干脆不提这个问题。

11.2.5 纵向对齐方式vertical-align

vertical-align 属性设置元素的垂直对齐方式。

该属性定义行内元素的基线相对于该元素所在行的基线的垂直对齐。允许指定负长度值和百分比值。这会使元素降低而不是升高。在表单元格中，这个属性会设置单元格框中的单元格内容的对齐方式。

vertical-align属性的值可以是以下几种：

- baseline：元素放置在父元素的基线上。
- sub：垂直对齐文本的下标。
- super：垂直对齐文本的上标。
- top：把元素的顶端与行中最高元素的顶端对齐。
- text-top：把元素的顶端与父元素字体的顶端对齐。
- middle：把此元素放置在父元素的中部。
- bottom：把元素的顶端与行中最低的元素的顶端对齐。
- text-bottom：把元素的底端与父元素字体的底端对齐。
- length：使用line-height属性的百分比值来排列此元素，允许使用负值。
- inherit：规定应该从父元素继承vertical-align属性的值。

⚠️ **【例11.12】 设置文本的纵向对齐方式**

代码如下：

```
<!DOCTYPE html>
<html lang="en">
<head>
<meta charset="UTF-8">
<title>Document</title>
<style>
.top{
vertical-align: top;
}
.bottom{
vertical-align: bottom;
}
.middle{
vertical-align: middle;
}
```

```
</style>
</head>
<body>
<p>这是一幅位于<img class="top" src="feiji.png" alt="">文本中的图像</p>
<hr>
<div>这是一幅位于<img class="bottom" src="feiji.png" alt="">文本中的图像</div>
<hr>
<span>这是一幅位于<img class="middle" src="feiji.png" alt="">文本中的图像</span>
</body>
</html>
```

代码运行效果如图11-12所示。

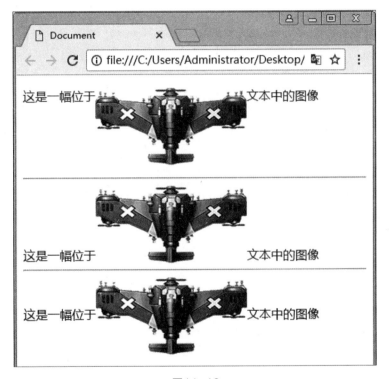

图11-12

11.2.6 文本行间距line-height

line-height属性设置行间的距离（行高），不允许使用负值。该属性会影响行框的布局。在应用到一个块级元素时，它定义了该元素中基线之间的最小距离，而不是最大距离。

line-height与font-size的计算值之差（在CSS中称为"行间距"）分为两半，分别加到一个文本行内容的顶部和底部。可以包含这些内容的最小框就是行框。

原始数字值指定了一个缩放因子，后代元素会继承这个缩放因子，而不是计算值。

line-height属性的值可以是以下几种：

- normal：设置合理的行间距。
- number：设置数字，此数字会与当前的字体尺寸相乘以设置行间距。
- length：设置固定的行间距。

- %：基于当前字体尺寸的百分比行间距。
- Inherit：规定应该从父元素继承line-height属性的值。

⚠ **【例11.13】设置文本行间距**

代码如下：

```html
<!DOCTYPE html>
<html lang="en">
<head>
<meta charset="UTF-8">
<title>Document</title>
<style>
.d1{
line-height: 50px;
}
</style>
</head>
<body>
<div class="d1">这是行高为50px的文字</div>
<div>这是默认行高的文字</div>
<div>这是默认行高的文字</div>
<div>这是默认行高的文字</div>
<div class="d1">这是行高为50px的文字</div>
<div>这是默认行高的文字</div>
</body>
</html>
```

代码运行结果如图11-13所示。

图11-13

可以利用上面所学的CSS属性做出按钮的效果。

⚠ **【例11.14】 制作按钮**

代码如下：

```
<!DOCTYPE html>
<html lang="en">
<head>
<meta charset="UTF-8">
<title>Document</title>
<style>
.btn{
width: 200px;
height: 50px;
font-size:20px;
line-height: 50px;
text-align: center;
/*letter-spacing: 2em;*/
background: #ccc;
}
</style>
</head>
<body>
<div class="btn">确定</div>
</body>
</html>
```

代码运行结果如图11-14所示。

图11-14

11.3　边框

> 　　边框在CSS中属于非常重要的样式属性。之前可以为一些元素添加宽和高的属性，让元素在网页中占有固定的位置，但是普通元素都是没有颜色或者是透明的，这时可以让元素拥有边框，有助于我们更加方便地将它识别出来。

11.3.1 边框线型border-style

border-style属性用于设置元素所有边框的样式，或者单独为各边设置边框样式。只有当这个值不是none时，边框才可能出现。

例如上边框是点状，右边框是实线，下边框是双线，左边框是虚线。

```
border-style:dotted solid double dashed;
```

例如上边框是点状，右边框和左边框是实线，下边框是双线。

```
border-style:dotted solid double;
```

例如上边框和下边框是点状，右边框和左边框是实线。

```
border-style:dotted solid;
```

例如四个边框都是点状。

```
border style:dotted;
```

border-style的值可以是以下几种：

- none：定义无边框。
- hidden：与none相同。不过应用于表时除外。对于表，hidden用于解决边框冲突。
- dotted：定义点状边框。在大多数浏览器中呈现为实线。
- dashed：定义虚线。在大多数浏览器中呈现为实线。
- solid：定义实线。
- double：定义双线。双线的宽度等于border-width的值。
- groove：定义3D凹槽边框。其效果取决于border-color的值。
- ridge：定义3D垄状边框。其效果取决于border-color的值。
- inset：定义3D inset边框。其效果取决于border-color的值。
- outset：定义3D outset边框。其效果取决于border-color的值。
- inherit：规定应该从父元素继承边框样式。

11.3.2 边框颜色border-color

border-color属性设置四条边框的颜色，此属性可设置1~4种颜色。

它是一个简写属性，可设置一个元素的所有边框中可见部分的颜色，或者为四个边分别设置不同的颜色。

例如上边框是红色，右边框是绿色，下边框是蓝色，左边框是粉色。

```
border-color:red green blue pink;
```

例如上边框是红色，右边框和左边框是绿色，下边框是蓝色。

```
border-color:red green blue;
```

例如上边框和下边框是红色，右边框和左边框是绿色。

```
border-color:dotted red green;
```

例如四个边框都是红色。

```
border-color:red;
```

border-color属性的值可以是以下几种：

- color_name：规定颜色值为颜色名称的边框颜色，如red。
- hex_number：规定颜色值为十六进制值的边框颜色，如#ff0000。
- rgb_number：规定颜色值为RGB代码的边框颜色，如RGB(255,0,0)。
- transparent：默认值。边框颜色为透明。
- inherit：规定应该从父元素继承边框颜色。

11.3.3 边框宽度border-width

border-width简写属性为元素的所有边框设置宽度，或者单独为各边边框设置。
只有当边框样式不是none时才起作用，否则边框宽度实际上会重置为0。它不允许指定负长度值。
例如上边框是细边框，右边框是中等边框，下边框是粗边框，左边框是10px宽的边框。

```
border-width:thin medium thick 10px;
```

例如上边框是10px，右边框和左边框是中等边框，下边框是粗边框。

```
border-width:thin medium thick;
```

例如上边框和下边框是细边框，右边框和左边框是中等边框。

```
border-width:thin medium;
```

例如四个边框都是细边框。

```
border-width:thin;
```

border-width属性的值可以是以下几种：

- thin：定义细边框。
- medium：默认。定义中等边框。
- thick：定义粗边框。
- length：允许自定义边框的宽度。
- inherit：规定应该从父元素继承边框宽度。

11.3.4 边框属性简写border

border 简写属性在一个声明中设置所有的边框属性，可以按顺序设置如下属性：

- border-width;
- border-style;
- border-color。

如果不设置其中的某个值，也不会出问题，比如border:solid #ff0000也是允许的。但是这样并不会显示边框，因为少了宽度。宽度为0的情况下，边框是不会显现出来的。

下面使用两种方法实现边框。

⚠ 【例11.15】 设置边框属性

```
<!DOCTYPE html>
<html lang="en">
<head>
<meta charset="UTF-8">
<title>Document</title>
<style>
.border1{
width: 200px;
height: 200px;
border-width: 20px 10px 15px 5px;
border-style:solid dashed dotted;
border-color:red #00ff00 rgb(0,0,255);
}
.border2{
width: 200px;
height: 200px;
border:solid green 20px;
}
</style>
</head>
<body>
<div class="border1"></div>
<div class="border2"></div>
</body>
</html>
```

代码运行效果如图11-15所示。

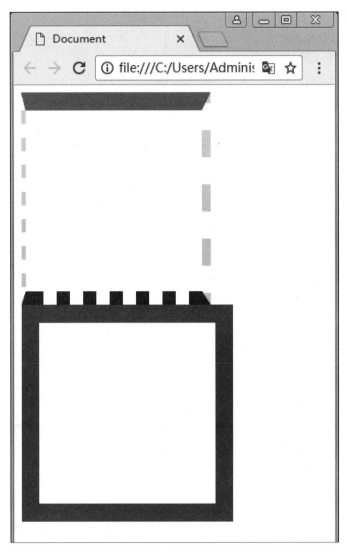

图11-15

11.4 外轮廓

> outline（轮廓）是绘制于元素周围的一条线，位于边框边缘的外围，起到突出元素的作用。轮廓线不会占据空间，也不一定是矩形。

11.4.1 边框线型outline-style

outline-style属性用于设置元素整个轮廓的样式。样式不能是none，否则轮廓不会出现。

请始终在outline-color属性之前声明outline-style属性，因为元素只有获得轮廓以后，才能改变其轮廓的颜色。

outline-style属性的值可以是以下几种：

- none：默认。定义无轮廓。
- dotted：定义点状的轮廓。
- dashed：定义虚线轮廓。
- solid：定义实线轮廓。
- double：定义双线轮廓。双线的宽度等同于outline-width的值。
- groove：定义3D凹槽轮廓。此效果取决于outline-color的值。
- ridge：定义3D凸槽轮廓。此效果取决于outline-color的值。
- inset：定义3D凹边轮廓。此效果取决于outline-color的值。
- outset：定义3D凸边轮廓。此效果取决于outline-color的值。
- inherit：规定应该从父元素继承轮廓样式的设置。

11.4.2 边框颜色outline-color

outline-color属性设置元素整个轮廓中可见部分的颜色。要记住，轮廓的样式不能是none，否则轮廓不会出现。

outline-color属性的值可以是以下几种：

- color_name：规定颜色值为颜色名称的轮廓颜色，如red。
- hex_number：规定颜色值为十六进制值的轮廓颜色，如#ff0000。
- rgb_number：规定颜色值为RGB代码的轮廓颜色，如RGB(255,0,0)。
- invert：默认。执行颜色反转（逆向的颜色）。可使轮廓在不同的背景颜色中都可见。
- inherit：规定应该从父元素继承轮廓颜色的设置。

11.4.3 边框宽度outline-width

outline-width属性设置元素整个轮廓的宽度，只有当轮廓样式不是none时，这个宽度才会起作用，否则宽度实际上会重置为0。不允许设置负长度值。

请始终在outline-width属性之前声明outline-style属性，因为元素只有获得轮廓以后，才能改变其轮廓的宽度。

outline-width属性的值可以是以下几种：

- thin：规定细轮廓。
- medium：默认。规定中等轮廓。
- thick：规定粗轮廓。
- length：允许规定轮廓粗细的值。
- inherit：规定应该从父元素继承轮廓宽度的设置。

11.4.4 外轮廓属性简写outline

outline简写属性在一个声明中设置所有外轮廓的属性，可以按顺序设置如下属性：

- outline-width；
- outline-style；
- outline-color。

如果不设置其中的某个值，也不会出问题，比如outline:solid #ff0000也是允许的。但是这样并不会显示外轮廓，因为少了宽度。宽度为0的情况下，外轮廓是不会显现出来的。

下面使用两种方法实现外轮廓。

⚠ 【例11.16】 设置外轮廓属性

代码如下：

```
<!DOCTYPE html>
<html lang="en">
<head>
<meta charset="UTF-8">
<title>Document</title>
<style>
.outline1{
width: 200px;
height: 200px;
outline-width: 20px ;
outline-style:solid ;
outline-color:red ;
}
.outline2{
width: 200px;
height: 200px;
outline:solid green 20px;
}
</style>
</head>
<body>
<div class="outline1"></div>
<div class="outline2"></div>
</body>
</html>
```

代码运行结果如图11-16所示。

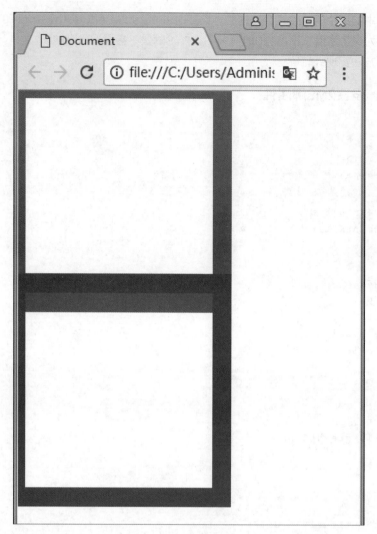

图11-16

11.4.5 边框与外轮廓的异同点

在CSS样式中，边框（border）与轮廓（outline）从页面显示上看起来几乎一样，但是它们之间的区别还是很大的。

相同点如下：

- 都是围绕在元素外围显示。
- 都可以设置宽度、样式和颜色属性。
- 在写法上也都可以采用简写格式（即把三个属性值写在一个属性当中）。

不同点如下：

- outline是不占空间的，不会增加额外的width或者height，而border会增加盒子的宽度和高度。
- outline不能进行上、下、左、右单独设置，而border可以。
- border可应用于几乎所有有形的HTML元素，而outline应用于链接、表单控件、ImageMap等元素。
- outline的效果将随元素的focus而自动出现，相应地随blur而自动消失。
- 当outline和border同时存在时，outline会围绕在border的外围。

⚠️ **【例11.17】 比较边框与外轮廓**

代码如下:

```html
<!DOCTYPE html>
<html lang="en">
<head>
<meta charset="UTF-8">
<title>Document</title>
<style>
.div1{
width: 200px;
height: 200px;
margin:20px auto;
border-width:20px 10px 15px 5px;
border-color: red green yellow blue;
border-style: solid dashed dotted;
outline-width: 20px ;
outline-style:solid ;
outline-color:pink ;
}
</style>
</head>
<body>
<div class="div1"></div>
</body>
</html>
```

代码运行结果如图11-17所示。

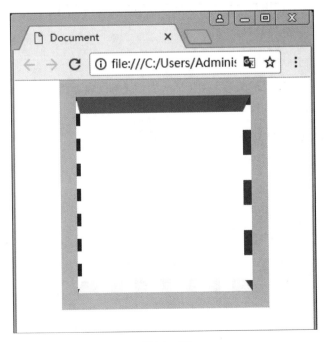

图11-17

11.5 列表样式简介

> 列表可以分为有序列表和无序列表。列表样式可以分为三种类型：第一种是设置不同形状标记的无序列表，第二种是设置不同的符号（此处的符号可能是数字、罗马符号、英文符号等），第三种是用图像作为列表项标记的列表。所谓的列表样式就是文本前面的标记的表示方法。

11.5.1 列表的控制原则

在网页设计中，将信息通过列表形式显示，整齐直观，便于访问者理解与单击。网页中的列表通常带圆点或者编号，用于列出条款、说明等。

CSS布局中的列表提倡用户使用HTML自带的<ul>、<ol>等标签，该类标签在CSS中拥有很多样式属性，可以轻松地创建各种列表样式，如图11-18所示。

新闻	军事	社会	国际	体育	NBA	英超	中超	博客	专栏	文史	天气	时尚	女性	健康	育儿	城市	鲜城	江苏	English	微博
财经	股票	基金	外汇	娱乐	明星	电影	星座	视频	综艺	VR	直播	教育	高考	公益	佛学	旅游	航空	彩票	高尔夫	邮箱
科技	手机	探索	众测	汽车	报价	买车	新车	房产	二手房	家居	收藏	图片	读书	情感	司法	游戏	页游	手游	SHOW	更多∨

图11-18

11.5.2 列表符号类型

列表分为三种，分别是无序列表、有序列表和定义列表。在实际开发中，经常使用无序列表来实现导航列表和新闻列表的显示，使用有序列表来实现条款项的表示，使用定义列表来制作图文混排的排版模式，下面就来一一介绍。

1. 无序列表

无序列表的列表符为圆点或其他图形，用于把一组相关的列表项目排列在一起，列表中的项目没有先后顺序。无序列表的标签为<ul></ul>。

⚠ 【例11.18】使用无序列表

代码如下：

```
<ul>
    <li>items1</li>
    <li>items2</li>
    <li>items3</li>
    <li>items4</li>
</ul>
```

代码运行结果如图11-19所示。

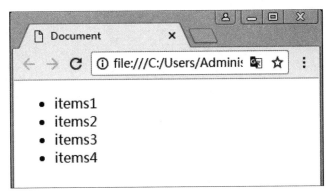

图11-19

2. 有序列表

有序列表的列表符为数字，它的作用是说明其包含的列表是有序的。有序列表的标签为<ol></ol>。

⚠ 【例11.19】 使用有序列表

代码如下：

```
<ol>
<li>items1</li>
<li>items2</li>
<li>items3</li>
<li>items4</li>
</ol>
```

代码运行结果如图11-20所示。

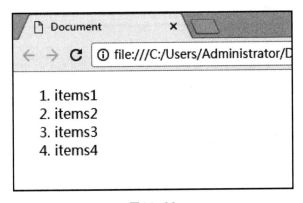

图11-20

3. 定义列表

定义列表没有列表符，它的作用是说明其包含的列表是一个定义列表。定义列表的标签为<dl></dl>。

⚠ 【例11.20】 使用定义列表

代码如下：

```
<dl>
```

```
<dt>饮料</dt>
<dd>红茶</dd>
<dd>绿茶</dd>
<dd>花茶</dd>
<dt>点心</dt>
<dd>绿豆糕</dd>
<dd>桂花糕</dd>
<dd>切糕</dd>
<dt>主食</dt>
<dd>馒头</dd>
<dd>米饭</dd>
<dd>面条</dd>
</dl>
```

代码运行结果如图11-21所示。

图11-21

11.6 列表相关属性

> 列表相关属性描述了如何在可视化介质中格式化。CSS列表属性允许用户放置和改变列表项标志，或者将图像作为列表项标志。

11.6.1 列表样式list-style-type

list-style-type是指在CSS中不管是有序列表，还是无序列表，都统一使用list-style-type属性来定义列表项符号。

在HTML中，type属性定义列表项符号，那是在元素属性中定义的。但是不建议使用type属性来定义元素的样式。

在CSS中，不管是有序列表，还是无序列表，都统一使用list-style-type属性定义列表项符号。

有序列表list-style-type属性取值如下：

- none：无标记。
- disc：默认。标记是实心圆。
- circle：标记是空心圆。
- square：标记是实心方块。
- decimal：标记是数字。
- decimal-leading-zero：0开头的数字标记（01、02、03等）。
- lower-roman：小写罗马数字（i、ii、iii、iv、v等）。
- upper-roman：大写罗马数字（I、II、III、IV、V等）。
- lower-alpha：小写英文字母The marker is lower-alpha（a、b、c、d、e等）。
- upper-alpha：大写英文字母The marker is upper-alpha（A、B、C、D、E等）。
- lower-greek：小写希腊字母（alpha、beta、gamma等）。
- lower-latin：小写拉丁字母（a、b、c、d、e等）。
- upper-latin：大写拉丁字母（A、B、C、D、E等）。
- hebrew：传统的希伯来编号方式。
- armenian：传统的亚美尼亚编号方式。
- georgian：传统的乔治亚编号方式（an、ban、gan等）。
- cjk-ideographic：简单的表意数字。
- hiragana：标记是a、i、u、e、o、ka、ki等（日文片假名）。
- katakana：标记是A、I、U、E、O、KA、KI等（日文片假名）。
- hiragana-iroha：标记是i、ro、ha、ni、ho、he、to等（日文片假名）。
- katakana-iroha：标记是I、RO、HA、NI、HO、HE、TO等（日文片假名）。

⚠️ 【例11.21】 使用list-style-type属性

代码如下：

```
<!DOCTYPE html>
<html lang="en">
<head>
<meta charset="UTF-8">
<title>Document</title>
<style>
.u1{
list-style-type: decimal-leading-zero;
}
.o1{
list-style-type:lower-roman;
}
.u2{
list-style-type: upper-alpha;
}
.o2{
list-style-type: hebrew;
}
</style>
</head>
<body>
<p>0开头的数字标记</p>
<ul class="u1">
<li>items1</li>
<li>items2</li>
<li>items3</li>
<li>items4</li>
</ul>
<hr/>
<p>小写罗马数字</p>
<ol class="o1">
<li>items1</li>
<li>items2</li>
<li>items3</li>
<li>items4</li>
</ol>
<hr/>
<p>大写英文字母</p>
<ul class="u2">
<li>items1</li>
<li>items2</li>
<li>items3</li>
<li>items4</li>
</ul>
<p>传统的希伯来编号方式</p>
<ol class="o2">
<li>items1</li>
<li>items2</li>
<li>items3</li>
```

```
<li>items4</li>
</ol>
</body>
</html>
```

代码运行结果如图11-22所示。

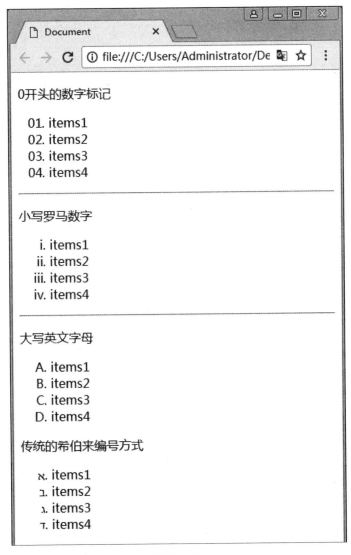

图11-22

由上可知，可以在CSS中任意改变HTML中的列表标记的样式，这样就可以让传统无序列表和有序列表拥有各种各样的标记样式。

11.6.2 列表标记的图像list-style-image

虽然CSS已经预设了很多列表标记的样式，但是有时候还想自定义一些样式，比如需要一张图片来作为列表的标记。此时CSS列表样式准备了一个可以自定义列表标记图案的属性——list-style-image。

list-style-image 属性使用图像替换列表项的标记。这个属性指定作为一个有序或无序列表项标志的图像。图像相对于列表项内容的放置位置通常使用 list-style-position属性控制。

【TIPS】

请始终规定一个list-style-type属性，以防图像不可用。

使用这个属性需要一张可以作为列表标记的图片，之后只需要按照此属性的语法正常引入图片的路径即可，语法如下：

```
list-style-image:url();
```

⚠ 【例11.22】使用list-style-image属性

代码如下：

```
<!DOCTYPE html>
<html lang="en">
<head>
<meta charset="UTF-8">
<title>Document</title>
<style>
.ol{
list-style-image:url(icon.png);
}
</style>
</head>
<body>
<p>默认的列表标记</p>
<ul class="ul">
<li>items1</li>
<li>items2</li>
<li>items3</li>
<li>items4</li>
</ul>
<hr/>
<p>使用list-style-image属性的列表标记</p>
<ol class="ol">
<li>items1</li>
<li>items2</li>
<li>items3</li>
<li>items4</li>
</ol>
</body>
</html>
```

代码运行结果如图11-23所示。

图11-23

11.6.3 列表标记的位置list-style-position

之前所看见的列表标记的位置都是默认的，也就是显示在元素之外的。其实列表标记图案的位置是可以更换的，CSS中的list-style-position属性就提供了这个功能。

list-style-position属性设置在何处放置列表项标记。

该属性用于声明列表标志相对于列表项内容的位置。外部（outside）标志会放在离列表项边框边界一定距离处，不过这距离在CSS中未定义。内部（inside）标志处理为好像它们是插入在列表项内容最前面的行内元素一样。

list-style-position的值可以是以下几种：

- inside：列表项目标记放置在文本以内，环绕文本且根据标记对齐。
- outside：默认值。保持标记位于文本的左侧。列表项目标记放置在文本以外，环绕文本且不根据标记对齐。
- inherit：规定应该从父元素继承list-style-position属性的值。

⚠ 【例11.23】使用list-style-position属性

代码如下：

```
<!DOCTYPE html>
<html lang="en">
<head>
<meta charset="UTF-8">
<title>Document</title>
<style>
.ul{
```

```
list-style-position:inside;
}
</style>
</head>
<body>
<p>默认的列表标记</p>
<ul >
<li>items1</li>
<li>items2</li>
<li>items3</li>
<li>items4</li>
</ul>
<hr/>
<p>使用list-style-position属性的列表标记</p>
<ul class="ul">
<li>items1</li>
<li>items2</li>
<li>items3</li>
<li>items4</li>
</ul>
</body>
</html>
```

代码运行结果如图11-24所示。

图11-24

从代码的运行结果可以看出，使用了list-style-position属性的列表标记明显有右移的情况，其实是列表的标记转移到了元素内部来。

11.6.4 列表属性简写list-style

如果觉得这三个列表属性都需要设置三次CSS属性太麻烦的话，可以选择把这些属性的值都写在一个声明中，这就是list-style简写属性的作用。

list-style用于在一个声明中指定所有列表属性。可以设置的属性（按顺序）有list-style-type、list-style-position、list-style-image。可以不设置其中的某个值，比如list-style:circle inside也是允许的。未设置的属性会使用其默认值。

list-style的值可以是以下几种：

- list-style-type：设置列表项标记的类型。参阅list-style-type中可能的值。
- list-style-position：设置在何处放置列表项标记。参阅list-style-position中可能的值。
- list-style-image：使用图像来替换列表项的标记。参阅list-style-image中可能的值。
- initial：将这个属性设置为默认值。参阅initial中可能的值。
- inherit：规定应该从父元素继承list-style属性的值。参阅inherit中可能的值。

 本章小结

本章主要介绍了CSS样式的属性。通过本章的学习，应该熟练掌握这些样式的属性，因为进行网页设计时需要经常用到这些样式。

Chapter

12

CSS背景属性与宽/高

本章概述

　　背景属性是CSS课程中非常重要的部分，它在网页设计中的运用非常广泛，也在页面美化与表现中占据非常重要的地位，本章为大家讲解关于CSS背景属性的知识。

重点知识

- 设置背景内容
- 设置背景平铺
- 设置背景固定
- 设置背景位置
- 背景简写属性
- 设置宽/高属性

12.1 设置背景内容

> 　　一个好看的页面离不开众多的设计元素，经常被忽视但又非常重要的应该就是背景了。背景作为一个衬托主体的元素，容易被忽视，但又非常重要，下面就来学习如何在CSS当中设置背景。

12.1.1 设置背景色

　　在CSS中，可以为元素设置背景色以实现想要的元素样式，背景色的CSS属性为background-color。

　　background-color属性为元素设置一种纯色。这种颜色会填充元素的内容、内边距和边框区域，扩展到元素边框的外边界，但不包括外边距。如果边框有透明部分（如虚线边框），就会透过这些透明部分显示出背景色。

　　尽管在大多数情况下，没有必要使用transparent。不过，如果不希望某元素拥有背景色，同时又不希望用户对浏览器的颜色设置影响到您的设计，那么设置transparent值还是有必要的。

　　background-color属性的值可以是以下几种：

- color_name：规定颜色值为颜色名称的背景颜色，如red。
- hex_number：规定颜色值为十六进制值的背景颜色，如#ff0000。
- rgb_number：规定颜色值为RGB代码的背景颜色，如RGB(255,0,0)。
- transparent：默认，背景颜色为透明。
- inherit：规定应该从父元素继承 background-color 属性的设置。

⚠ 【例12.1】 使用background-color属性

　　代码如下：

```
<!DOCTYPE html>
<html lang="en">
<head>
<meta charset="UTF-8">
<title>Document</title>
<style>
div{
width: 200px;
height: 200px;
text-align: center;
line-height: 200px;
font-size: 50px;
color:#fff;
}
.d1{
background-color:red;
```

```
}
.d2{
background-color: #00ff00;
}
.d3{
background-color: rgb(0,0,255);
}
</style>
</head>
<body>
<div class="d1">红色</div>
<div class="d2">绿色</div>
<div class="d3">蓝色</div>
</body>
</html>
```

代码运行效果如图12-1所示。

图12-1

12.1.2 设置背景图片

如果觉得单纯的背景颜色无法满足网页展示需求，那么CSS还提供了自定义图片背景的方案，也就是可以引入一张外部的图片作为网页元素的背景。

background-image属性为元素设置背景图像。

元素的背景占据了元素的全部尺寸，包括内边距和边框，但不包括外边距。

初始背景图像（原图像）根据background-position属性的值放置。默认情况下，背景图像位于元素的左上角，并在水平和垂直方向上重复。根据background-repeat属性的值，图像可以无限平铺、沿着某个轴（x轴或y轴）平铺，或者根本不平铺。

background-image属性的语法很简单，和前面介绍的list-style-image语法相同，例如：

```
background-image:url( );
```

⚠ 【例12.2】 使用background-image属性

代码如下：

```
<!DOCTYPE html>
<html lang="en">
<head>
<meta charset="UTF-8">
<title>Document</title>
<style>
body{
background-image: url('风景.jpg');
}
</style>
</head>
<body>
</body>
</html>
```

代码运行结果如图12-2所示。

图12-2

⚠ 【例12.3】 为div设置背景图

代码如下:

```
<!DOCTYPE html>
<html lang="en">
<head>
<meta charset="UTF-8">
<title>Document</title>
<style>
div{
width: 200px;
height: 200px;
background-color: red
}
.div_pic{
background-image: url('tomjerry.jpg');
}
</style>
</head>
<body>
<p>这是没有设置背景图片的div</p>
<div></div>
<hr/>
<p>这是设置了背景图片的div</p>
<div class="div_pic"></div>
</body>
</html>
```

代码运行结果如图12-3所示。

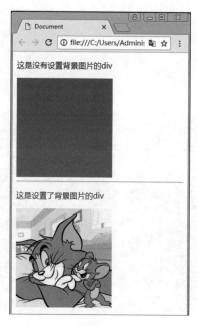

图12-3

【TIPS】

请设置一种可用的背景颜色，这样的话，假如背景图像不可用，页面也可获得良好的视觉效果。

12.2 设置背景平铺

> 在设置背景图片时，图片和元素的大小可能不是刚好匹配的，这时页面中就会出现一些意想不到的问题。背景图片会在元素内部平铺开来，但是有时候是不需要让背景图平铺的，或者只需要横向或者纵向平铺。CSS准备了一个良好的解决方案——background-repeat属性。

background-repeat属性设置如何重复背景图像，即定义图像的平铺模式。

默认情况下，背景图像在水平和垂直方向上重复。

从原图像开始重复，原图像由background-image定义，并根据background-position的值放置。如果未规定background-position属性，那么图像会被放置在元素的左上角。

background-repeat的值可以是以下几种：

- repeat：默认。背景图像将在垂直方向和水平方向重复。
- repeat-x：背景图像将在水平方向重复。
- repeat-y：背景图像将在垂直方向重复。
- no-repeat：背景图像将仅显示一次。
- inherit：规定应该从父元素继承background-repeat属性的设置。

下面通过几个案例来了解background-repeat属性。

【例12.4】 默认平铺背景图像

代码如下：

```
<!DOCTYPE html>
<html lang="en">
<head>
<meta charset="UTF-8">
<title>Document</title>
<style>
div{
width: 600px;
height: 600px;
border:2px solid red;
background-image: url('tomjerry.jpg');
}
</style>
```

```
</head>
<body>
<p>这是平铺的div</p>
<div></div>
</body>
</html>
```

代码运行结果如图12-4所示。

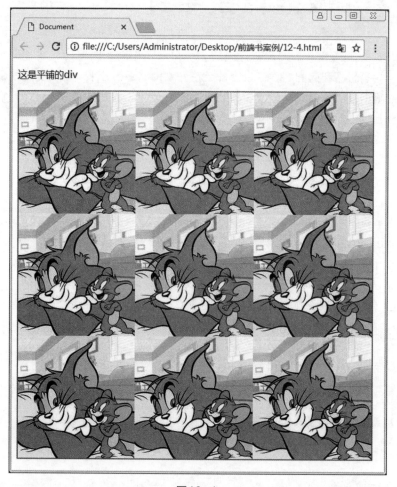

图12-4

从代码运行结果可以看出，在没有设置任何值的情况下，若背景图面积小于元素面积时，背景图会平铺开来，直到占满整个元素为止。

【例12.5】纵向平铺背景图像

代码如下：

```
<!DOCTYPE html>
<html lang="en">
<head>
<meta charset="UTF-8">
```

```
<title>Document</title>
<style>
div{
width: 600px;
height: 600px;
border:2px solid red;
background-image: url('tomjerry.jpg');
background-repeat: repeat-y;
}
</style>
</head>
<body>
<p>这是纵向平铺的div</p>
<div></div>
</body>
</html>
```

代码运行结果如图12-5所示。

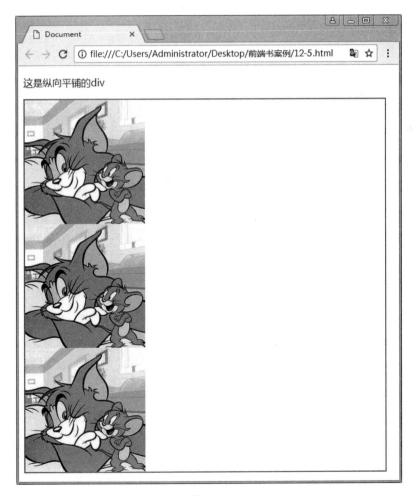

图12-5

上面这段代码和例12.4的代码几乎相同，不同的是对background-repeat属性进行了修改。

⚠ **【例12.6】不平铺背景图像**

代码如下：

```
<!DOCTYPE html>
<html lang="en">
<head>
<meta charset="UTF-8">
<title>Document</title>
<style>
div{
width: 600px;
height: 600px;
border:2px solid red;
background-image: url('tomjerry.jpg');
background-repeat: no-repeat;
}
</style>
</head>
<body>
<p>这是不平铺的div</p>
<div></div>
</body>
</html>
```

代码运行结果如图12-6所示。

图12-6

以上代码依然只是更换了background-repeat属性的值，但是得到的结果截然不同。

12.3 设置背景固定/滚动

> 当网页的高度足够高时，浏览器的右边就会出现滚动条，可以通过滚动条来实现网页的下拉显示。这时网页中背景图片的位置也会产生变动，这其实不是我们想要的结果。在CSS中，可以设置背景图片是固定的，不让背景图片随着页面的滚动而移动。

background-attachment属性设置背景图像是否固定或者随着页面的其余部分滚动。它的值可以是以下几种：

- scroll：默认值。背景图像会随着页面其余部分的滚动而移动。
- fixed：当页面的其余部分滚动时，背景图像不会移动。
- inherit：规定应该从父元素继承background-attachment属性的设置。

下面通过两个案例来了解background-attachment属性。

⚠ 【例12.7】 背景图像滚动

代码如下：

```
<!DOCTYPE html>
<html lang="en">
<head>
<meta charset="UTF-8">
<title>Document</title>
<style>
body{
background-image: url('风景.jpg');
background-repeat: no-repeat;
height:2000px;
}
</style>
</head>
<body>
</body>
</html>
```

代码运行结果如图12-7所示。从代码运行结果中可以看出，在滚动页面时，背景图片也明显地移动了。

⚠ 【例12.8】 背景图像不滚动

代码如下：

```
<!DOCTYPE html>
```

```
<html lang="en">
<head>
<meta charset="UTF-8">
<title>Document</title>
<style>
body{
background-image: url('风景.jpg');
background-repeat: no-repeat;
height:2000px;
background-attachment: fixed;
}
</style>
</head>
<body>
</body>
</html>
```

代码运行结果如图12-8所示。

图12-7

图12-8

从代码运行结果可以看出，浏览器右边的滚动条已经被拉到页面的中间，但是body元素的背景图像并没有随着页面的滚动而移动。这就是background-attachment: fixed属性的作用。

12.4　设置背景的位置

> CSS还提供了设置背景图像位置的功能，可以在设置了背景图像之后为它们设置位置。

background-position属性设置背景图像的起始位置。这个属性设置背景原图像（由background-image定义）的位置，背景图像如果要重复，将从这一点开始。

【 TIPS 】

需要把background-attachment属性设置为fixed，才能保证该属性在Firefox和Opera中正常工作。

background-position属性的值可以是以下几种。

1. 关键字

可以通过设置关键字来设置background-position属性的值，它由两个关键字组成。第一个关键字是在横向上进行设置，第二个值是在纵向上进行设置，它们是：

- top left：左上。
- top center：上中。
- top right：上右。
- center left：中左。
- center center：正中。
- center right：中右。
- bottom left：下左。
- bottom center：下中。
- bottom right：下右。

如果仅规定了一个关键词，那么第二个值将是center。

⚠ 【例12.9】 使用关键字

代码如下：

```
<!DOCTYPE html>
<html lang="en">
<head>
<meta charset="UTF-8">
<title>Document</title>
<style>
div{
width: 500px;
height: 500px;
border:2px solid red;
```

```
background-image: url('tomjerry.jpg');
background-repeat: no-repeat;
background-position: center right;
}
</style>
</head>
<body>
<p>使用关键字设置背景图片的位置</p>
<div></div>
</body>
</html>
```

代码运行结果如图12-9所示。

图12-9

2. 百分比数值

也可以使用百分比数值对背景图片的位置进行设置。百分比值的写法和关键字类似，也是需要两个数值，第一个值设置横向，第二个值设置纵向。其默认值是：0% 0%。

```
x% y%
```

第一个值（x%）是水平位置，第二个值（y%）是垂直位置。左上角是0% 0%，右下角是100% 100%。如果仅规定了一个值，则另一个值将是50%。

⚠ 【例12.10】 使用百分比设置背景图像的位置

代码如下：

```
<!DOCTYPE html>
<html lang="en">
<head>
<meta charset="UTF-8">
<title>Document</title>
<style>
div{
width: 500px;
height: 500px;
border:2px solid red;
background-image: url('tomjerry.jpg');
background-repeat: no-repeat;
background-position: 50% 50%;
}
</style>
</head>
<body>
<p>使用百分比设置背景图片的位置</p>
<div></div>
</body>
</html>
```

代码运行结果如图12-10所示。

图12-10

3. 绝对数值

还可以使用绝对数值来对背景图片的位置进行设置，写法如下：

```
xpos ypos
```

第一个值（xpos）是水平位置，第二个值（ypos）是垂直位置。左上角是0 0。单位是像素（0px 0px）或任何其他的CSS单位。如果仅规定了一个值，则另一个值将是50%。可以混合使用%和position值。

下面用一个案例来看下使用绝对数值是如何操作的。

⚠ **【例12.11】使用绝对数值设置背景图像的位置**

代码如下：

```
<!DOCTYPE html>
<html lang="en">
<head>
<meta charset="UTF-8">
<title>Document</title>
<style>
div{
width: 500px;
height: 500px;
border:2px solid red;
background-image: url('tomjerry.jpg');
background-repeat: no-repeat;
background-position: 100px 200px;
}
</style>
</head>
<body>
<p>使用绝对数值设置背景图片的位置</p>
<div></div>
</body>
</html>
```

代码运行结果如图12-11所示。

图12-11

12.5 背景简写属性

> 如果需要对背景属性同时设置多个样式属性的话，可以将背景属性的多个值写入一个声明当中。

background 简写属性在一个声明中设置所有的背景属性，可以设置如下属性：

- background-color。
- background-position。
- background-size。
- background-repeat。
- background-origin。
- background-clip。
- background-attachment。
- background-image。

如果不设置其中的某个值，也不会出问题，比如，background:#ff0000 url('smiley.gif')也是允许的。通常建议使用这个属性，而不是分别使用单个属性。因为这个属性在较老的浏览器中能够得到更好的支持，而且需要键入的字母也更少。

12.6 宽/高属性

> CSS中宽度和高度分别定义HTML元素宽度和高度。在页面中，一些元素拥有自己的宽度和高度，其实大部分是通过CSS的width和height属性来设置的，而不是直接通过HTML元素自身的width属性来设置。

width属性定义元素内容区的宽度，在内容区外面可以增加内边距、边框和外边距，行内非替换元素会忽略这个属性。height属性定义元素内容区的高度，在内容区外面可以增加内边距、边框和外边距，行内非替换元素会忽略这个属性。

宽度和高度的值都可以是以下几种：

- auto：浏览器会计算出实际的宽度/高度。
- length：使用px、cm等单位定义宽度/高度。
- %：基于包含它的块级对象的百分比宽度/高度。
- Inherit：规定应该从父元素继承width/height属性的值。

在CSS中，只有块级元素，才可以使用宽/高属性，行内元素是不可以使用的。例如，可以在页面中对<div>元素进行宽/高的设置，但是却不能对<a>链接元素设置宽和高。反之，可以从那些元素可以设置宽/高属性来确定它们是否是块级元素。

⚠ 【例12.12】设置宽和高

代码如下：

```html
<!DOCTYPE html>
<html lang="en">
<head>
<meta charset="UTF-8">
<title>Document</title>
<style>
div{
width: 300px;
height: 300px;
border:10px solid lightblue;
}
span{
width: 300px;
height: 300px;
border:10px solid pink;
}
</style>
</head>
<body>
<div>我是块级元素，我可以拥有宽高</div>
<span>我是行内元素，我没法获得宽高</span>
</body>
</html>
```

代码运行结果如图12-12所示。

图12-12

　　从以上代码可以看出，块级元素<div>是可以正常设置元素的宽/高属性的。反观行内元素，<span>虽然也设置了width和height属性，但是在页面中并没有显示出应有的宽度和高度，而是显示出正常内容的宽度和高度。

　　另外为大家介绍两个特殊的元素，它们不是块级元素，却能够拥有宽/高属性：

- <img>：图片标签。
- <input>/<textarea>：文本互动框标签；

　　这两个元素在页面中都不是独占一行的，所以可以断定不是块级元素，但是它们可以在CSS中拥有正常的宽/高属性。因此，称它们为行内块元素，它们是行内元素，却又享受着块级元素才能拥有的待遇（宽/高属性）。用一个实例来看看它们是否真的能够在页面中拥有CSS的宽/高属性。

⚠ 【例12.13】使用行为内块元素

　　代码如下：

```
<!DOCTYPE html>
<html lang="en">
<head>
<meta charset="UTF-8">
<title>Document</title>
<style>
img{
width: 300px;
border:10px solid lightblue;
}
input{
width: 300px;
height: 300px;
border:10px solid pink;
}
textarea{
width: 300px;
height: 300px;
border:10px solid greenyellow;
}
</style>
</head>
<body>
<img src="tom.jpg" alt=""/>
<input type="text" value="单行文本输入框" />
<textarea name="" id="" cols="30" rows="10">多行文本输入域</textarea>
</body>
</html>
```

　　代码运行效果如图12-13所示。

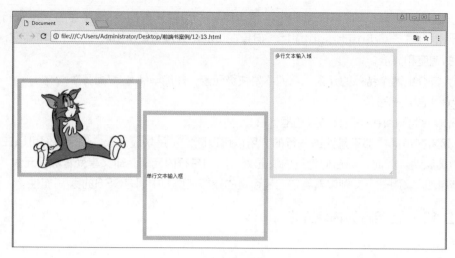

图12-13

本章小结

　　本章为大家介绍了CSS背景属性的知识，包括背景色、背景图片、背景图片位置及宽与高的相关知识。背景作为页面中不可或缺的一部分，需要课后多加练习以熟练掌握。

Chapter

13

CSS显示相关

本章概述

在网页设计中，有时候会对一些元素进行显示或隐藏，也有可能进行裁剪，这些操作也为网页美观的多变性提供了更多的选择，本章将为大家讲解CSS中显示相关的知识。

重点知识

- CSS设置可见性
- 内容溢出与隐藏

13.1 设置可见性

在网页中会对一些元素进行显示和隐藏的操作，这样会让页面显的更加生动，也会让网页的功能更加丰富。下面为大家介绍一些让元素显示和隐藏的操作。

13.1.1 元素隐藏

在CSS中，可以对元素进行隐藏，与隐藏相关的属性是visibility。它规定元素是否可见，其属性值可以是以下几种：

- visible：默认值，元素是可见的。
- hidden：元素是不可见的。
- collapse：当在表格元素中使用时，此值可删除一行或一列，但是它不会影响表格的布局。被行或列占据的空间会留给其他内容使用。如果此值被用在其他元素上，会呈现为"hidden"。
- inherit：规定应该从父元素继承visibility属性的值。请使用"display"属性来创建不占据页面空间的不可见元素。

在这里要提醒大家的是，如果使用了隐藏的值将元素进行隐藏，元素会变得不可见，但是其原来占有的物理空间是不会变动的。也就是说，元素虽然隐藏了，但是还是确确实实占有原来的物理空间。

可以在页面中设置三个div，然后为它们添加宽、高、边框等属性，然后将其中一个隐藏，已达到隐藏元素但是不删除元素的目的。

⚠ 【例13.1】隐藏元素

代码如下：

```
<!DOCTYPE html1>
<html1 lang="en">
<head>
<meta charset="UTF-8">
<title>Document</title>
<style>
div{
width: 200px;
height: 200px;
border:2px red solid;
background:
}
.d1{background: pink;}
.d2{background: lightblue;}
.d3{background: yellowgreen;}
</style>
</head>
<body>
```

```
<div class="d1"></div>
<div class="d2 hidden"></div>
<div class="d3"></div>
</body>
</html>
```

代码运行结果如图13-1所示。

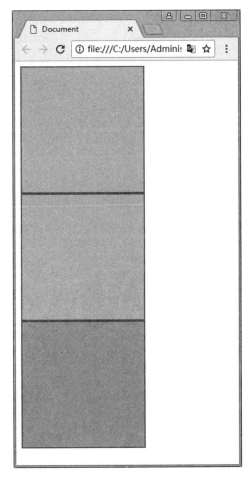

图13-1

这时，三个div都是正常显示出来的，下面对第二个div进行隐藏，看看会有什么变化，代码如下：

```
<!DOCTYPE html>
<html lang="en">
<head>
<meta charset="UTF-8">
<title>Document</title>
<style>
div{
width: 200px;
height: 200px;
```

```
border:2px red solid;
background:
}
.d1{background: pink;}
.d2{
background: lightblue;
visibility: hidden;
}
.d3{background: yellowgreen;}
</style>
</head>
<body>
<div class="d1"></div>
<div class="d2 hidden"></div>
<div class="d3"></div>
</body>
</html>
```

代码运行结果如图13-2所示。

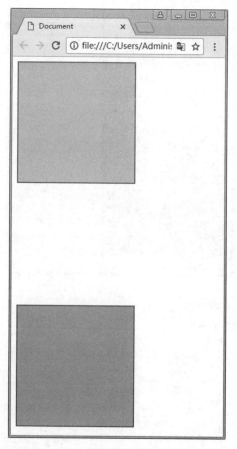

图13-2

从代码的运行结果可以看出，第一个和第三个div都是正常显示，并且它们的位置也没有变动。而第二个div使用了visibility属性之后本身还是存在，原来的位置只是被隐藏起来而已。

13.1.2 元素消失

在CSS中，可以设置一个元素从页面中消失（对HTML代码没有影响，影响的只是页面外观），这也是网页设计中常用的小技巧。

display 属性规定元素应该生成的框的类型。这个属性用于定义建立布局时元素生成的显示框类型。对于HTML，如果使用display不谨慎，可能会违反HTML中已经定义的显示层次结构。对于XML，由于XML没有内置的这种层次结构，所以display是绝对必要的。

display属性的值可以是以下几种：

- none：此元素不会被显示。
- block：此元素将显示为块级元素，元素前后会带有换行符。
- inline：默认，此元素会被显示为内联元素，元素前后没有换行符。
- inline-block：行内块元素（CSS2.1新增的值）。
- list-item：此元素会作为列表显示。
- run-in：此元素会根据上下文作为块级元素或内联元素显示。
- table：此元素会作为块级表格来显示（类似<table>），表格前后带有换行符。
- inline-table：此元素会作为内联表格来显示（类似<table>），表格前后没有换行符。
- table-row-group：此元素会作为一个或多个行的分组来显示（类似<tbody>）。
- table-header-group：此元素会作为一个或多个行的分组来显示（类似<thead>）。
- table-footer-group：此元素会作为一个或多个行的分组来显示（类似<tfoot>）。
- table-row：此元素会作为一个表格行显示（类似<tr>）。
- table-column-group：此元素会作为一个或多个列的分组来显示（类似<colgroup>）。
- table-column：此元素会作为一个单元格列显示（类似<col>）。
- table-cell：此元素会作为一个表格单元格显示（类似<td>和<th>）。
- table-caption：此元素会作为一个表格标题显示（类似<caption>）。
- inherit：规定应该从父元素继承display属性的值。

这里只对元素消失的知识点进行讲解，不对此属性的其他用法进行探讨。

⚠ 【例13.2】让元素消失

代码如下：

```
<!DOCTYPE html>
<html lang="en">
<head>
<meta charset="UTF-8">
<title>Document</title>
<style>
div{
width: 200px;
height: 200px;
border:2px red solid;
background:
}
.d1{background: pink;}
.d2{
```

```
background: lightblue;
display: none;
}
.d3{background: yellowgreen;}
</style>
</head>
<body>
<div class="d1"></div>
<div class="d2 hidden"></div>
<div class="d3"></div>
</body>
</html>
```

代码运行结果如图13-3所示。

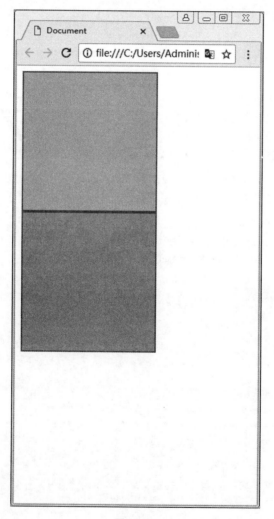

图13-3

从代码运行结果中可以看出，对第二个div进行display：none操作之后，元素会隐藏，同时元素原来所占的位置也被第三个div取代了。所以display：none其实是把元素彻底从页面中删除了。再次强调：影响的是页面的外观显示，而不是HTML代码。

13.2 内容溢出与隐藏

> 在网页设计中，经常会遇到容器里的内容超出容器的情况，这时可以使用 **overflow**属性来设置这些超出容器部分的内容。

overflow属性规定当内容溢出元素框时发生的事情。这个属性定义溢出元素内容区的内容会如何处理。如果值为scroll，不论是否需要，用户代理都会提供一种滚动机制。因此，即使元素框中可以放下所有内容，也有可能会出现滚动条。

overflow属性的值可以是以下几种。

- visible：默认值，内容不会被修剪，会呈现在元素框之外。
- hidden：内容会被修剪，并且其余内容是不可见的。
- scroll：内容会被修剪，但是浏览器会显示滚动条以便查看其余的内容。
- auto：如果内容被修剪，则浏览器会显示滚动条以便查看其余的内容。
- inherit：规定应该从父元素继承overflow属性的值。

先看一下正常情况下当元素溢出容器之后会发生什么。

⚠ 【例13.3】元素溢出容器

代码如下：

```
<!DOCTYPE html>
<html lang="en">
<head>
<meta charset="UTF-8">
<title>Document</title>
<style>
div{
width: 300px;
height: 300px;
border:2px red solid;
}
</style>
</head>
<body>
<div>
<img src="tomjerry.jpg" alt="" width="400">
</div>
</body>
</html>
```

代码运行结果如图13-4所示。

图13-4

从上面这段代码的运行结果可以看出，当内容超出容器时，内容会把父级元素的边框遮住，也就是元素会正常溢出。如果不想要这种显示方式，可以采取两种方式来解决。

第一种，直接对内容进行裁剪。可以使用overflow：hidden对溢出的内容进行裁剪，即溢出部分不会显示在页面当中。

⚠ 【例13.4】 对溢出的内容进行裁剪

代码如下：

```
<!DOCTYPE html>
<html lang="en">
<head>
<meta charset="UTF-8">
<title>Document</title>
<style>
div{
width: 300px;
height: 300px;
border:2px red solid;
overflow: hidden;
}
</style>
</head>
<body>
<div>
<img src="tomjerry.jpg" alt="" width="400">
</div>
</body>
</html>
```

代码运行结果如图13-5所示。

图13-5

第二种，把容器当成视口。可以把容器当成是一个视口，然后将内容放进去。当元素内容超出容器时，容器会出现滚动条。

【例13.5】把容器当成视口

代码如下：

```
<!DOCTYPE html>
<html lang="en">
<head>
<meta charset="UTF-8">
<title>Document</title>
<style>
div{
width: 300px;
height: 300px;
border:2px red solid;
overflow: auto;
}
</style>
</head>
<body>
<div>
<img src="tomjerry.jpg" alt="" width="400">
</div>
</body>
</html>
```

代码运行结果如图13-6所示。

图13-6

本章小结

　　本章主要介绍了网页中常见的与显示相关的问题，包括如何隐藏元素，如何让元素消失，如何处理内容溢出的问题，这些问题都是开发中常见的情况。相信大家通过本章的学习，再遇到这些问题时，可以从容不迫地解决。

Chapter

14

CSS盒子模型

本章概述

目前，使用div+css布局网页是最受青睐的。在该布局方式中，CSS盒子模型是div排版的核心所在。本章将会为大家介绍盒子模型的相关知识。

重点知识

- 盒子模型简介
- 设置内/外边距
- 简单实例

14.1 盒子模型简介

CSS盒子模型就是在网页设计中经常用到的一种思维模型，即内容（content）、填充（padding）、边框（border）、边界（margin），生活中的事物盒子也具备这些属性，所以形象地把CSS中出现的这些属性称之为盒子模型。

所有HTML元素都可以看作盒子，在CSS中，box model这一术语是用来设计和布局时使用的。CSS盒子模型本质上是一个盒子，封装周围的HTML元素，它包括边距、边框、填充和实际内容。盒子模型允许用户在其他元素和周围元素边框之间的空间放置元素。

盒子模型每个部分的说明如下：

- Margin（外边距）：清除边框区域。它没有背景颜色，完全是透明的。
- Border（边框）：边框周围的填充和内容。它是受到盒子的背景颜色影响的。
- Padding（内边距）：清除内容周围的区域，会受到框中填充的背景颜色的影响。
- Content（内容）：盒子的内容，显示文本和图像。

如图14-1所示为盒子模型的示意图。

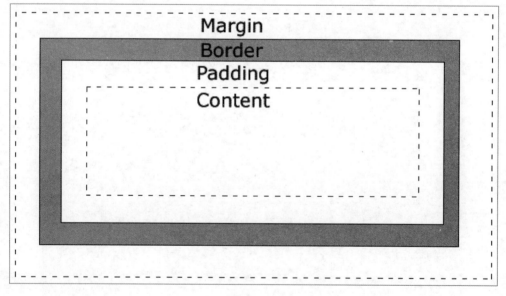

图14-1

14.2 设置内/外边距

> 在盒子模型中，最常用的操作是使用内、外边距，这也是div+css布局中最经典的操作。

14.2.1 设置外边距

设置外边距最简单的方法就是使用margin属性，如表14-1所示。margin边界环绕在元素的content区域四周。如果margin的值为0，则margin边界与border边界重合。这个简写属性是设置一个元素所有外边距的宽度，或者设置各边的外边距的宽度。

该属性接收任何长度单位，可以是像素、毫米、厘米、em等，也可以设置为auto（自动）。常见的做法是为外边距设置长度值，允许使用负值。

表14-1

属性	定义
margin	简写属性，在一个声明中设置所有外边距的属性
margin-top	设置元素的上边距
margin-right	设置元素的右边距
margin-bottom	设置元素的下边距
margin-left	设置元素的左边距

```
margin:10px 5px 15px 20px;
```

在以上代码中，margin的值是按照上、右、下、左的顺序进行设置的，即从上边距开始按照顺时针方向旋转。上外边距是10px，右外边距是5px，下外边距是15px，左外边距是20px。

```
margin:10px 5px 15px;
```

在以上代码中，上外边距是10px，右外边距和左外边距是5px，下外边距是15px。

```
margin:10px 5px;
```

在以上代码中，上外边距和下外边距是10px，右外边距和左外边距是5px。

```
margin:10px;
```

在以上代码中，上下左右边距都是10px。

下面通过一个实例更加直观地了解margin属性。

⚠ 【例14.1】 使用margin属性

代码如下：

```
<!DOCTYPE html>
<html lang="en">
<head>
<meta charset="UTF-8">
```

```
<title>Document</title>
<style>
div{
width: 100px;
height: 100px;
border:2px red solid;
}
.d2{
margin-top: 20px;
margin-right: auto;
margin-bottom: 40px;
margin-left: 10px;
}
</style>
</head>
<body>
<div class="d1"></div>
<div class="d2"></div>
<div class="d3"></div>
</body>
</html>
```

代码运行结果如图14-2所示。

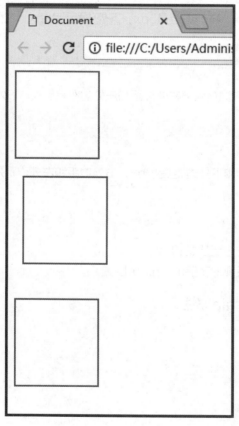

图14-2

在以上代码中，设置了第二个div的margin的值为20px、自动、40px、10px，这种写法可以简写为：

```
.d2{
margin:20px auto 40px 10px;
}
```

还可以利用外边距让块级元素水平居中，具体实现思路是：上下边距不论，让左右边距自动。

⚠️ 【例14.2】让块级元素水平居中

代码如下：

```
<!DOCTYPE html>
<html lang="en">
<head>
<meta charset="UTF-8">
<title>Document</title>
<style>
div{
width: 100px;
height: 100px;
border:2px red solid;
}
.d2{
margin:20px auto;
}
.d3{
width: 500px;
height: 500px;
}
.d4{
margin:10px auto;
}
</style>
</head>
<body>
<div class="d1"></div>
<div class="d2"></div>
<div class="d3">
<div class="d4"></div>
</div>
</body>
</html>
```

在以上这段代码中，设置了第二个div在页面中水平居中显示，在第三个div中又嵌套了一个div，并且也设置为水平居中。代码运行结果如图14-3所示。

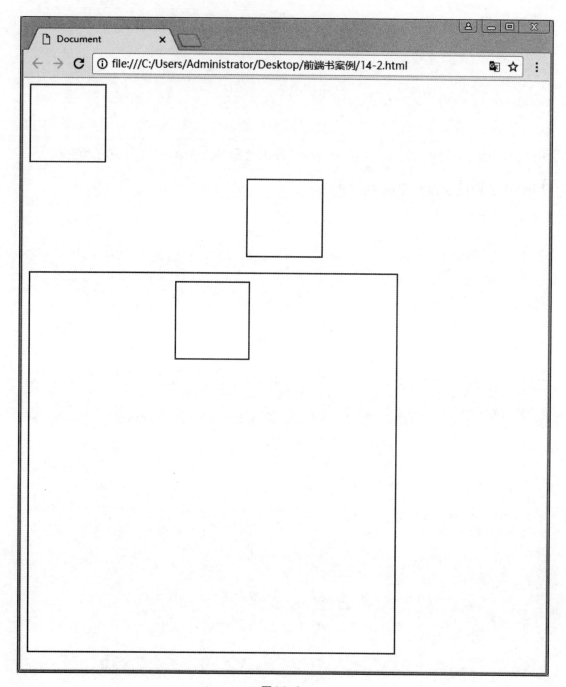

图14-3

14.2.2 外边距合并

外边距合并（叠加）是一个相当简单的概念。但是，在实践中对网页进行布局时，外边距合并会造成许多混淆。

简单地说，外边距合并指的是两个垂直外边距相遇，并形成一个外边距。合并后的外边距的高度等于两个发生合并的外边距中较大者的高度。

当一个元素出现在另一个元素上面时，第一个元素的下外边距与第二个元素的上外边距会发生合并，如图14-4所示。

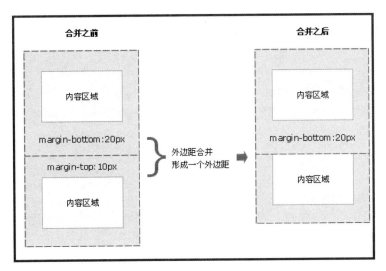

图14-4

当一个元素包含在另一个元素中时（假设没有内边距或边框把外边距分隔开），它们的上或下外边距也会发生合并，如图14-5所示。

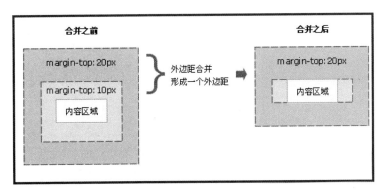

图14-5

尽管看上去有些奇怪，但是外边距可以与自身合并。

假设有一个空元素，它有外边距，但是没有边框或填充。在这种情况下，上外边距与下外边距就碰到了一起，它们会发生合并。

⚠ 【例14.3】外边距合并

代码如下：

```
<!DOCTYPE html>
<html lang="en">
<head>
<meta charset="UTF-8">
<title>Document</title>
<style>
.container{
width: 500px;
height: 500px;
```

```
margin:50px;
background: #ccc;
}
.content{
width: 200px;
height: 200px;
margin:30px;
background: red;
}
</style>
</head>
<body>
<div class="container">
<div class="content"></div>
</div>
</body>
</html>
```

代码运行结果如图14-6所示。

图14-6

在以上代码中，对容器div和内容div分别设置了外边距，但是父级div的边距要大于子级div的边距，这时它们的外边距产生了合并现象。在页面布局中，有时候是不希望发生这种外边距合并的现象，尤其是在父级元素与子级元素产生外边距合并的时候。使用一个很简单的小技巧即可消除外边距带来的困扰。

⚠ 【例14.4】 消除外边距合并

代码如下：

```
<!DOCTYPE html>
<html lang="en">
<head>
<meta charset="UTF-8">
<title>Document</title>
<style>
.container{
width: 500px;
height: 500px;
margin:50px;
background: #ccc;
border:1px solid blue;
}
.content{
width: 200px;
height: 200px;
margin:30px;
background: red;
}
</style>
</head>
<body>
<div class="container">
<div class="content"></div>
</div>
</body>
</html>
```

代码运行结果如图14-7所示。

在上面这段代码中，只是对父级容器添加了一个1px的边框，就解决外边距合并的问题。是不是非常简单。

外边距合并其实也是必要的。我们都知道，p标签段落元素与生俱来就拥有上下8px的外边距，外边距合并可以使一系列段落元素的占用空间非常小。因为它们的所有外边距都会合并到一起，形成了一个小的外边距。

外边距合并初看上去可能有点儿奇怪，但实际上是有意义的。假设由几个段落组成典型的文本页面。第一个段落上面的空间等于段落的上外边距。如果没有外边距合并，后续所有段落之间的外边距都是相邻上外边距和下外边距的和。这意味着段落之间的空间是页面顶部的两倍。如果发生外边距合并，段落之间的上外边距和下外边距就合并在一起，这样各处的距离就一致了。

效果如图14-8所示。

图14-7

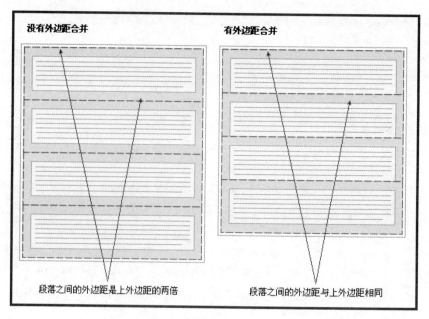

图14-8

14.2.3 内边距

CSS padding属性定义元素边框与元素内容之间的空白区域。它接受长度值或百分比值，但不允许使用负值。例如，希望所有h1元素的各边都有10像素的内边距，代码如下：

```
h1 {padding: 10px;}
```

还可以按照上、右、下、左的顺序分别设置各边的内边距，各边均可以使用不同的单位或百分比值，例如：

```
h1 {padding: 10px 0.25em 2ex 20%;}
```

可以使用下面四个单独的属性，分别设置上、右、下、左内边距，代码如下：

```
padding-top
padding-right
padding-bottom
padding-left
```

下面规则实现的效果与上面简写规则是完全相同的，代码如下：

```
h1 {
padding-top: 10px;
padding-right: 0.25em;
padding-bottom: 2ex;
padding-left: 20%;
}
```

前面提到过，可以为元素的内边距设置百分数值。百分数值是相对于其父元素的width计算的，这一点与外边距一样。所以，如果父元素的width改变，它们也会改变。

下面这条规则把段落的内边距设置为父元素width的10%，代码如下：

```
p {padding: 10%;}
```

如果一个段落的父元素是div元素，那么它的内边距要根据div的width计算。

```
<div style="width: 200px;">
<p>This paragragh is contained within a DIV that has a width of 200 pixels.</p>
</div>
```

【TIPS】

> 上下内边距与左右内边距一致，即上下内边距的百分数会相对于父元素的宽度设置，而不是相对于高度。

14.3 简单实例

> 利用前面的CSS盒子模型的知识可以进行简单的div+css页面布局。

在页面中建立一个600×600的正方形div，让其拥有边框，并且在div内部载入四张图片，让它们平均分布在div内部，代码如下：

```html
<!DOCTYPE html>
<html lang="en">
<head>
<meta charset="UTF-8">
<title>Document</title>
<style>
.container{
width: 600px;
height: 600px;
margin:20px auto;
background: #ccc;
border:1px solid red;
}
img{
margin: 50px;
}
</style>
</head>
<body>
<div class="container"><img src="tomjerry.jpg" alt=""><img src="tomjerry.jpg" alt=""><img src="tomjerry.jpg" alt=""><img src="tomjerry.jpg" alt=""></div>
</body>
</html>
```

代码运行结果如图14-9所示。

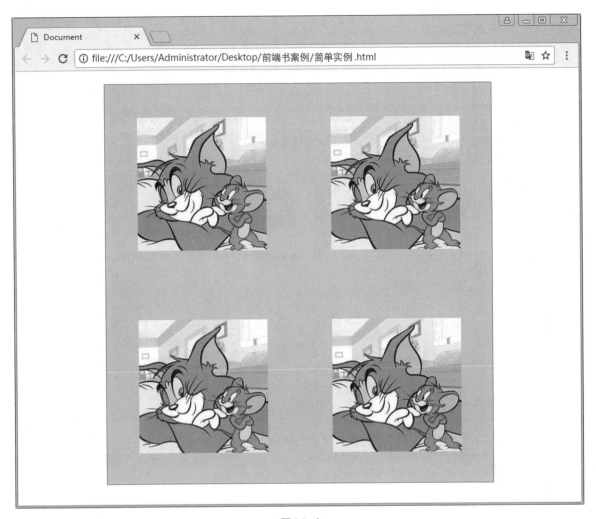

图14-9

在以上代码中需要注意的是，把div和img元素之间的空格和换行全部压缩过了。因为在HTML中空格和换行属于一个字符，也会占有一定的宽度，这样就无法按照正常的外边距来计算容器和内容之间的差值了。

本章小结

本章主要讲解了当下最流行的布局方式div+css布局的基础——盒子模型，包括盒子模型简介、盒子模型内容、外边距和内边距。其中，着重讲解了外边距的合并，也给出了相应的解决方案。相信大家通过本章的学习能够很轻松地应对dic+css布局的问题。

Chapter

15

CSS定位机制

本章概述

定位在页面布局中占据着举足轻重的地位。CSS的定位机制可以轻松地完成一些依靠传统布局方式很难完成的操作，本章将为大家介绍CSS定位的知识。

重点知识

- CSS定位机制简介
- position属性
- 导航栏
- 常规定位与浮动定位
- Z轴索引的优先级设置

15.1　CSS定位机制简介

CSS定位（Positioning）属性允许对元素进行定位。

1. CSS定位和浮动

CSS为定位和浮动提供了一些属性，利用它们可以建立列式布局，即将布局的一部分与另一部分重叠，还可以完成通常需要使用多个表格才能完成的任务。

定位的基本思想很简单，它允许定义元素框相对于其正常位置应该出现的位置，或者相对于父元素、另一个元素甚至浏览器窗口本身的位置。显然，这个功能非常强大，也很让人吃惊。要知道，用户代理对CSS2中定位的支持远胜于对其他方面的支持，对此不应感到奇怪。

另一方面，CSS中首次提出了浮动，它以Netscape在Web发展初期增加的一个功能为基础。浮动不完全是定位，不过，它当然也不是正常流布局。

2. 一切皆为框

div、h1或p元素常常被称为块级元素。这意味着这些元素显示为一块内容，即"块框"。与之相反，span、strong等元素称为"行内元素"，这是因为它们的内容显示在行中，即"行内框"。

可以使用display属性改变生成的框的类型。这意味着，通过将display属性设置为block，可以让行内元素（如<a>元素）表现得像块级元素一样。还可以把display设置为none，让生成的元素根本没有框。这样的话，该框及其所有内容就不再显示，不占用文档中的空间。

有一种情况，即使没有进行显式定义，也会创建块级元素。当一些文本添加到一个块级元素（如div）的开头时，即使没有把这些文本定义为段落，它也会被当作段落对待。

```
<div>
some text
<p>Some more text.</p>
</div>
```

在这种情况下，这个框称为无名块框，因为它不与专门定义的元素相关联。

块级元素的文本行也会发生类似的情况。假设有一个包含三行文本的段落，每行文本形成一个无名框。无法直接对无名块或行框应用样式，因为没有可以应用样式的地方（注意，行框和行内框是两个概念）。但是，这有助于理解在屏幕上看到的所有东西都形成某种框。

3. CSS定位机制

CSS有三种基本的定位机制：普通流、浮动和绝对定位。

除非专门指定，否则所有框都在普通流中定位。也就是说，普通流中元素的位置由元素在(X)HTML中的位置决定。

块级框从上到下一个接一个地排列，框之间的垂直距离由框的垂直外边距计算出来。

行内框在一行中水平布置。可以使用水平内边距、边框和外边距调整它们的间距。但是，垂直内边距、边框和外边距不影响行内框的高度。由一行形成的水平框称为行框（Line Box），行框的高度总是足以容纳它包含的所有行内框。不过，通过设置行高可以增加这个框的高度。

15.2 常规定位与浮动定位

> 想要学习CSS定位机制，先要学习两个简单的定位，分别是常规定位与浮动定位。

15.2.1 常规定位

static元素框正常生成。块级元素生成一个矩形框，作为文档流的一部分，行内元素则会创建一个或多个行框，置于其父元素中。

常规定位是平时所用的定位机制，也就是说，在页面中所看见元素在哪里，那么它所占有的绝对物理空间位置就是哪里。元素会正常生成元素框，并且占据在文档流中。

15.2.2 浮动定位

浮动的框可以向左或向右移动，直到它的外边缘碰到包含框或另一个浮动框的边框为止，CSS的浮动是进行横向上的移动。

浮动会改变元素在页面中的文档流，即使元素脱离当前的文档流。也正是因为浮动框不在文档的普通流中，所以文档的普通流中的块框表现得就像浮动框不存在一样。

如图15-1所示，当把框1向右浮动时，它脱离文档流并且向右移动，直到它的右边缘碰到包含框的右边缘。

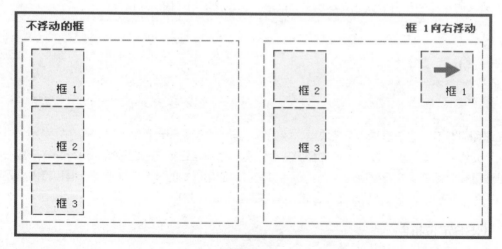

图15-1

如图15-2所示当框1向左浮动时，它脱离文档流并且向左移动，直到它的左边缘碰到包含框的左边缘。因为它不再处于文档流中，所以它不占据空间，实际上覆盖住了框2，使框2从视图中消失。

如果把所有三个框都向左移动，那么框1向左浮动，直到碰到包含框，另外两个框向左浮动，直到碰到前一个浮动框。

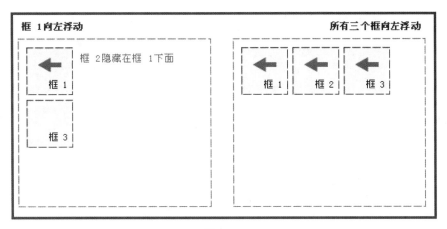

图15-2

如果包含框太窄，无法容纳水平排列的三个浮动元素，那么其他浮动块向下移动，直到有足够的空间。如果浮动元素的高度不同，那么当它们向下移动时，可能被其他浮动元素"卡住"，如图15-3所示。

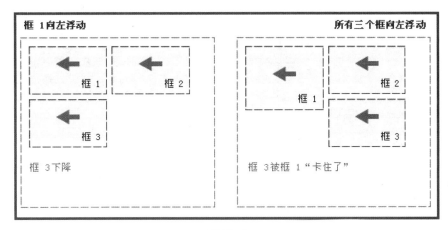

图15-3

在CSS中，通过float属性实现元素的浮动。

float属性定义元素在哪个方向浮动。以往，这个属性总应用于图像，使文本围绕在图像周围。在CSS中，任何元素都可以浮动。浮动元素会生成一个块级框，而不论它本身是何种元素。

如果浮动非替换元素，则要指定一个明确的宽度，否则，它们会尽可能地窄。

【TIPS】

如果当前行的预留空间不足以存放浮动元素，那么元素就会跳转到下一行，这一动作会直到某一行拥有足够的空间为止。

float属性的值可以是以下几种：

● left：元素向左浮动。
● right：元素向右浮动。
● none：默认值，元素不浮动，并会显示其在文本中出现的位置。
● inherit：规定应该从父元素继承float属性的值。

下面通过两个实例来帮助大家了解CSS中的float属性。

⚠️ 【例15.1】 让图像浮动到右侧

代码如下：

```html
<!DOCTYPE html>
<html lang="en">
<head>
<meta charset="UTF-8">
<title>Document</title>
<style>
img{
float:right;
}
</style>
</head>
<body>
<p>在下面的段落中，我们添加了一个样式为 <b>float:right</b> 的图像。结果是这个图像会浮动到段落的右侧。</p>
<p>
<img src="tomjerry.jpg" alt="">
这是一些文字这是一些文字这是一些文字这是一些文字这是一些文字这是一些文字这是一些文字这是一些文字这是一些文字这是一些文字这是一些文字这是一些文字这是一些文字这是一些文字这是一些文字这是一些文字这是一些文字这是一些文字这是一些文字这是一些文字这是一些文字这是一些文字这是一些文字这是一些文字这是一些文字这是一些文字这是一些文字这是一些文字这是一些文字这是一些文字这是一些文字这是一些文字这是一些文字这是一些文字这是一些文字这是一些文字这是一些文字这是一些文字</p>
</body>
</html>
```

代码运行结果如图15-4所示。

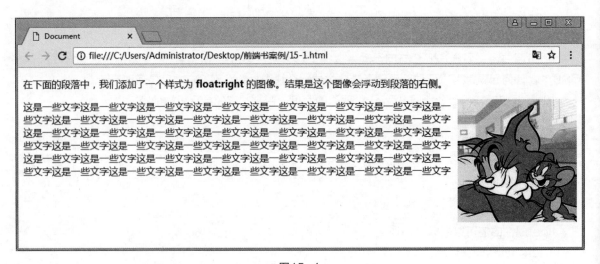

图15-4

⚠️ 【例15.2】 让图像平均分布

可以把盒子模型的实例使用浮动定位的方式来实现，并对比二者的不同，代码如下：

```
<!DOCTYPE html>
<html lang="en">
<head>
<meta charset="UTF-8">
<title>Document</title>
<style>
.container{
width: 600px;
height: 600px;
border:1px solid red;
background: #ccc;
}
img{
margin:50px;
float:right;
}
</style>
</head>
<body>
<div class="container">
<img src="tomjerry.jpg" alt="">
<img src="tomjerry.jpg" alt="">
<img src="tomjerry.jpg" alt="">
<img src="tomjerry.jpg" alt="">
</div>
</body>
</html>
```

代码运行结果如图15-5所示。

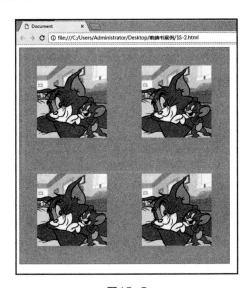

图15-5

在以上代码中，并没有对div和img元素之间的空格和换行进行处理，但是这些图片依然正常地平均分布在了div的内部，这就是float布局的好处。

15.3 position属性

通过position属性可以选择四种不同类型的定位，这会影响元素框生成的方式。

这个属性定义建立元素布局所用的定位机制。任何元素都可以定位，不过绝对或固定元素会生成一个块级框，而不论该元素本身是什么类型。相对定位元素会相对于它在正常流中的默认位置偏移。

position属性的值可以是以下几种：

- absolute：生成绝对定位的元素，相对于 static 定位以外的第一个父元素进行定位。元素的位置通过left、top、right以及bottom属性进行规定。
- fixed：生成绝对定位的元素，相对于浏览器窗口进行定位。元素的位置通过left、top、right以及bottom属性进行规定。
- relative：生成相对定位的元素，相对于其正常位置进行定位。例如，left:20会向元素的LEFT位置添加20像素。
- static：默认值。没有定位，元素出现在正常的流中，忽略top、bottom、left、right或者z-index声明。
- Inherit：规定应该从父元素继承position属性的值。

15.3.1 绝对定位

如果使用绝对定位（Position: absolute），元素框从文档流完全删除，并相对于其包含块定位。包含块可能是文档中的另一个元素或者是初始包含块。元素原先在正常文档流中所占的空间会关闭，就好像元素原来不存在一样。元素定位后生成一个块级框，而不论原来它在正常流中生成何种类型的框。

下面通过案例来帮助大家理解绝对定位。

⚠ 【例15.3】使用绝对定位

代码如下：

```
<!DOCTYPE html>
<html lang="en">
<head>
<meta charset="UTF-8">
<title>Document</title>
<style>
div{
width: 200px;
height: 200px;
}
.d1{
background: pink;
}
.d2{
background: lightblue;
```

```
}
.d3{
background: yellowgreen;
}
</style>
</head>
<body>
<div class="d1"></div>
<div class="d2"></div>
<div class="d3"></div>
</body>
</html>
```

代码运行结果如图15-6所示。

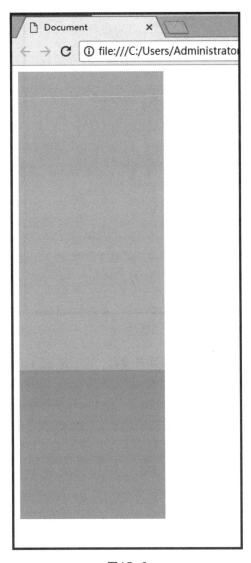

图15-6

这时，三个div元素都是正常地生成在页面当中，下面对第二个div使用绝对定位之后，再看结果如何。

```
.d2{
background: lightblue;
position:absolute;
}
```

代码运行结果如图15-7所示。

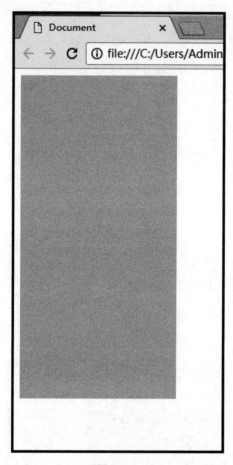

图15-7

这时，发现原来第三个div"消失了"。其实并没有，它只是被第二个div遮挡住了而已。因为对第二个div使用了绝对定位之后，就会使得第二个div完全脱离当前的文档流，在页面中形成一个虚拟的Z轴，其自身所占的物理空间也会空出来，所以原来第二个div所占空间空余出来且被第三个div补上，但是第三个div又会被第二个div遮挡住，可以采取移动第二个div的方法来显示被其遮挡住的元素。代码如下：

```
.d2{
background: lightblue;
position:absolute;
left: 100px;
top :300px;
}
```

代码运行结果如图15-8所示。

图15-8

需要注意一个细节，当元素进行定位时，一般是相对于页面进行定位。如果对一个容器的内部元素进行定位，那么需要对该容器也进行定位，一般建议使用position：relative。

15.3.2 相对定位

如果使用相对定位（position：relative），元素框偏移某个距离，元素仍保持其未定位前的形状，原本所占的空间仍保留。

与绝对定位不同的是，元素并不会脱离其原来的文档流，从页面中看上去，只是元素被移动了位置而已。下面通过一个案例来帮助大家理解相对定位。

⚠ 【例15.4】 使用相对定位

代码如下：

```
<!DOCTYPE html>
<html lang="en">
<head>
<meta charset="UTF-8">
<title>Document</title>
<style>
div{
width: 200px;
```

```
height: 200px;
}
.d1{
background: pink;
}
.d2{
background: lightblue;
position:relative;
left: 100px;
top :100px;
}
.d3{
background: yellowgreen;
}
</style>
</head>
<body>
<div class="d1"></div>
<div class="d2"></div>
<div class="d3"></div>
</body>
</html>
```

代码运行结果如图15-9所示。

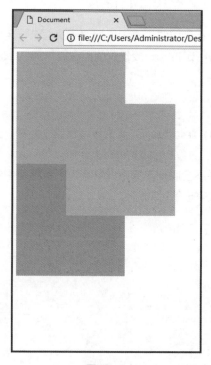

图15-9

从代码运行结果可以看出，元素虽然已经产生了偏移，但是其所占的物理空间位置依然保留，这也是为什么第三个div没有上移的原因。

15.3.3 固定定位

如果使用固定定位（position：fixed），元素框的表现类似于将position设置为absolute，不过其包含块是视窗本身。把元素固定在浏览器窗口的某一位置，并且不会随着文档的其他元素进行移动。

在很多的地方都可以看见固定定位，如购物类网站的右边都会有一个导航的菜单，如图15-10所示。

图15-10

请注意图中右边用边框框起来的部分，这就是利用CSS固定定位实现的。下面通过一个案例来帮助大家理解固定定位。

⚠ 【例15.5】 使用固定定位

代码如下：

```
<!DOCTYPE html>
<html lang="en">
<head>
<meta charset="UTF-8">
<title>Document</title>
<style>
body{
height:2000px;
}
.d1{
width: 200px;
height: 200px;
background: pink;
position:fixed;
bottom:100px;
right:100px;
}
</style>
```

```
</head>
<body>
<div class="d1"></div>
</body>
</html>
```

代码运行结果如图15-11所示。

图15-11

对div进行了固定定位，所以在随意滚动浏览器的滚动条时，右下角的div都始终保持在距离浏览器右边以及底部分别100px的位置。

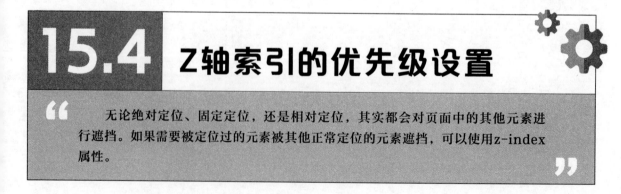

15.4 Z轴索引的优先级设置

> 无论绝对定位、固定定位，还是相对定位，其实都会对页面中的其他元素进行遮挡。如果需要被定位过的元素被其他正常定位的元素遮挡，可以使用z-index属性。

z-index属性设置元素的堆叠顺序，拥有更高堆叠顺序的元素总是会处于堆叠顺序较低的元素的前面。

【TIPS】

元素可拥有负的z-index属性值。z-index仅能在定位元素上奏效（如position:absolute;）。

该属性设置一个定位元素沿z轴的位置，z轴定义为垂直延伸到显示区的轴。如果为正数，则表示离用户更近。如果为负数，则表示离用户更远。

z-index属性的值可以是以下几种：

- auto：默认，堆叠顺序与父元素相等。
- number：设置元素的堆叠顺序。
- inherit：规定应该从父元素继承z-index属性的值。

下面通过一个案例来帮助大家理解z-index属性。

【例15.6】 使用z-index属性

代码如下：

```
<!DOCTYPE html>
<html lang="en">
<head>
<meta charset="UTF-8">
<title>Document</title>
<style>
body{
height:2000px;
}
div{
width: 200px;
height: 200px;
}
.d1{
background: pink;
}
.d2{
background: lightblue;
position:absolute;
top:100px;
left:100px;
}
.d3{
background: yellowgreen;
}
</style>
</head>
<body>
<div class="d1"></div>
<div class="d2"></div>
<div class="d3"></div>
```

```
</body>
</html>
```

代码运行结果如图15-12所示。

图15-12

以上代码是对第二个div进行绝对定位的操作，这时此div会对其他div元素进行遮挡。改变此div的z-index属性即可完成"下沉"操作，代码如下：

```
.d2{
background: lightblue;
position:absolute;
top:100px;
left:100px;
z-index: -1;
}
```

代码运行结果如图15-13所示。

图15-13

实例精讲　导航栏

> 本例将制作两个经典的导航栏，所用的技术都是之前所学到的关于CSS布局的知识。

在网页中经常会遇到横向导航栏，本例将使用div+css布局完成一个横向导航栏的制作。

Step 01 在HTML文档中新建一个ul列表，作为导航栏的基础结构部分，代码如下：

```
<ul id="nav">
<li>第1项</li>
<li>第2项</li>
<li>第3项</li>
```

```
<li>第4项</li>
</ul>
```

Step 02 为导航栏添加新的结构，即为每一项添加二级导航，代码如下：

```
<ul id="nav">
<li>第1项
<ul>
<li>first</li>
<li>second</li>
<li>third</li>
<li>fourth</li>
</ul>
</li>
<li>第2项
<ul>
<li>first</li>
<li>second</li>
<li>third</li>
<li>fourth</li>
</ul>
</li>
<li>第3项
<ul>
<li>first</li>
<li>second</li>
<li>third</li>
<li>fourth</li>
</ul>
</li>
<li>第4项
<ul>
<li>first</li>
<li>second</li>
<li>third</li>
<li>fourth</li>
</ul>
</li>
</ul>
```

这时就得到所有导航栏的结构了，代码运行结果如图15-14所示。

图15-14

Step 03 为编写CSS样式做准备。在页面中，有一些元素是自带内外边距的。例如，body和p元素都拥有8px的margin，UI元素也有这样的属性。在编写所有的CSS样式之前，需要先对整个页面中元素的内外边距进行初始化操作，代码如下：

```
*{
margin:0;padding:0;
}
```

Step 04 开始正式编写CSS样式代码。先把所有的列表标记属性消除（即消除列表标记的小圆点），然后给id为nav的列表一定的宽度，并且让其居中显示，代码如下：

```
ul{
list-style: none;
}
#nav{
Width: 800px;
height: 50px;
margin:20px auto;
}
```

Step 05 为#nav下面的子级li元素编写样式，首先使它们左浮动，再设置背景色，接着给一定的宽高属性，代码如下：

```
#nav>li{
width: 25%;
height: 50px;
float:left;
background: #ccc;
}
```

这时就能得到一个基础导航栏的样式，如图15-15所示。

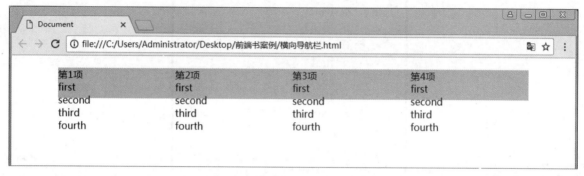

图15-15

Step 06 对这些元素的样式进行美化和加工，代码如下：

```
#nav>li{
width: 25%;
height: 50px;
float:left;
background: #ccc;
line-height: 50px;
text-align: center;
}
#nav>li ul{
width: 100%;
}
#nav>li ul li{
width: 100%;
height: 50px;
background: #ccc;
}
```

Step 07 让二级菜单在平时都隐藏起来，只有鼠标移入它们的父级一级菜单中时显示出来，代码如下：

```
#nav>li ul{
display:none;
}
```

```
#nav>li:hover ul{
display:block;
}
```

代码运行结果如图15-16所示。

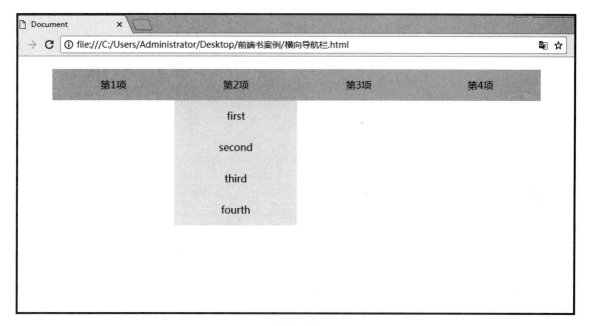

图15-16

Step 08 进行最后的美化操作，对鼠标当前移入的菜单项实现背景色变换，代码如下：

```
<!DOCTYPE html>
<html lang="en">
<head>
<meta charset="UTF-8">
<title>Document</title>
<style>
*{
margin:0;padding:0;
}
ul{
list-style: none;
}
#nav{
width: 800px;
height: 50px;
margin:20px auto;
}
#nav>li{
width: 25%;
height: 50px;
float:left;
```

```
background: #ccc;
line-height: 50px;
text-align: center;
}
#nav>li ul{
width: 100%;
}
#nav>li ul li{
width: 100%;
height: 50px;
background: #ccc;
}
#nav>li ul{
display:none;
}
#nav>li:hover ul{
display:block;
}
#nav li:hover{
background: #333;
color:#fff;
}
</style>
</head>
<body>
<ul id="nav">
<li>第1项
<ul>
<li>first</li>
<li>second</li>
<li>third</li>
<li>fourth</li>
</ul>
</li>
<li>第2项
<ul>
<li>first</li>
<li>second</li>
<li>third</li>
<li>fourth</li>
</ul>
</li>
<li>第3项
<ul>
<li>first</li>
<li>second</li>
<li>third</li>
<li>fourth</li>
</ul>
```

```
</li>
<li>第4项
<ul>
<li>first</li>
<li>second</li>
<li>third</li>
<li>fourth</li>
</ul>
</li>
</ul>
</body>
</html>
```

代码运行结果如图15-17所示。

图15-17

　　上面制作了一个横向导航栏，下面将模仿淘宝页面右边的侧边导航栏。其实，与横向导航栏相比，侧边导航栏的制作只是多了一些定位的运用，完整代码如下：

```
<!DOCTYPE html>
<html lang="en">
<head>
<meta charset="UTF-8">
<title>Document</title>
<style>
*{
margin:0;padding:0;
}
ul{
list-style: none;
}
#nav{
width:100px;
position:fixed;
```

```
top:100px;
right:100px;
}
#nav>li{
width: 100%;
height: 100px;
background: #ccc;
position:relative;
line-height: 50px;
text-align: center;
}
#nav>li ul{
width: 400px;
position:absolute;
top:0;
right:100px;
}
#nav>li ul li{
width: 100px;
height: 100px;
background: #ccc;
float:left;
}
#nav>li ul{
display:none;
}
#nav>li:hover ul{
display:block;
}
#nav li:hover{
background: #333;
color:#fff;
}
</style>
</head>
<body>
<ul id="nav">
<li>第1项
<ul>
<li>first</li>
<li>second</li>
<li>third</li>
<li>fourth</li>
</ul>
</li>
<li>第2项
<ul class="sec_nav">
<li>first</li>
<li>second</li>
```

```
<li>third</li>
<li>fourth</li>
</ul>
</li>
<li>第3项
<ul>
<li>first</li>
<li>second</li>
<li>third</li>
<li>fourth</li>
</ul>
</li>
<li>第4项
<ul>
<li>first</li>
<li>second</li>
<li>third</li>
<li>fourth</li>
</ul>
</li>
</ul>
</body>
</html>
```

代码运行结果如图15-18所示。

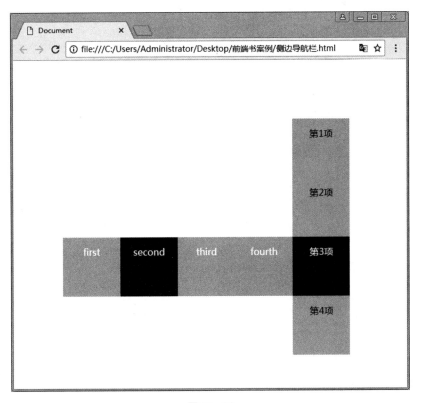

图15-18

本章小结

本章主要讲解了CSS定位的知识，其中包括浮动定位、绝对定位、相对定位等方式。这些定位方式能够写出一些平时正常定位很难做到的页面效果。本章也是学习CSS的一个难点部分，大家一定多多练习以便熟练掌握。

读书笔记

Chapter

16

光标和滤镜

本章概述

　　鼠标的光标在网页设计中的作用不言而喻，一个适当的光标可以明显提升用户的使用体验。同时，CSS提供了非常强大的滤镜功能，在网页设计中可以实现更多的网页特效。本章就来讲解CSS鼠标光标和滤镜的知识。

重点知识

- 光标属性
- 滤镜属性

16.1 光标属性

> 光标，即鼠标在网页中或在屏幕上显示出的样式，一个适当的光标会传达正确的用户体验。例如：在网页卡顿时，光标需要出现等待刷新的样式；在需要改变页面元素的大小时，需要变成调节大小的样式。总之，光标在页面中如何正确地显示是不能忽视的问题。

cursor属性规定要显示光标的类型（形状），它定义了鼠标指针放在一个元素边界范围内时所用的光标形状。

cursor属性的值可以是以下几种：

- default：默认光标（通常是一个箭头）。
- auto：默认，浏览器设置的光标。
- crosshair：光标呈现为十字线。
- pointer：光标呈现为指示链接的指针（一只手）。
- move：光标指示某对象可被移动。
- e-resize：光标指示矩形框的边缘可被向右（东）移动。
- ne-resize：光标指示矩形框的边缘可被向上及向右移动（北/东）。
- nw-resize：光标指示矩形框的边缘可被向上及向左移动（北/西）。
- n-resize：光标指示矩形框的边缘可被向上（北）移动。
- se-resize：光标指示矩形框的边缘可被向下及向右移动（南/东）。
- sw-resize：光标指示矩形框的边缘可被向下及向左移动（南/西）。
- s-resize：光标指示矩形框的边缘可被向下移动（南）。
- w-resize：光标指示矩形框的边缘可被向左移动（西）。
- text：光标指示文本。
- wait：光标指示程序正忙，通常是一只表或沙漏。
- help：光标指示可用的帮助，通常是一个问号或一个气球。

下面将通过一个实例来讲解cursor属性。

⚠ 【例16.1】使用cursor属性

代码如下：

```
<!DOCTYPE html>
<html lang="en">
<head>
<meta charset="UTF-8">
<title>Document</title>
<style>
div{
width: 100px;
```

```
height: 100px;
background: #ccc;
cursor:pointer;
}
</style>
</head>
<body>
<p>鼠标放入div会出现链接类的小手</p>
<div></div>
</body>
</html>
```

16.2　滤镜属性

> filter属性定义了元素（通常是\<img\>）的可视效果，如模糊与饱和度。可以
> 为网页中的元素（如文本和图片）设置不一样的外观显示，使得页面丰富多彩。

16.2.1 不透明度alpha

使用filter:alpha可以改变元素的不透明度，并且在IE浏览器中也是正常使用的，但是在火狐浏览器中则需要使用-moz-opacity。

filter: alpha的具体参数如下：

- filter: alpha(opacity=0, finishopacity=100, style=2, startx=0, starty=5, finishx=200, finisyY=195)
- opacity：透明度级别，范围是0～100，0代表完全透明，100代表完全不透明。
- finishopacity：在设置渐变的透明效果时，用来指定结束时的透明度，范围是0～100。
- style：设置渐变透明的样式，值为0代表统一形状，1代表线形，2代表放射状，3代表长方形。
- startx和starty：代表渐变透明效果开始时的X和Y坐标。
- finishx和finishy：代表渐变透明效果结束时的X和Y坐标。

上面的方法在IE浏览器中可以正常运行，如果要兼容IE和火狐两个浏览器，则需要这样写入代码：

```
filter:alpha(opacity=30);
-moz-opacity:0.3;
opacity: 0.3;
```

因为IE和火狐浏览器都有其私有属性，IE的私有属性为filter: alpha，火狐的私有属性为-moz-opacity。

16.2.2 设置图片不透明度

通过一个简单的实例介绍如何在网页中设置图片的不透明度，让图片在正常情况下的不透明度为50%，鼠标移入之后则100%显示。

⚠ **【例16.2】设置图片的不透明度**

代码如下：

```
<!DOCTYPE html>
<html lang="en">
<head>
<meta charset="UTF-8">
<title>Document</title>
<style>
body{
background: #ccc;
}
h1{text-align: center;}
.container{
width: 750px;
margin:20px auto;
height: 500px;
border:1px solid #fff;
background: #fff;
padding:25px;
}
img{
display:block;
float:left;
margin:25px;
filter:alpha(opacity=50);
-moz-opacity:0.5;
opacity: 0.5;
}
img:hover{
filter:alpha(opacity=100);
-moz-opacity:1;
opacity: 1;
}
</style>
</head>
<body>
<h1>鼠标移入图片正常显示</h1>
<div class="container">
<img src="tomjerry.jpg" alt="">
<img src="tomjerry.jpg" alt="">
<img src="tomjerry.jpg" alt="">
<img src="tomjerry.jpg" alt="">
```

```
<img src="tomjerry.jpg" alt="">
<img src="tomjerry.jpg" alt="">
</div>
</body>
</html>
```

代码运行结果如图16-1所示。

图16-1

本章小结

　　本章讲解了CSS中光标属性的知识，这部分知识非常简单，只需要记住几个常用的值即可。另外，介绍了如何使用滤镜，即对页面中的元素设置透明度。

Chapter

17

CSS3概述及
新增功能

本章概述

　　CSS3是CSS技术的升级版本，CSS3语言开发是朝着模块化发展的。以前的规范作为一个模块实在是太庞大，而且比较复杂，所以把它分解为一些小的模块，另外更多新的模块也被加入进来。

重点知识

- CSS3简介
- 新增长度单位
- 新增结构性伪类
- 新增UI元素状态伪类
- 新增属性和其他

17.1 CSS3简介

> CSS即层叠样式表（Cascading StyleSheet）。在制作网页时，采用层叠样式表技术可以有效地对页面的布局、字体、颜色、背景和其他效果实现更加精确的控制。只要对相应的代码做一些简单的修改，就可以改变同一页面的不同部分，或者页数不同的网页的外观和格式。CSS3是CSS技术的升级版本，CSS3的语言开发是朝着模块化方向发展的。

17.1.1 CSS3与之前版本的异同点

CSS3和之前的版本都是网页样式的code，都是通过对样式表的编辑来达到美化页面的效果，它们都是实现页面内容和样式相分离的手段。

CSS3与之前的版本相比，它引入了更多的样式选择，更多的选择器，加入了新的页面样式与动画等。CSS3的语言开发是朝着模块化方向发展的。以前的规范作为一个模块实在是太庞大，而且比较复杂，所以把它分解为一些小的模块，而且更多新的模块也被加入进来。但是CSS3在提供更多网页样式与特效的同时，也产生了一些兼容性问题。例如，CSS3之前版本几乎在全浏览器中获得支持，而CSS3对浏览器厂商提出了要求，使得一些不能很好地兼容CSS3新特性的浏览器厂商不得不尽快升级浏览器的内核，甚至有的浏览器厂商直接更换了之前的内核。

17.1.2 浏览器支持情况

现在，基本上各大浏览器厂商都已经能够很好地兼容CSS3新特性了，只是在一些个别的浏览器的低版本中还是不支持。

浏览器对CSS3的支持情况不完全一样，opera是对新特性支持度最高的浏览器，其他的四大浏览器厂商的支持情况几乎差不多。在选择浏览器的时候，尽量使用各大浏览器厂商生产的最新版本浏览器。

再次提醒大家，在选用IE浏览器时，一定不要选用IE9以下的版本，因为它们几乎不支持CSS3的新特性。

17.2 新增长度单位

> rem是CSS3中新增的长度单位。区别于em，rem是一个相对单位，相对于根元素的字体大小的单位。

rem（font size of the root element）是指相对于根元素的字体大小的单位，但它与em单位不同，em（font size of the element）是指相对于父元素的字体大小的单位。rem的计算规则是依赖根元素，em的计算规则是依赖父元素计算。

在计算子元素的尺寸时，只要根据HTML元素的字体大小计算即可。不再像使用em时，要找父元素的字体大小，然后进行频繁的计算，根本就离不开计算器。

HTML的字体大小设置为font-size:62.5%。浏览器默认字体大小是16px，1rem=10px，10/16=0.625=62.5%，所以为了子元素相关尺寸的计算方便，就将HTML的字体大小表示为font-size：62.5%。只要将设计稿中量到的px尺寸除以10，就得到了相应的rem尺寸。

下面通过一个实例来领略rem的风采。

⚠ 【例17.1】使用rem

代码如下：

```
<!DOCTYPE html>
<html lang="en">
<head>
<meta charset="UTF-8">
<title>Document</title>
<style>
html{font-size: 62.5%;}
p{font-size: 2rem;}
div{font-size: 2em}
</style>
</head>
<body>
<p>这是<span>p标签</span>内的文本</p>
<div>这是<span>div标签</span>中的文本</div>
</body>
</html>
```

代码运行结果如图17-1所示。

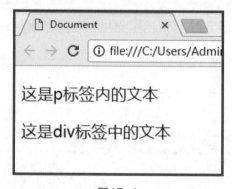

图17-1

从以上代码看，好像两种单位并没有什么区别，因为页面中的文字大小是完全相同的。如果分别对p和div标签中的span元素进行字体大小的设置，看看它们会发生什么变化，代码如下：

```
p span{font-size: 2rem;}
div span{font-size: 2em;}
```

代码运行结果如图17-2所示。

图17-2

p标签中的span元素采用rem为单位，元素内的文本并没有任何变化，而在div标签中的span元素采用em单位，文本大小已经产生了二次计算的结果。这也是写页面时经常会遇到的问题，经常会因为不小心导致文本大小被二次计算，只能修改以前的代码，很影响工作效率。

17.3 新增结构性伪类

> CSS3提供了一些新的伪类，它们的名字叫结构性伪类。结构性伪类选择器的公共特征是允许开发者根据文档结构来指定元素的样式。

CSS3中新增的结构性伪类如下。

1. :root

匹配文档的根元素。在HTML中，根元素永远是HTML。

2. :empty

匹配没有任何子元素（包括text节点）的元素E。

⚠ 【例17.2】使用:empty选择器

代码如下：

```
<!DOCTYPE html>
<html lang="en">
<head>
```

```
<meta charset="UTF-8">
<title>Document</title>
<style>
div:empty{
width: 100px;
height: 100px;
background: #f0f000;
}
</style>
</head>
<body>
<div>我是div的子级，我是文本</div>
<div></div>
<div>
<span>我是div的子级，我是span标签</span>
</div>
</body>
</html>
```

代码运行结果如图17-3所示。

图17-3

3. :nth-child(n)

使用:nth-child(n)选择器匹配属于其父元素的第N个子元素，而不考虑元素的类型，n可以是数字、关键词或公式。

⚠️【例17.3】使用:nth-child(n)选择器

代码如下：

```
<!DOCTYPE html>
<html lang="en">
<head>
<meta charset="UTF-8">
```

```
<title>Document</title>
<style>
ul li:nth-child(3){
color:red;
}
</style>
</head>
<body>
<ul>
<div>items0</div>
<li>items1</li>
<li>items2</li>
<li>items3</li>
<li>items4</li>
</ul>
</body>
</html>
```

代码运行结果如图17-4所示。

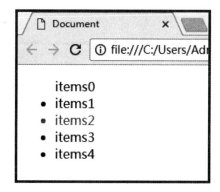

图17-4

公式:nth-child(n)其中的"n"为关键词，代码如下：

```
ul li:nth-child(even){
color:red;
}
ul li:nth-child(odd){
color:green;
}
```

代码运行结果如图17-5所示。

图17-5

公式（an+b）：表示周期的长度，n是计数器（从0开始），b是偏移值，代码如下：

```
ul li:nth-child(2n+1){
color:red;
}
```

代码运行结果如图17-6所示。

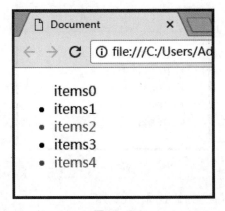

图17-6

4. :nth-of-type(n)

使用:nth-of-type(n)选择器匹配属于父元素的特定类型的第N个子元素的每个元素，n可以是数字、关键词或公式。

需要注意的是，nth-child和nth-of-type是不同的，前者是不论元素类型的，后者是从选择器的元素类型开始计数。

在例17.3中，如果使用:nth-of-type(3)，会选到items3的元素，而不是items2的元素。

⚠ 【例17.4】 使用:nth-of-type(n)选择器

代码如下：

```
<!DOCTYPE html>
<html lang="en">
```

```
<head>
<meta charset="UTF-8">
<title>Document</title>
<style>
ul li:nth-of-type(3){
color:red;
}
</style>
</head>
<body>
<ul>
<div>items0</div>
<li>items1</li>
<li>items2</li>
<li>items3</li>
<li>items4</li>
</ul>
</body>
</html>
```

代码运行结果如图17-7所示。

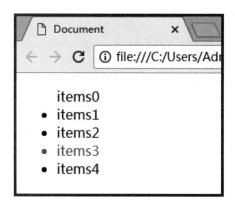

图17-7

参数n的用法与nth-child(n)中的参数n的用法相同。

5. :last-child

使用:last-child选择器匹配属于父元素的最后一个子元素的每个元素。

6. :nth-last-of-type(n)

使用:nth-last-of-type(n)选择器匹配属于父元素的特定类型的第N个子元素的每个元素,从最后一个子元素开始计数,n可以是数字、关键词或公式。

7. :nth-last-child(n)

使用:nth-last-child(n) 选择器匹配属于父元素的第N个子元素的每个元素,不论元素的类型,从最后一个子元素开始计数,n可以是数字、关键词或公式。

【TIPS】

p:last-child等同于p:nth-last-child(1)。

8. :only-child

使用:only-child选择器匹配属于父元素的唯一子元素的每个元素。

⚠ 【例17.5】 使用:only-child选择器

代码如下:

```
<!DOCTYPE html>
<html lang="en">
<head>
<meta charset="UTF-8">
<title>Document</title>
<style>
p:only-child{
color:red;
}
span:only-child{
color:green;
}
</style>
</head>
<body>
<div>
<p>items0</p>
</div>
<ul>
<li>items1</li>
<li>items2</li>
<li>items3</li>
<li>items4</li>
<span>items5</span>
</ul>
</body>
</html>
```

代码运行结果如图17-8所示。

图17-8

虽然分别对p和span元素设置了文本颜色属性，但是只有p元素有效，因为p元素是div下的唯一子元素。

9. :only-of-type

使用:only-of-type 选择器匹配属于父元素的特定类型的唯一子元素的每个元素。

⚠ 【例17.6】使用:only-of-type选择器

代码如下：

```
<!DOCTYPE html>
<html lang="en">
<head>
<meta charset="UTF-8">
<title>Document</title>
<style>
p:only-of-type{
color:red;
}
span:only-of-type{
color:green;
}
</style>
</head>
<body>
<div>
<p>items0</p>
</div>
<ul>
<li>items1</li>
<li>items2</li>
<li>items3</li>
<li>items4</li>
<span>items5</span>
</ul>
</body>
</html>
```

代码运行结果如图17-9所示。

图17-9

17.4 新增UI元素状态伪类

> CSS3提供了新的UI元素状态伪类，这些伪类为表单元素提供了更多的选择。

CSS3中新增的UI元素状态伪类如下。

1. :checked

使用:checked选择器匹配每个已被选中的input元素，只用于单选按钮和复选框。

2. :enabled

使用:enabled选择器匹配每个已启用的元素，大多用在表单元素上。

【例17.7】 为所有已启用的input元素设置背景色

代码如下：

```
<!DOCTYPE html>
<html lang="en">
<head>
<style>
input:enabled
{
background:#ffff00;
}
input:disabled
{
background:#dddddd;
}
```

```
</style>
</head>
<body>
<form action="">
First name: <input type="text" value="Mickey" /><br>
Last name: <input type="text" value="Mouse" /><br>
Country: <input type="text" disabled="disabled" value="Disneyland" /><br>
Password: <input type="password" name="password" /><br>
<input type="radio" value="male" name="gender" /> Male<br>
<input type="radio" value="female" name="gender" /> Female<br>
<input type="checkbox" value="Bike" /> I have a bike<br>
<input type="checkbox" value="Car" /> I have a car
</form>
</body>
</html>
```

代码运行结果如图17-10所示。

图17-10

3. :disabled

使用:disabled 选择器选取所有禁用的表单元素，它与:enabled用法类似，这里不再举例。

4. ::selection

使用::selection 选择器匹配被用户选取的选取是部分。只能向 ::selection 选择器应用少量的CSS属性，包括color、background、cursor、outline。

⚠ 【例17.8】使用::selection选择器

代码如下：

```
<!DOCTYPE html>
<html lang="en">
<head>
<style>
::selection{
```

```
color:red;
}
</style>
</head>
<body>
<h1>请选择去页面中的文本</h1>
<p>这是一段文字</p>
<div>这是一段文字</div>
<a href="#">这是一段文字</a>
</body>
</html>
```

代码运行结果如图17-11所示。

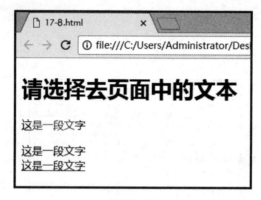

图17-11

17.5 新增属性和目标伪类

> CSS3提供了一些属性选择器和目标伪类选择器。

在CSS3中具体新增的特性下面将一一介绍。

1. :target

使用:target 选择器选取当前活动的目标元素。

⚠️【例17.9】使用:target选择器

代码如下：

```
<!DOCTYPE html>
<html lang="en">
<head>
```

```
<style>
div{
width: 200px;
height: 200px;
background: #ccc;
margin:20px;
}
:target{
background: #f46;
}
</style>
</head>
<body>
<h1>请点击下面的链接</h1>
<p><a href="#content1">跳转到第一个div</a></p>
<p><a href="#content2">跳转到第二个div</a></p>
<hr/>
<div id="content1"></div>
<div id="content2"></div>
</body>
</html>
```

代码运行结果如图17-12所示。

图17-12

在页面中单击第二个链接，页面中最明显的显示就是第二个div的背景色改变了。

2. :not

使用:not(selector)选择器匹配非指定元素/选择器的每个元素。

⚠ 【例17.10】 使用:not选择器

代码如下：

```html
<!DOCTYPE html1>
<html1 lang="en">
<head>
<style>
:not(p){
border:1px solid red;
}
</style>
</head>
<body>
<span>这是span内的文本</span>
<p>这是第1行p标签文本</p>
<p>这是第2行p标签文本</p>
<p>这是第3行p标签文本</p>
<p>这是第4行p标签文本</p>
</body>
</html1>
```

代码运行结果如图17-13所示。

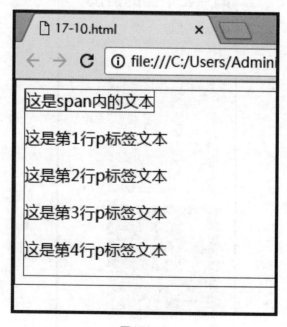

图17-13

在上面这段代码中，选中了所有的非<p>元素，除了<span>之外，<body>和<html>也被选中了。

3. [attribute]

使用[attribute]选择器选取带有指定属性的元素。

⚠ 【例17.11】 使用[attribute]选择器

选中页面中所有带有title属性的元素，并且添加文本样式，代码如下：

```
<!DOCTYPE html>
<html lang="en">
<head>
<style>
[title]{
color:red;
}
</style>
</head>
<body>
<span title="">这是span内的文本</span>
<p>这是第1行p标签文本</p>
<p title="">这是第2行p标签文本</p>
<p>这是第3行p标签文本</p>
<p>这是第4行p标签文本</p>
</body>
</html>
```

代码运行结果如图17-14所示。

图17-14

4. [attribute~=value]

使用[attribute~=value]选择器选取属性值中包含指定词汇的元素。

⚠ 【例17.12】 使用[attribute~=value]选择器

选中所有页面中title属性带有文本txt的元素，代码如下：

```
<!DOCTYPE html>
<html lang="en">
<head>
<style>
[title~=txt]{
color:red;
}
</style>
</head>
<body>
<span title="txt">这是span内的文本</span>
<p>这是第1行p标签文本</p>
<p title="my txt">这是第2行p标签文本</p>
<p>这是第3行p标签文本</p>
<p>这是第4行p标签文本</p>
</body>
</html>
```

代码运行结果如图17-15所示。

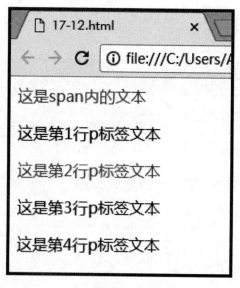

图17-15

本章小结

本章介绍了CSS3中的新选择器，包括新的结构性伪类、UI元素状态伪类等。通过本章的学习，大家对CSS选择器的操作会得心应手。

读书笔记

Chapter

18

CSS3文本与
边框样式

本章概述

　　CSS3的新文本样式为页面中的文本带来了新活力，让页面中的文本显得更加生动多彩。通过CSS3还能创建圆角边框，向矩形添加阴影，使用图片来绘制边框，并且不需使用设计软件（如Photoshop）。

重点知识

- 文本阴影
  text-shadow
- 文本溢出
  text-overflow
- 文本换行
  word-wrap

- 单词拆分
  word-break
- 圆角边框
  border-radius

- 盒子阴影
  box-shadow
- 边界边框
  border-image

18.1 文本阴影text-shadow

　　使用text-shadow属性可以为文本设置阴影。在text-shadow还没有出现时，如果在网页设计中添加阴影，则需要用Photoshop制作图片。有了CSS3，可以直接使用text-shadow属性来指定阴影。这个属性有两个作用：产生阴影和模糊主体。这样，在不使用图片时，也能给文字增加质感。

　　使用text-shadow属性可以为文本添加一个或多个阴影。该属性是逗号分隔的阴影列表，每个阴影由两或三个长度值和一个可选的颜色值进行规定，省略的长度是0。

　　text-shadow属性有四个值，要按照顺序排列：

- h-shadow：必需，水平阴影的位置，允许负值。
- v-shadow：必需，垂直阴影的位置，允许负值。
- blur：可选，模糊的距离。
- color：可选，阴影的颜色。

　　下面通过一个实例来了解text-shadow属性。

⚠ 【例18.1】 使用text-shadow属性

　　代码如下：

```
<!DOCTYPE html>
<html lang="en">
<head>
<style>
p{
text-shadow: 5px 10px 0 red;
}
</style>
</head>
<body>
<p>我是测试文字阴影的文本</p>
</body>
</html>
```

　　代码运行结果如图18-1所示。

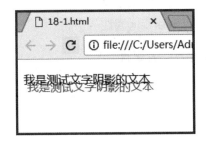

图18-1

在页面中仿佛看见了重影的两段文字，其实并不是这样，因为并没有对红色的文字投影进行模糊处理。如果想要阴影变得逼真一些，可以对阴影进行模糊处理，代码如下：

```
p{
text-shadow: 5px 10px 10px red;
}
```

代码运行结果如图18-2所示。

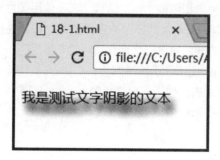

图18-2

18.2 文本溢出text-overflow

> 在编辑网页文本时，经常会遇到文字因太多而超出容器的尴尬问题，CSS3新特性为我们带来了解决方案。

text-overflow属性规定当文本溢出包含元素时发生的事情，语法如下：

```
text-overflow: clip|ellipsis|string;
```

text-overflow属性的值可以是以下几种：
● clip：修剪文本。
● ellipsis：显示省略符号来代表被修剪的文本。
● string：使用给定的字符串来代表被修剪的文本。
下面我们通过一个实例了解text-overflow属性。

⚠ 【例18.2】使用text-overflow属性
代码如下：

```
<!DOCTYPE html>
<html>
<head>
```

```
<style>
div.test{
white-space:nowrap;
width:12em;
overflow:hidden;
border:1px solid #000000;
}
div.test:hover{
text-overflow:inherit;
overflow:visible;
}
</style>
</head>
<body>
<p>如果您把光标移动到下面两个 div 上，就能够看到全部文本。</p>
<p>这个 div 使用 "text-overflow:ellipsis" : </p>
<div class="test" style="text-overflow:ellipsis;">This is some long text
that will not fit in thebox</div>
<p>这个 div 使用 "text-overflow:clip": </p>
<div class="test" style="text-overflow:clip;">This is some long text that
will not fit in the box</div>
</body>
</html>
```

代码运行结果如图18-3所示。

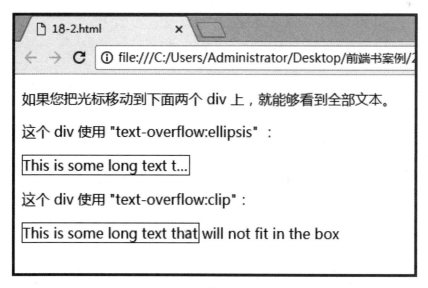

图18-3

18.3 文本换行word-wrap

> 在编辑网页文本时，经常会遇到单词因太长超出容器一行的尴尬问题，CSS3的新特性为我们带来了解决方案。

word-wrap属性允许长单词或URL地址换行到下一行。

⚠ **【例18.3】使用word-wrap属性**

代码如下：

```html
<!DOCTYPE html>
<html>
<head>
<style>
p.test{
width:11em;
border:1px solid #000000;
}
</style>
</head>
<body>
<p class="test">
This paragraph contains a very long word: thisisaveryveryveryveryveryveryverylon
gword. The long word will break and wrap to the next line.
</p>
</body>
</html>
```

代码运行结果如图18-4所示。

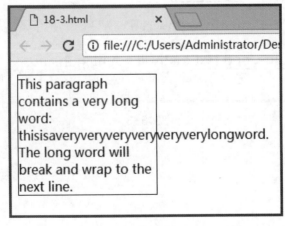

图18-4

此时可以看见，一个长单词超出了容器的范围，而解决方案如下：

```
word-wrap: break-word;
```

修改后的运行结果如图18-5所示。

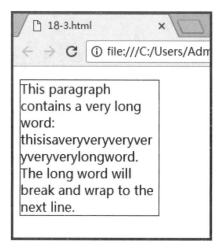

图18-5

18.4 单词拆分word-break

word-break属性规定自动换行的处理方法，使用它可以让浏览器实现在任意位置的换行。

word-break 属性的值可以使以下几种：

- normal：使用浏览器默认的换行规则。
- break-all：允许在单词内换行。
- keep-all：只能在半角空格或连字符处换行。

word-break和word-warp属性都是关于自动换行的操作，它们之间有什么区别呢？通过一个实例来理解两者的区别。

⚠ 【例18.4】 word-break属性和word-warp属性的区别

代码如下：

```
<!DOCTYPE html1>
<html1>
<head>
<style>
p.test1{
width:11em;
border:1px solid #000000;
```

```
word-wrap: break-word;
}
p.test2{
width:11em;
border:1px solid #000000;
word-break:break-all;
}
</style>
</head>
<body>
<p class="test1">This is a veryveryveryveryveryveryveryveryveryvery long
paragraph.</p>
<p class="test2">This is a veryveryveryveryveryveryveryveryveryvery long
paragraph.</p>
</body>
</html>
```

代码运行结果如图18-6所示。

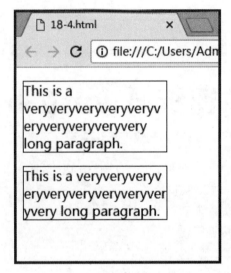

图18-6

18.5 圆角边框border-radius

border-radius属性是一个简写属性，用于设置四个border-*-radius属性，语法如下：

```
border-radius: 1-4 length|% / 1-4 length|%;
```

320

四个border-*-radius属性的顺序如下：

- border-top-left-radius：左上。
- border-top-right-radius：右上。
- border-bottom-right-radius：右下。
- border-bottom-left-radius：左下。

在圆角边框属性出现之前，如果想要得到一个带有圆角边框的按钮，则需要借助一些绘图软件才可以实现。这样做的缺点是：一个页面中的元素需要美工和前端两个人配合才能完成，大大降低了工作效率；图片要比几行代码大许多，这就导致页面加载速度变慢，用户体验极其不好。

下面就用CSS3的圆角边框属性来写一个让人惊艳的扁平化按钮吧！

⚠ 【例18.5】使用border-radius属性

代码如下：

```
<!DOCTYPE html>
<html lang="en">
<head>
<meta charset="UTF-8">
<title>Document</title>
<style>
body{
background: #ccc;
}
div{
width: 200px;
height: 50px;
margin:20px auto;
font-size: 30px;
line-height: 45px;
text-align: center;
color:#fff;
border:2px solid #fff;
border-radius: 10px;
}
</style>
</head>
<body>
<div>button</div>
</body>
</html>
```

代码运行结果如图18-7所示。

是不是很酷？以后就可以在不借助任何绘图软件的情况下，完成一个酷炫的按钮了。当然，圆角边框的作用不仅是制作一个圆角按钮而已。至于它更多的用法，就要靠大家去发掘啦！

图18-7

18.6 盒子阴影box-shadow

> CSS3提供了盒子阴影，利用它可以制作3D效果。

使用box-shadow属性可以向框添加一个或多个阴影，语法如下：

```
box-shadow: h-shadow v-shadow blur spread color inset;
```

box-shadow属性是由逗号分隔的阴影列表，每个阴影由2~4个长度值、可选的颜色值、可选的inset关键词来规定，省略长度的值是0。

box-shadow属性的值包含了以下几个：

- h-shadow：必需，水平阴影的位置，允许负值。
- v-shadow：必需，垂直阴影的位置，允许负值。
- blur：可选，模糊距离。
- spread：可选，阴影的尺寸。
- color：可选，阴影的颜色。
- inset：可选，将外部阴影（outset）改为内部阴影。

可以结合圆角边框按钮制作一个炫酷的按钮。当然，这个按钮是之前的按钮的升级版。

⚠ 【例18.6】使用box-shadow属性

代码如下：

```
<!DOCTYPE html>
<html lang="en">
<head>
<meta charset="UTF-8">
<title>Document</title>
<style>
body{
background: #ccc;
}
div{
width: 200px;
height: 50px;
margin:30px auto;
font-size: 30px;
line-height: 45px;
text-align: center;
color:#fff;
border:5px solid #fff;
border-radius: 10px;
background: #f46;
cursor:pointer;
}
div:hover{
box-shadow: 0 10px 40px 5px #f46;
}
</style>
</head>
<body>
<div>button</div>
</body>
</html>
```

代码运行结果如图18-8所示。

图18-8

18.7 边界边框border-image

border-image属性规定可以使用图片作为元素的边框。它再次为Web前端工程师带来福音，利用它可以自定义更加有趣美观的元素边框了，而不是只能使用原来CSS预设的那些边框。

border-image属性是一个简写属性，用于设置以下属性：border-image-source、border-image-slice、border-image-width、border-image-outset、border-image-repeat。

如果省略值，代码会设置其默认值。

border-image属性的值包括以下几个：

- border-image-source：用于边框的图片的路径。
- border-image-slice：图片边框向内偏移。
- border-image-width：图片边框的宽度。
- border-image-outset：边框图像区域超出边框的量。
- border-image-repeat：图像边框是否应平铺（repeated）、铺满（rounded）或拉伸（stretched）。

下面用一个实例了解border-image属性。

⚠ 【例18.7】使用border-image属性

代码如下：

```
<!DOCTYPE html>
<html>
<head>
<style>
div{
border:15px solid transparent;
width:300px;
padding:10px 20px;
}
#round{
-moz-border-image:url(/i/border.png) 30 30 round;        /* Old Firefox */
-webkit-border-image:url(/i/border.png) 30 30 round;  /* Safari and Chrome */
-o-border-image:url(/i/border.png) 30 30 round;         /* Opera */
border-image:url(/i/border.png) 30 30 round;
}
#stretch{
-moz-border-image:url(/i/border.png) 30 30 stretch;      /* Old Firefox */
-webkit-border-image:url(/i/border.png) 30 30 stretch;   /* Safari and
Chrome */
-o-border-image:url(/i/border.png) 30 30 stretch;        /* Opera */
border-image:url(/i/border.png) 30 30 stretch;
}
</style>
```

```
</head>
<body>
<div id="round">在这里，图片铺满整个边框。</div>
<br>
<div id="stretch">在这里，图片被拉伸以填充该区域。</div>
<p>这是我们使用的图片：</p>
<img src="border.png">
</body>
</html>
```

代码运行结果如图18-9所示。

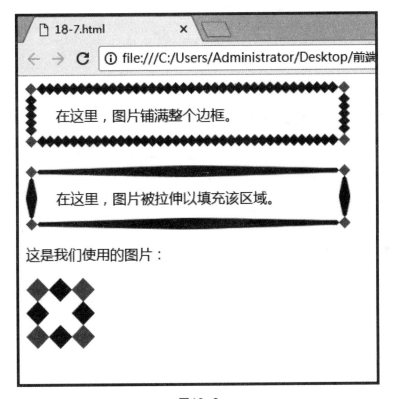

图18-9

本章小结

　　本章讲解了CSS3的文本样式，包括文本阴影、自动换行等。CSS3的新特性为处理页面文本添加了新的武器。

　　CSS3中的边框属性包括圆角边框、盒子阴影、边界边框。CSS3边框属性使得Web前端工程师的创作自由度大大拓展，可以设计出更好看的边框样式。

读书笔记

Chapter

19

CSS3背景

本章概述

CSS3提供了更多的背景属性，也使得Web前端工程师能够更好地控制背景。

重点知识

- 多重背景图片
- 背景尺寸
- 背景的绘制区域

19.1 多重背景图片

> 在以前的CSS版本中，只能在元素中载入一张背景图片。如果想让元素显示多张背景图片，则会使用repeat功能进行平铺。但在CSS3中，可以在一个元素中载入多张背景图片，这样就为背景图片功能带来了更强大的灵活性。

想要使用多重背景图片功能，只需要对background-image属性的值进行修改。

⚠ 【例19.1】设置多重背景图片

代码如下：

```
<!DOCTYPE html>
<html lang="en">
<head>
<meta charset="UTF-8">
<title>Document</title>
<style>
div{
width: 800px;
height: 413px;
background-image:url('花.png'),url('点.jpg');
background-position: right bottom;
background-repeat: no-repeat;
}
</style>
</head>
<body>
<div></div>
</body>
</html>
```

代码运行结果如图19-1所示。

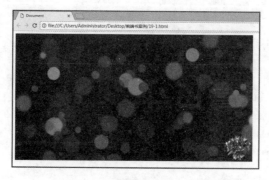

图19-1

19.2 背景尺寸

在CSS3之前，背景图片的尺寸是由图片的实际尺寸决定的，所以对图片和页面中元素的尺寸的要求非常严格。它们的尺寸必须完全一致，才能刚好匹配，否则就会出现背景图片展示不完全，或者元素内有留白的情况。但在CSS3中，可以使用background-size属性规定背景图片的尺寸，这就允许可以在不同的环境中重复使用背景图片了。

能够以像素或百分比规定尺寸。如果以百分比规定尺寸，那么尺寸就相对于父元素的宽度和高度。

⚠ 【例19.2】设置背景图片的尺寸

代码如下：

```
<!DOCTYPE html>
<html lang="en">
<head>
<meta charset="UTF-8">
<title>Document</title>
<style>
body{
background-image: url('风景.jpg');
background-repeat: no-repeat;
}
</style>
</head>
<body>
</body>
</html>
```

代码运行结果如图19-2所示。

图19-2

此时页面中出现了留白，如果想让背景图片刚好适应屏幕大小，只需要使用CSS3中的background-size属性即可，语法如下：

```
background-size: 100% 100%;
```

代码运行结果如图19-3所示。

图19-3

19.3 背景的绘制区域

> 在CSS3中，不仅能够定义背景的尺寸，还可以定义背景的绘制区域。

background-origin属性规定background-position属性相对于什么位置来定位。如果背景图像的background-attachment属性为fixed，则该属性没有效果，语法如下：

```
background-origin: padding-box|border-box|content-box;
```

background-origin属性的值可以是以下几种：

- padding-box: 背景图像相对于内边距框来定位。
- border-box: 背景图像相对于边框盒来定位。
- content-box: 背景图像相对于内容框来定位。

下面我们通过一个实例来了解background-origin属性。

⚠ 【例19.3】 使用background-origin属性

代码如下：

```
<!DOCTYPE html>
<html lang="en">
<head>
<meta charset="UTF-8">
```

```
<title>Document</title>
<style>
div{
width: 500px;
height: 200px;
border:1px solid red;
padding:50px;
margin:20px;
background-image: url('花.png');
background-repeat: no-repeat;
}
.d1{
background-origin: content-box;
}
.d2{
background-origin: border-box;
}
</style>
</head>
<body>
<div class="d1">这是一段文本这是一段文本这是一段文本这是一段文本这是一段文本这是一段文本
这是一段文本这是一段文本这是一段文本这是一段文本这是一段文本这是一段文本这是一段文本这是一段文本
这是一段文本这是一段文本这是一段文本这是一段文本这是一段文本这是一段文本这是一段文本这是一段文本
这是一段文本这是一段文本这是一段文本这是一段文本这是一段文本这是一段文本这是一段文本这是一段文本
这是一段文本这是一段文本这是一段文本这是一段文本</div>
<div class="d2">这是一段文本这是一段文本这是一段文本这是一段文本这是一段文本这是一段文本
这是一段文本这是一段文本这是一段文本这是一段文本这是一段文本这是一段文本这是一段文本这是一段文本
这是一段文本这是一段文本这是一段文本这是一段文本这是一段文本这是一段文本这是一段文本这是一段文本
这是一段文本这是一段文本这是一段文本</div>
</body>
</html>
```

代码运行结果如图19-4所示。

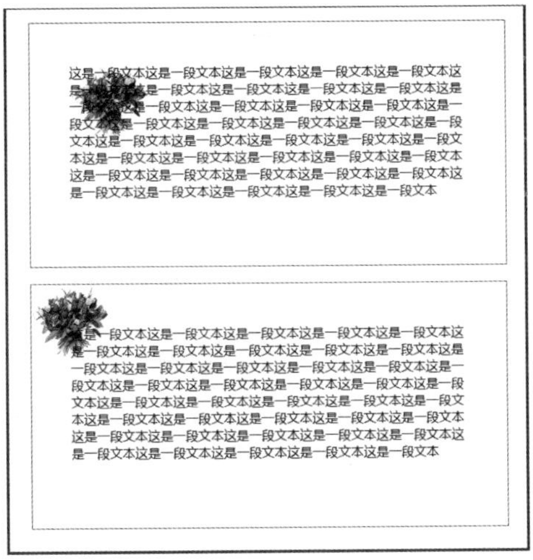

图19-4

本章小结

　　本章主要讲解了CSS3的背景属性，内容包括多重背景图片、背景的尺寸设置、背景的绘制区域，相信大家通过对本章的学习，对背景的控制能力会更强。

读书笔记

Chapter

20

CSS3渐变

本章概述

　　渐变背景一直活跃在Web中，以前都需要前端工程师和设计师配合，再通过切图来实现，这样做的成本太高。而CSS3渐变把以前的做法彻底颠覆，只需要前端工程师即可完成整个操作。本章将为大家介绍CSS3渐变。

重点知识

- 渐变简介
- 线性渐变
- 径向渐变
- 浏览器支持情况

20.1 渐变简介

在介绍CSS3渐变之前，先了解什么是渐变。渐变就是颜色与颜色之间的平滑过渡。在创建渐变的过程中，需要创建多个颜色值，让多个颜色之间实现平滑的过渡效果。在Photoshop的"渐变编辑器"对话框中就可以创建渐变，如图20-1所示。

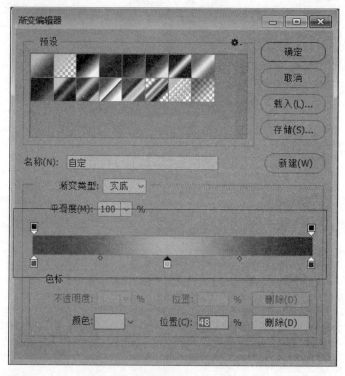

图20-1

图上被框选的部分就是渐变效果，可以看出，三种颜色都是平滑过渡的，而CSS3渐变的原理也是如此。

CSS3 定义了两种类型的渐变（gradients）：

- 线性渐变（Linear Gradients）：向下/向上/向左/向右/对角方向渐变。
- 径向渐变（Radial Gradients）：由它们的中心定义渐变的方向。

20.2 浏览器支持情况

最早实现对CSS3渐变支持的浏览器是基于webkit内核的浏览器，随后Firefox和Opera浏览器也开始支持。但是众多浏览器并没有统一起来，所以使用时还是需要加上浏览器厂商的前缀。

各大浏览器厂商的支持情况如表20-1所示。

表20-1

属性	IE	Firefox	Chrome	Sfari	Opera
Linear-gradient	10.0	26.0 10.0 -webkit-	16.0 3.6 -moz-	6.1 5.1 -webkit-	12.1 11.1 -o-
Radial-gradient	10.0	26.0 10.0 -webkit-	16.0 3.6 -moz-	6.1 5.1 -webkit-	12.1 11.1 -o-
repeating-linear-gradient	10.0	26.0 10.0 -webkit-	16.0 3.6 -moz-	6.1 5.1 -webkit-	12.1 11.1 -o-
repeating-radial-gradient	10.0	26.0 10.0 -webkit-	16.0 3.6 -moz-	6.1 5.1 -webkit-	12.1 11.1 -o-

20.3　线性渐变

> 先从最简单的线性渐变学起。前面已经说过，渐变是指多种颜色之间平滑的过渡，那么想要实现最简单的渐变，最起码需要定义两个颜色值，一个颜色作为渐变的起点，另外一个作为渐变的终点。

线性渐变的属性为linear-gradient，默认渐变的方向也是从上至下的，语法如下：

```
background: linear-gradient(direction, color-stop1, color-stop2, ...);
```

通过一个实例来理解最简单的线性渐变。

【例20.1】 创建线性渐变

代码如下：

```
<!DOCTYPE html>
<html lang="en">
<head>
<meta charset="UTF-8">
<title>Document</title>
<style>
div{
width: 200px;
height: 200px;
background:-ms-linear-gradient(pink,lightblue);
```

```
background:-webkit-linear-gradient(pink,lightblue);
background:-o-linear-gradient(pink,lightblue);
background:-moz-linear-gradient(pink,lightblue);
background:linear-gradient(pink,lightblue);
}
</style>
</head>
<body>
<div></div>
</body>
</html>
```

代码运行结果如图20-2所示。

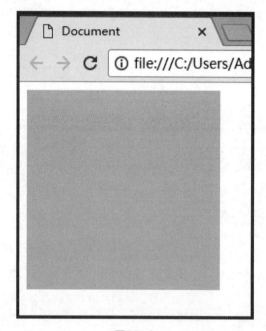

图20-2

在以上代码中，把标准属性放在最下方，而上面分别为每个内核的浏览器进行私有的属性设置。目前支持CSS3渐变的浏览器还不是非常理想，所以还是写入了各个浏览器厂商的前缀。

前面制作的是一个默认方向的线性渐变效果。如果需要其他方向的渐变效果，只需要在设置颜色值之前，设置渐变方向的起点位置即可。例如，需要一个从左往右的渐变效果，代码如下：

```
background:-ms-linear-gradient(left,pink,lightblue);
background:-webkit-linear-gradient(left,pink,lightblue);
background:-o-linear-gradient(left,pink,lightblue);
background:-moz-linear-gradient(left,pink,lightblue);
background:linear-gradient(left,pink,lightblue);
```

代码运行结果如图20-3所示。

图20-3

如果需要一个对角线的渐变效果，制作思路也是一样的，在设置颜色值之前先设置渐变开始的位置。例如，需要一个从右下角到左上角的渐变效果，代码如下：

```
background:-ms-linear-gradient(right bottom,pink,lightblue);
background:-webkit-linear-gradient(right bottom,pink,lightblue);
background:-o-linear-gradient(right bottom,pink,lightblue);
background:-moz-linear-gradient(right bottom,pink,lightblue);
background:linear-gradient(right bottom,pink,lightblue);
```

代码运行结果如图20-4所示。

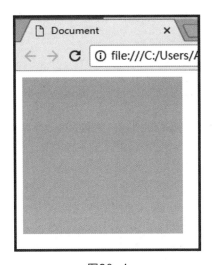

图20-4

如果觉得以上的渐变方式还是不够丰富，那么可以使用角度来控制渐变的方向，而不是单纯使用关键字，语法如下：

```
background: linear-gradient(angle, color-stop1, color-stop2);
```

角度是指水平线和渐变线之间的角度，按逆时针方向计算。换句话说，0deg将创建一个从下到上的渐变，90deg将创建一个从左到右的渐变，如图20-5所示。

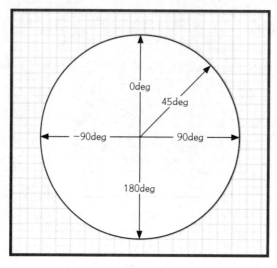

图20-5

但是，很多浏览器（Chrome、Safari、fiefox等）使用了旧标准，即0deg将创建一个从左到右的渐变，90deg将创建一个从下到上的渐变。换算公式为90-x=y，其中x为标准角度，y为非标准角度。下面将创建一个120°的渐变效果，代码如下：

```
background:-ms-linear-gradient(120deg,pink,lightblue);
background:-webkit-linear-gradient(120deg,pink,lightblue);
background:-o-linear-gradient(120deg,pink,lightblue);
background:-moz-linear-gradient(120deg,pink,lightblue);
background:linear-gradient(120deg,pink,lightblue);
```

代码运行结果如图20-6所示。

图20-6

如果觉得任意角度的线性渐变还是不够丰富，则可以在背景中加入多个颜色控制点，让其完成多种颜色的渐变效果，代码如下：

```
background:-ms-linear-gradient(120deg,pink,lightblue,yellowgreen,red);
background:-webkit-linear-gradient(120deg,pink,lightblue,yellowgreen,red);
background:-o-linear-gradient(120deg,pink,lightblue,yellowgreen,red);
background:-moz-linear-gradient(120deg,pink,lightblue,yellowgreen,red);
background:linear-gradient(120deg,pink,lightblue,yellowgreen,red);
```

代码运行结果如图20-7所示。

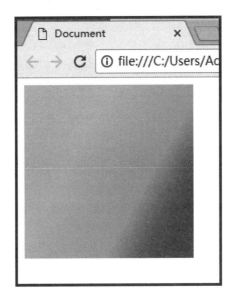

图20-7

20.4 径向渐变

> CSS3不仅提供了简单的线性渐变，还准备了径向渐变。所谓径向渐变其实就是呈圆形且向外渐变的效果。

径向渐变由它的中心定义。为了创建一个径向渐变，必须至少定义两种颜色节点。颜色节点即想要呈现平稳过渡的颜色。同时，可以指定渐变的中心、形状（圆形或椭圆形）、大小。在默认情况下，渐变的中心是center（表示在中心点），渐变的形状是ellipse（表示椭圆形），渐变的大小是farthest-corner（表示到最远的角落），语法如下：

```
background: radial-gradient(center, shape size, start-color, ..., last-color);
```

通过一个实例来理解径向渐变。

⚠ 【例20.2】 创建径向渐变

代码如下：

```
<!DOCTYPE html>
<html lang="en">
<head>
<meta charset="UTF-8">
<title>Document</title>
<style>
div{
width: 200px;
height: 200px;
background:-ms-radial-gradient(pink,lightblue,yellowgreen);
background:-webkit-radial-gradient(pink,lightblue,yellowgreen);
background:-o-radial-gradient(pink,lightblue,yellowgreen);
background:-moz-radial-gradient(pink,lightblue,yellowgreen);
background:radial-gradient(pink,lightblue,yellowgreen);
}
</style>
</head>
<body>
<div></div>
</body>
</html>
```

代码运行结果如图20-8所示。

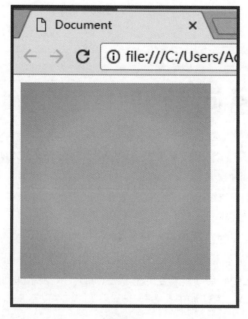

图20-8

以上代码使用的是最简单的径向渐变。从图中可以看出，三种颜色是均匀分布在div中的，如果想让颜色与颜色不均匀分布，可以设置每种颜色在div中所占的比例，代码如下：

```
background:-ms-radial-gradient(pink 10%,lightblue 70%,yellowgreen 20%);
background:-webkit-radial-gradient(pink 10%,lightblue 70%,yellowgreen 20%);
background:-o-radial-gradient(pink 10%,lightblue 70%,yellowgreen 20%);
background:-moz-radial-gradient(pink 10%,lightblue 70%,yellowgreen 20%);
background:radial-gradient(pink 10%,lightblue 70%,yellowgreen 20%);
```

代码运行结果如图20-9所示。

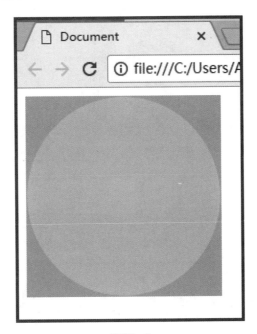

图20-9

本章小结

　　本章主要讲解了CSS3渐变的内容，包括线性渐变、径向渐变，还有这些渐变衍生出来的更多的灵活操作。有了CSS3渐变，开发会变得更加灵活自由。

Chapter

21

CSS3转换

本章概述

转换是CSS3中具有颠覆性的特征之一，可以实现元素的位移、旋转、变形、缩放，甚至支持矩阵方式，配合过渡和动画，可以实现大量之前只能靠Flash才可以实现的效果。本章将讲解有关CSS3转换的知识。

重点知识

- CSS3转换及浏览器支持
- 2D转换
- 3D转换

21.1　CSS3转换及浏览器支持

> 以前如果想在网页中做出一些动画效果，很多时候需要借助类似于Flash的插件才可以完成。而CSS3带来了转换功能，使得开发再次变得简单起来。

目前，CSS3转换属性的浏览器支持情况还算理想，绝大部分浏览器已经支持此属性。而IE9需要加上浏览器厂商前缀-ms-，IE9以后的版本都可以直接使用标准属性了。

2009年3月，W3C组织正式发布3D变形动画标准草案（http://www.w3.org/TR/css3-3dtransforms/）。同年12月W3C在3D草案基础上又发布了2D变形动画标准草案（http://www.w3.org/TR/css3-2d-transforms/），这两个草案的核心内容基本相似，但是针对的主体不同，一个是3D动画，另一个是2D动画。

CSS 2D Transform获得了各主流浏览器的支持，但是CSS 3D Transform仅能够在Mac系统下的Safari4.0+版本浏览器中获得支持。

Transform实现了一些可用SVG实现的变形功能，可用于内联（inline）元素和块级（block）元素。该属性可用于旋转、缩放和移动元素。熟练使用Transform属性可以控制文字的变形，这种纯CSS的方法可以确保网页内的文字保持可选，这是CSS相对于使用图片（或背景图片）的一个巨大优势。

如表21-1所示为各大浏览器厂商的支持情况，表格中的数字表示支持该属性的第一个浏览器的版本号。紧跟在-webkit-、-ms-、-moz-、-o-前的数字为支持该前缀属性的第一个浏览器的版本号。

表21-1

属性	IE	Firefox	Chrome	Safari	Opera
Transform	36.0 4.0 -webkit-	10.0 9.0 -ms-	16.0 3.5 -moz-	3.2 -webkit-	23.0 15.0 -webkit- 12.1 10.5 -o-

21.2　2D转换

> 利用CSS3的2D转换功能可以移动、比例化、反过来、旋转和拉伸元素。

在CSS3中，2D转换的功能有很多，下面就逐一讲解。

1. 移动translate()

使用translate()方法可以根据左（X轴）和顶部（Y轴）位置给定的参数，从当前元素位置移动，通过一个实例来了解translate()方法。

⚠ 【例21.1】 使用translate()方法

```
<!DOCTYPE html>
<html lang="en">
<head>
<meta charset="UTF-8">
<title>Document</title>
<style>
div{
width: 200px;
height: 200px;
background: blue;
}
</style>
</head>
<body>
<div></div>
</body>
</html>
```

代码运行结果如图21-1所示。

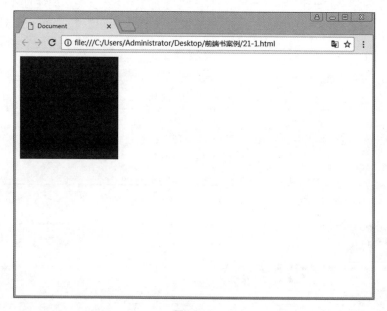

图21-1

这时看见的div显示在页面中最开始的位置，对它进行了2D转换的移动操作之后，它会改变原来的位置，到达一个新的位置，代码如下：

```
transform: translate(50px,50px);
```

代码运行结果如图21-2所示。

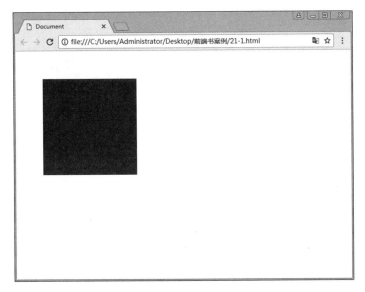

图21-2

2. 旋转rotate()

在这之前，在页面中所能得到的盒子模型都是整整齐齐地端坐在页面当中，从来没有得到过一个歪的盒子模型，现在可以使用CSS3中的转换对元素进行旋转操作了。

使用rotate()方法可以在一个给定度数顺时针旋转元素。负值是允许的，会使元素逆时针旋转。通过这个方法可以完成对元素的旋转操作。

通过一个实例来了解rotate()方法。

⚠ 【例21.2】 使用rotate()方法

```
<!DOCTYPE html>
<html lang="en">
<head>
<meta charset="UTF-8">
<title>Document</title>
<style>
div{
width: 200px;
height: 200px;
background: blue;
margin:100px;
}
div:hover{
transform: rotate(45deg);
}
</style>
</head>
<body>
<div></div>
</body>
</html>
```

代码运行结果如图21-3所示。

图21-3

3. 缩放scale()

使用scale()方法可以改变元素的大小，效果取决于宽度（X轴）和高度（Y轴）的参数。通过此方法可以对页面中的元素进行等比例放大和缩小，还可以指定物体缩放的中心。

通过一个实例来理解CSS3中的缩放功能。

⚠ 【例21.3】 使用scale()方法

代码如下：

```
<!DOCTYPE html>
<html lang="en">
<head>
<meta charset="UTF-8">
<title>Document</title>
<style>
div{
width: 200px;
height: 200px;
background: blue;
margin:10px auto;
}
.d1{
transform: scale(1,1);
}
.d2{
transform: scale(1.5,1);
}
.d3{
```

```
transform: scale(0.5);
}
</style>
</head>
<body>
<div class="d1"></div>
<div class="d2"></div>
<div class="d3"></div>
</body>
</html>
```

代码运行结果如图21-4所示。

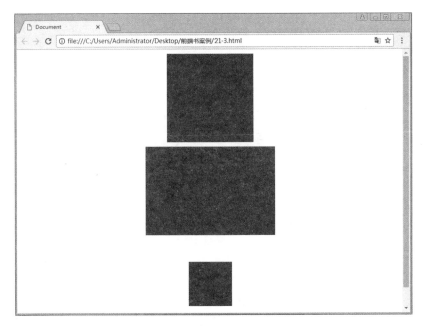

图21-4

从上面的代码运行结果可以看出，为每个div都是设置了相同的宽高属性，但是因为各自的缩放比例不同，它们显示在页面中的结果也不一样。

从上面的结果也可以发现，所有的div缩放其实都是围绕中心进行的，即缩放操作的默认中心点是元素的中心。这个缩放的中心也可以改变，需要的是transform-Origin属性。

transform-Origin属性允许更改转换元素的位置。2D转换元素可以改变元素的X和Y轴，3D转换元素还可以更改元素的Z轴。语法如下：

```
transform-origin: x-axis y-axis z-axis;
```

⚠ 【例21.4】 使用transform-Origin属性

代码如下：

```
<!DOCTYPE html>
<html lang="en">
```

```
<head>
<meta charset="UTF-8">
<title>Document</title>
<style>
div{
width: 200px;
height: 200px;
transform-origin: 0 0;
margin:10px auto;
}
.d1{
transform: scale(1,1);
background: blue;
}
.d2{
transform: scale(1.5,1);
background: red;
}
.d3{
transform: scale(0.5);
background: green;
}
</style>
</head>
<body>
<div class="d1"></div>
<div class="d2"></div>
<div class="d3"></div>
</body>
</html>
```

代码运行结果如图21-5所示。

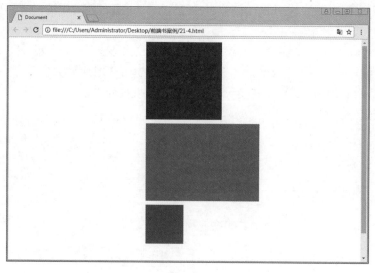

图21-5

同样的代码，只是改变了元素转换的位置，就可以完成类似于柱状图的操作。

4. 倾斜skew()

skew()的语法如下：

```
transform:skew(<angle> [,<angle>]);
```

包含两个参数，分别表示X轴和Y轴倾斜的角度。如果第二个参数为空，则默认为0。如果参数为负，则表示向相反方向倾斜：

- skewX(<angle>)：表示只在X轴（水平方向）倾斜。
- skewY(<angle>)：表示只在Y轴（垂直方向）倾斜。

可以通过一个实例来理解此功能。

⚠ 【例21.5】使用skew()方法

代码如下：

```
<!DOCTYPE html>
<html lang="en">
<head>
<meta charset="UTF-8">
<title>Document</title>
<style>
div{
width: 200px;
height: 200px;
margin:10px auto;
}
.d1{
background: blue;
}
.d2{
transform: skew(30deg);
background: red;
}
.d3{
transform: skew(50deg);
background: green;
}
</style>
</head>
<body>
<div class="d1"></div>
<div class="d2"></div>
<div class="d3"></div>
</body>
</html>
```

代码运行结果如图21-6所示。

图21-6

看起来是不是很简单？可以把这个倾斜的实例进行拓展：先拿出三张图片，然后利用这三张图片实现立体的box效果。

⚠ 【例21.6】实现立体的box效果

代码如下：

```
<!DOCTYPE html>
<html lang="en">
<head>
<meta charset="UTF-8">
<title>Document</title>
<style>
</style>
</head>
<body>
<div class="box">
<img src="images/top.jpg">
<img src="images/left.jpg">
<img src="images/right.jpg">
</div>
</body>
</html>
```

代码运行结果如图21-7所示。

图21-7

接着，为这些图案片编写样式，设置倾斜的角度，完整代码如下：

```html
<!DOCTYPE html>
<html lang="en">
<head>
<meta charset="UTF-8">
<title>transform样式综合示例</title>
<style type="text/css">
div.box{width:500px;
height: 500px;
border:1px solid darkgray;}
div , div img{
width:180px;
height: 180px;
border:1px solid darkgray;
}
#d1{
transform: translate(90px, 0) rotate(30deg) skew(-30deg, 0deg) translate(38px,
32px) scaleX(1.16);
/*X轴平移90px，旋转30°，倾斜X轴-30°，再平移X轴38px，Y轴32px，缩放X轴1.16倍*/
}
#d2{
float: left;
transform: skewY(30deg);
}
#d3{
float: left;
transform: skewY(-30deg);
}
</style>
</head>
<body>
<div class="box">
```

```
<div id="d1"><img src="images/top.jpg"></div>
<div id="d2"><img src="images/left.jpg"></div>
<div id="d3"><img src="images/right.jpg"></div>
</div>
</body>
</html>
```

代码运行结果如图21-8所示。

图21-8

是不是很有意思？利用skew()方法还能表现更多仿3D效果。

5. 合并matrix()

matrix()方法的参数包含旋转、缩放、移动（平移）和倾斜功能。

⚠ 【例21.7】使用matrix()方法

代码如下：

```
<!DOCTYPE html>
<html>
<head>
<meta charset="utf-8">
<title>document</title>
<style>
div
{
width:100px;
height:75px;
```

```
background-color:red;
border:1px solid black;
}
div#div2
{
transform:matrix(0.866,0.5,-0.5,0.866,0,0);
-ms-transform:matrix(0.866,0.5,-0.5,0.866,0,0); /* IE 9 */
-webkit-transform:matrix(0.866,0.5,-0.5,0.866,0,0); /* Safari and Chrome */
transform:matrix(0.866,0.5,-0.5,0.866,0,0);
}
</style>
</head>
<body>
<div>Hello. This is a DIV element.</div>
<div id="div2">Hello. This is a DIV element.</div>
</body>
</html>
```

代码运行结果如图21-9所示。

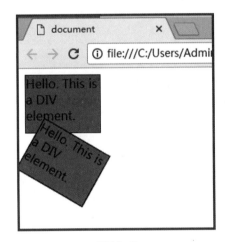

图21-9

21.3　3D转换

> 在CSS3中，除了可以使用2D转换之外，还可以使用3D转换来完成酷炫的网页特效，这些操作依然靠transform属性来完成。

21.3.1 rotateX()方法

rotateX()方法，围绕其在一个给定度数X轴旋转的元素。

这个方法与2D转换方法rotate()不同的是，rotate()方法是让元素在平面内旋转，而rotateX()方法是让元素在X轴上进行旋转。

⚠ 【例21.8】使用rotateX()方法

代码如下：

```
<!DOCTYPE html>
<html lang="en">
<head>
<meta charset="UTF-8">
<title>Document</title>
<style>
div{
width: 200px;
height: 200px;
background: red;
margin:20px;
color:#fff;
font-size: 50px;
line-height: 200px;
text-align: center;
transform-origin: 0 0 ;
float: left;
}
.d1{
transform: rotateX(40deg);
}
</style>
</head>
<body>
<div>3D旋转</div>
<div class="d1">3D旋转</div>
</body>
</html>
```

代码运行结果如图21-10所示。

图21-10

在以上代码中，页面写入了两个面积相等的div。其中对第二个div进行3D旋转，结果元素明显产生了变化，这就是3D旋转中沿X轴旋转的效果。

21.3.2　rotateY()方法

rotateY()方法，围绕其在一个给定度数Y轴旋转的元素。接着例21.7往下做，看看rotateX()和rotateY()的区别。

⚠ 【例21.9】 使用rotateY()方法

代码如下：

```
<!DOCTYPE html>
<html lang="en">
<head>
<meta charset="UTF-8">
<title>Document</title>
<style>
div{
width: 200px;
height: 200px;
background: red;
margin:20px;
color:#fff;
font-size: 50px;
line-height: 200px;
text-align: center;
transform-origin: 0 0 ;
float: left;
}
.d1{
transform: rotateX(40deg);
}
.d2{
transform: rotateY(50deg);
}
</style>
</head>
<body>
<div>3D旋转</div>
<div class="d1">3D旋转</div>
<div class="d2">3D旋转</div>
</body>
</html>
```

代码运行结果如图21-11所示。

图21-11

21.3.3 转换属性

在CSS3中，规定可以使用一些转换的属性来设置转换的效果。

使用transform属性可以对元素应用2D和3D转换，使用transform-origin可以改变转换的位置。前面已经介绍过这两个属性，不再赘述。

1. transform-style属性

规定元素如何在3D空间中显示，语法如下：

```
transform-style: flat|preserve-3d;
```

transform-style属性的值可以是以下两种：

● flat：表示所有子元素在2D平面呈现。
● preserve-3d：表示所有子元素在3D空间中呈现。

⚠ 【例21.10】使用transform-style属性

代码如下：

```
<!DOCTYPE html1>
<html1>
<head>
<meta charset="utf-8">
<title>document</title>
<style>
#d1
{
position: relative;
height: 200px;
width: 200px;
margin: 100px;
padding:10px;
border: 1px solid black;
}
```

```
#d2
{
padding:50px;
position: absolute;
border: 1px solid black;
background-color: red;
transform: rotateY(60deg);
transform-style: preserve-3d;
-webkit-transform: rotateY(60deg); /* Safari and Chrome */
-webkit-transform-style: preserve-3d; /* Safari and Chrome */
}
#d3
{
padding:40px;
position: absolute;
border: 1px solid black;
background-color: yellow;
transform: rotateY(-60deg);
-webkit-transform: rotateY(-60deg); /* Safari and Chrome */
}
</style>
</head>
<body>
<div id="d1">
<div id="d2">HELLO
<div id="d3">world</div>
</div>
</div>
</body>
</html>
```

代码运行结果如图21-12所示。

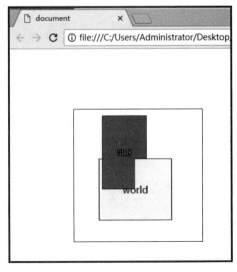

图21-12

2. perspective属性

多少像素的3D元素是从视图的perspective属性定义的，它允许改变3D元素是怎样查看透视图。定义时的perspective属性是一个元素的子元素，透视图，而不是元素本身。

 【TIPS】

perspective属性只影响3D转换元素。请与perspective-origin属性一同使用，这样就能够改变3D元素的底部位置。

语法如下：

```
perspective: number|none;
```

perspective属性的值可以使以下两种：

● number：元素距离视图的距离，以像素计。

● none：默认值，与0相同，不设置透视。

perspective-origin属性定义3D元素基于的X轴和Y轴，它允许改变3D元素的底部位置。在为元素定义perspective-origin属性时，其子元素会获得透视效果，而不是元素本身。该属性必须与perspective属性一同使用，而且只影响3D转换元素。语法如下：

```
perspective-origin: x-axis y-axis;
```

⚠ 【例21.11】使用perspective属性

代码如下：

```
<!DOCTYPE html>
<html>
<head>
<style>
#div1{
position: relative;
height: 150px;
width: 150px;
margin: 50px;
padding:10px;
border: 1px solid black;
perspective:150;
-webkit-perspective:150; /* Safari and Chrome */
}
#div2{
padding:50px;
position: absolute;
border: 1px solid black;
background-color: pink;
transform: rotateX(45deg);
```

```
-webkit-transform: rotateX(45deg); /* Safari and Chrome */
}
</style>
</head>
<body>
<div id="div1">
<div id="div2">3D转换</div>
</div>
</body>
</html>
```

代码运行结果如图21-13所示。

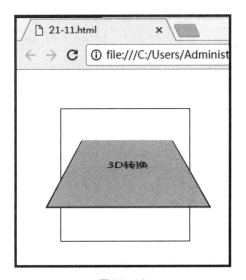

图21-13

3. backface-visibility属性

backface-visibility属性定义当元素不面向屏幕时是否可见，如果在旋转元素且不希望看到其背面时，该属性很有用，语法如下：

```
backface-visibility: visible|hidden;
```

backface-visibility属性的值可以是以下两种：

● visible：背面是可见的。
● hidden：背面是不可见的。

21.3.4 3D转换方法

在CSS3中，3D转换和2D转换的方法类似。在这里就不一一介绍了，表21-2中列出了所有的3D转换的方法。

表21-2

函数	描述
matrix3d(n,n,n,n,n,n,n,n,n,n,n,n,n,n,n,n)	定义3D转换，使用16个值的4×4矩阵
translate3d(x,y,z)	定义3D移动
translateX(x)	定义3D移动，仅使用用于X轴的值
translateY(y)	定义3D移动，仅使用用于Y轴的值
translateZ(z)	定义3D移动，仅使用用于Z轴的值
scale3d(x,y,z)	定义3D缩放
scaleX(x)	定义3D缩放，通过给定一个X轴的值定义
scaleY(y)	定义3D缩放，通过给定一个Y轴的值定义
scaleZ(z)	定义3D缩放，通过给定一个Z轴的值定义
rotate3d(x,y,z,angle)	定义3D旋转
rotateX(angle)	定义沿X轴的3D旋转
rotateY(angle)	定义沿Y轴的3D旋转
rotateZ(angle)	定义沿Z轴的3D旋转
perspective(n)	定义3D转换元素的透视视图

本章小结

本章主要讲解了CSS3中的转换功能，2D转换包括移动、缩放、旋转等，3D转换也包括旋转、移动、缩放等。本章内容较多，属性也较为复杂，需要不断练习和加深印象才可以熟练掌握。

CSS3过渡

本章概述

在CSS3之前，如果想在网页中使用过渡效果，则多数情况下需要借助Flash这样的插件来完成，给开发者不小的阻力。CSS3中新增了过渡效果，为开发者带来了新的福音，开发将会变得更方便。本章将讲解CSS3的过度属性。

重点知识

- 过渡简介
- 浏览器支持情况
- 实现过渡
- 过渡属性
- 模拟苹果桌面

22.1 过渡简介

> 过渡就是某个元素从一种状态到另一状态的过程。CSS3的过渡指的是页面中的元素从开始的状态改变成另外一种状态的过程。

CSS transformation呈现的是一种变形结果，而CSS transform呈现的是一种过渡，就是一种动画转换过程，如渐显、渐弱、动画快慢等。CSS transformation和CSS transition是两种不同的动画模型，因此W3C为动画过渡定义了单独的模块。

过渡可以与变形同时使用。例如，触发:hover或者:focus事件后创建动画过程，如淡出背景色，滑动一个元素，以及让一个对象旋转都可以通过CSS转换实现。

transition属性是一个符合属性，可以同时定义transition-property、transitionduration、transi-tion-timing-function、transition-delay、transition-property、transition-duration子属性值。

目前IE浏览器不支持transition属性，下面将讲解过渡属性的浏览器支持情况。

22.2 浏览器支持情况

目前，浏览器对CSS3的过渡属性的支持情况已经很好了，绝大多数浏览器能够很好地支持它，如表22-1所示是目前各大浏览器厂商对CSS3过渡的支持情况。

表格中的数字表示支持该属性的第一个浏览器的版本号，紧跟在-webkit-、-moz-、-o-前的数字是支持该前缀属性的第一个浏览器的版本号。

表22-1

属性	Chrome	IE	Firefox	Safrai	Opera
transition	26.0 4.0 −webkit−	10.0	16.0 4.0 −moz−	6.1 3.1 −webkit−	12.1 10.5 −o−
transition−delay	26.0 4.0 −webkit−	10.0	16.0 4.0 −moz−	6.1 3.1 −webkit−	12.1 10.5 −o−
transition−duration	26.0 4.0 −webkit−	10.0	16.0 4.0 −moz−	6.1 3.1 −webkit−	12.1 10.5 −o−
transition−property	26.0 4.0 −webkit−	10.0	16.0 4.0 −moz−	6.1 3.1 −webkit−	12.1 10.5 −o−
transition−timing−function	26.0 4.0 −webkit−	10.0	16.0 4.0 −moz−	6.1 3.1 −webkit−	12.1 10.5 −o−

22.3 实现过渡

> 想要实现过渡效果，需要了解过渡是怎么工作的。在了解了它的工作原理之后使用它就轻而易举了。

CSS3过渡是元素从一种样式逐渐改变为另一种样式的效果。要实现过渡，必须规定两项内容：指定要添加效果的CSS属性，指定效果的持续时间。

22.3.1 单项属性过渡

先完成一个简单的单项属性过渡的实例。

⚠️ 【例22.1】 创建单项属性过渡

按照过渡原理，在页面中先建立一个div，然后为它添加transition属性，紧接着在transition属性的值里写入想要改变的属性和改变时间，代码如下：

```
<!DOCTYPE html>
<html lang="en">
<head>
<meta charset="UTF-8">
<title>Document</title>
<style>
div{
width: 200px;
height: 200px;
transition:width 2s;
}
.d1{
background: pink;
}
.d2{
background: lightblue;
}
.d3{
background: lightgreen;
}
</style>
</head>
<body>
<div class="d1"></div>
<div class="d2"></div>
<div class="d3"></div>
```

```
</body>
</html>
```

代码运行结果如图22-1所示。

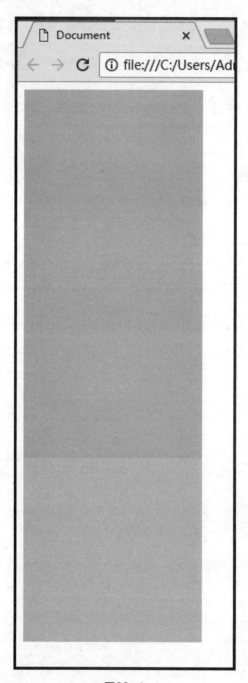

图22-1

这时还是没有实现过渡的效果，因为之前介绍的工作原理只是CSS3过渡实现的基础。如果想在网页中实现过渡，需要使用:hover伪类。因为希望改变的是width属性，所以也需要给出width的新值，代码如下：

```
div:hover{
width: 500px;
}
```

代码运行结果如图22-2所示。

图22-2

这时，就可以在网页中实现最基础的单项属性的过渡了。

22.3.2 多项属性过渡

　　单项属性过渡和多项属性过渡的工作原理其实一样，只是在写法上略有不同。多项属性过渡的写法是：在写完第一个属性和过渡时间之后，无论添加多少个变化的属性，都是在逗号之后直接再次写入过渡的属性名和过渡时间。还有个一劳永逸的方法：直接使用关键字all，表示所有属性都会应用过渡。但是这样写会有危险。例如，想对前三种属性应用过渡效果，而第四种属性不应用，如果之前使用的是关键字all，就无法取消了，所以在使用关键字all时需要慎重。

⚠ 【例22.2】 创建多项属性过渡

代码如下：

```html
<!DOCTYPE html>
<html lang="en">
<head>
<meta charset="UTF-8">
<title>Document</title>
<style>
div{
width: 100px;
height: 100px;
margin:10px;
transition:width 2s,background 2s;
}
div:hover{
width: 500px;
background: blue;
}
.d1{
background: pink;
}
.d2{
background: lightblue;
}
.d3{
background: lightgreen;
}
span{
display:block;
width: 100px;
height: 100px;
background: red;
transition:all 2s;
margin:10px;
}
span:hover{
width: 600px;
background: blue;
}
</style>
</head>
<body>
<div class="d1"></div>
<div class="d2"></div>
<div class="d3"></div>
<span></span>
<span></span>
```

```
<span></span>
</body>
</html>
```

代码运行结果如图22-3和图22-4所示。

图22-3

图22-4

22.4 过渡属性

CSS3过渡有很多属性，这些属性丰富了过渡的效果和能力，也拓展了创作的自由度。

如表22-2所示为CSS3中所有的过渡属性。

表22-2

属性	描述	CSS
Transition	简写属性，用于在一个属性中设置四个过渡属性	3
transition-property	规定应用过渡的CSS属性的名称	3
transition-duration	定义过渡效果花费的时间，默认是0	3
transition-timing-function	规定过渡效果的时间曲线，默认是ease	3
transition-delay	规定过渡效果何时开始，默认是0	3

transition-timing-function属性其实是规定用户想要的动画方式，它的值可以是以下几种：

- linear：规定以相同速度开始和结束的过渡效果（等于cubic-bezier(0,0,1,1)）。
- ease：规定慢速开始，然后变快，再慢速结束的过渡效果（等于cubic-bezier(0.25,0.1, 0.25,1)）。
- ease-in：规定以慢速开始的过渡效果（等于cubic-bezier(0.42,0,1,1)）。
- ease-out：规定以慢速结束的过渡效果（等于cubic-bezier(0,0,0.58,1)）。
- ease-in-out：规定以慢速开始和结束的过渡效果（等于cubic-bezier(0.42,0,0.58,1)）。
- cubic-bezier(n,n,n,n)：在cubic-bezier函数中定义自己的值。可能的值是0~1之间的数值。

transition-delay属性表示过渡的延迟时间，0代表没有延迟，立马执行。

实例精讲 模拟苹果桌面

下面使用之前学过的关于CSS3的知识，来模拟实现苹果桌面下方DOCK的缩放特效。本例使用了div+css布局、CSS3转换、CSS3过渡等，代码如下：

```
<!DOCTYPE html>
<html lang="en">
<head>
<meta charset="UTF-8">
<title>transition样式3</title>
<style type="text/css">
body{
background:url('风景.jpg') no-repeat;
background-size: 100% 1020px;/*100% 768px*/
}
#dock{
width: 100%;            position: fixed;
bottom: 10px;          text-align: center;
}
ul{
```

```
padding: 0;
margin: 0;
list-style-type: none;
}
ul li{
display: inline-block;
width: 50px;
height: 50px;
transition: margin 1s linear;
}
/*鼠标移上去时的变化*/
ul li:hover{
margin-left: 25px;
margin-right: 25px;
/*z-index: 999;*/
}
ul li img{
width: 100%;
height: 100%;
transition: transform 1s linear;
transform-origin: bottom center;
}
ul li span{
display: none;
height:80px;
vertical-align: top;
text-align: center;
font:14px  宋体 ;
color:#ddd;
}
/*鼠标移上去时图标的变化，放大*/
ul li:hover img{
transform: scale(2, 2);
}
ul li:hover span{
display: block;
}
</style>
</head>
<body>
<div id="dock">
<ul>
<li><span>ASTY</span><img src="images/as.png"></li>
<li><span>Google</span><img src="images/google.png" alt=""></li>
<li><span>Inst</span><img src="images/in.png" alt=""></li>
<li><span>Nets</span><img src="images/nota.png" alt=""></li>
<li><span>Zurb</span><img src="images/zurb.png" alt=""></li>
<li><span>FACE</span><img src="images/facebook.png" alt=""></li>
<li><span>OTH</span><img src="images/as.png" alt=""></li>
```

```
<li><span>UYTR</span><img src="images/in.png" alt=""></li>
</ul>
</div>
</body>
</html>
```

代码运行结果如图22-5所示。

图22-5

 # 本章小结

　　本章主要讲解了CSS3中的过渡属性，包括实现简单的单项过渡、多项属性过渡，还模拟了苹果桌面。CSS3的过渡功能使Web开发更加方便，技术瓶颈和壁垒更少。相信大家在以后的工作学习中可以做出更多更好的CSS3案例。

Chapter

23

CSS3动画

本章概述

　　CSS3动画又是一个颠覆性的技术。之前，想要在网页中实现动画效果，总是需要JavaScript或者Flash插件的帮助。而CSS3动画使得我们不再需要较难的JavaScript或者是非常占资源的Flash插件了。本章将讲解CSS3动画的知识。

重点知识

- 动画简介
- 浏览器支持情况
- 实现动画
- 动画属性
- 太阳系星球运转图

23.1 动画简介

> 在CSS3属性中，关于制作动画的属性有三个：transform、transition、animation。前面介绍的transform和transition可以对元素实现一些基本的动画效果，而且需要触发条件才能够表现动画。如果使用animation属性，则不用触发即可实现动画效果。

animation的意思就是"动画"。需要注意的是，animation和之前所学过的canvas动画不同。animation是一个CSS属性，只能作用于页面中已经存在的元素，而不能像canvas那样可以在画布中呈现动画效果。

想使用animation动画，需要先了解@keyframes。它的意思是"关键帧"，在Flash中创建动画其实就是创建关键帧，CSS3中的@keyframes类似于Flash中的关键帧。

下面是官方对CSS3动画的解释。

动画是使元素从一种样式逐渐变化为另一种样式的效果。可以改变为任意样式，可以进行任意次数的改变。请用百分比来规定变化发生的时间，或用关键词from和to，等同于0%和100%。0%是动画的开始，100%是动画的完成。为了得到最佳的浏览器支持，应该始终定义0%和100%选择器。

23.2 浏览器支持情况

> 浏览器对CSS3动画的支持情况还算理想，绝大多数浏览器已完全支持CSS3动画了。只有IE支持得较晚，是从IE10版本开始真正支持animation属性。

如表23-1所示为各大浏览器厂商对CSS3动画的支持情况。表格中的数字表示支持该属性的第一个浏览器的版本号，紧跟在-webkit-、-moz-、-o-前的数字为支持该前缀属性的第一个浏览器的版本号。

表23-1

属性	Chrome	IE	Firefox	SAFRAI	Opera
@keyframes	43.0 4.0 −webkit−	10.0	16.0 5.0 −moz−	9.0 4.0 −webkit−	30.0 15.0 −webkit− 12.0 −o−
animation	43.0 4.0 −webkit−	10.0	16.0 5.0 −moz−	9.0 4.0 −webkit−	30.0 15.0 −webkit− 12.0 −o−

23.3　实现动画

> 要创建CSS3动画，将不得不了解@keyframes规则。

通过@keyframes规则可以创建动画，原理是将一套CSS样式逐步从当前的样式更改为新的样式。

使用@keyframes创建动画时，需要把它绑定到一个选择器，否则动画不会有任何效果。需要指定至少两个CSS3的动画属性：规定动画的名称，规定动画的时长。

下面通过一个实例来理解CSS3动画。

⚠ 【例23.1】 创建CSS3动画

代码如下：

```
<!DOCTYPE html>
<html lang="en">
<head>
<meta charset="UTF-8">
<title>Document</title>
<style>
div{
width: 200px;
height: 200px;
background: blue;
animation:myAni 5s;
}
@keyframes myAni{
0%{margin-left: 0px;background: blue;}
50%{margin-left: 500px;background: red;}
100%{margin-left: 0px;background: blue;}
}
</style>
</head>
<body>
<div></div>
</body>
</html>
```

代码运行结果如图23-1所示。

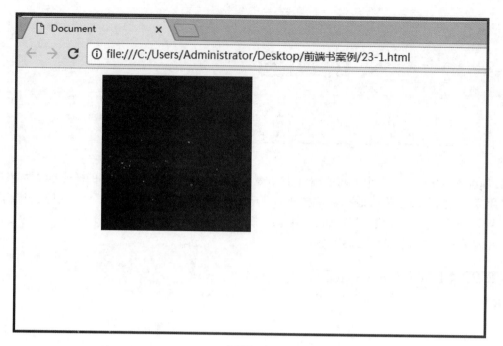

图23-1

再看一个实例，这次要让元素旋转起来。

⚠ 【例23.2】让元素旋转起来

代码如下：

```
<!DOCTYPE html>
<html lang="en">
<head>
<meta charset="UTF-8">
<title>Document</title>
<style>
.d1{
width: 200px;
height: 200px;
background: blue;
animation:myFirstAni 5s;
transform: rotate(0deg);
margin:20px;
}
@keyframes myFirstAni{
0%{margin-left: 0px;background: blue;transform: rotate(0deg);}
50%{margin-left: 500px;background: red;transform: rotate(720deg);}
100%{margin-left: 0px;background: blue;transform: rotate(0deg);}
}
.d2{
width: 200px;
height: 200px;
background: red;
```

```
animation:mySecondtAni 5s;
transform: rotate(0deg);
margin:20px;
}
@keyframes mySecondtAni{
0%{margin-left: 0px;background: red;transform: rotateY(0deg);}
50%{margin-left: 500px;background: blue;transform: rotateY(720deg);}
100%{margin-left: 0px;background: red;transform: rotateY(0deg);}
}
</style>
</head>
<body>
<div class="d1"></div>
<div class="d2"></div>
</body>
</html>
```

代码运行结果如图23-2所示。

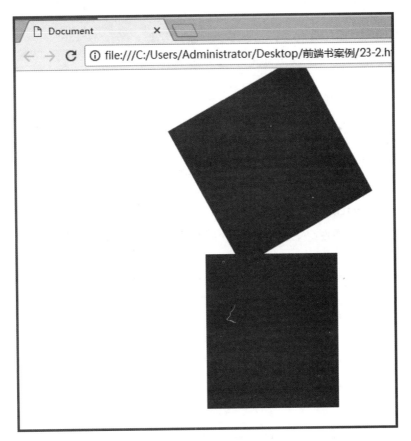

图23-2

23.4 动画属性

1. @keyframes

如果想要创建动画，那么就必须使用@keyframes规则。创建动画是通过逐步改变从一个CSS样式设定到另一个。在动画过程中，可以多次更改CSS样式的设定。指定的变化发生时使用%，或关键字"from"和"to"，这是和0%到100%相同的。0%是开头动画，100%是当动画完成。

为了获得最佳的浏览器支持，应该始终定义为0%和100%的选择器。

2. animation

所有动画属性的简写属性，除了animation-play-state属性外，它们的语法如下：

```
animation: name duration timing-function delay iteration-count direction fill-mode play-state;
```

3. animation-name

animation-name属性为@keyframes动画规定名称，语法如下：

```
animation-name: keyframename|none;
```

该属性有两个参数：

● keyframename：规定需要绑定到选择器的keyframe的名称。
● none：规定无动画效果（可用于覆盖来自级联的动画）。

4. animation-duration

animation-duration属性定义动画完成一个周期需要多少时间，单位是秒或毫秒，语法如下：

```
animation-duration: time;
```

5. animation-timing-function

animation-timing-function属性指定动画将如何完成一个周期。速度曲线定义动画从一套CSS样式变为另一套CSS样式所用的时间，速度曲线用于使变化更为平滑，语法如下：

```
animation-timing-function: value;
```

animation-timing-function使用的数学函数称为三次贝塞尔曲线、速度曲线。使用此函数时，可以使用自己的值或预先定义的值之一。

animation-timing-function属性的值可以是以下几种：

● inear：动画从头到尾的速度是相同的。
● ease：默认。动画以低速开始，然后加快，在结束前变慢。

- ease-in：动画以低速开始。
- ease-out：动画以低速结束。
- ease-in-out：动画以低速开始和结束。
- cubic-bezier(n,n,n,n)：在 cubic-bezier函数中使用自己的值。可能的值是0~1的数值。

6. animation-delay

animation-delay属性定义动画什么时候开始，其值的单位可以是秒（s）或毫秒（ms）。

【TIPS】

　　允许负值，-2s使动画马上开始，但跳过2秒进入动画。

7. animation-iteration-count

animation-iteration-count属性定义动画应该播放多少次，默认值为1，属性的值可以使以下两种：

- n：一个数字，定义应该播放多少次动画。
- infinite：指定动画应该播放无限次（永远）。

8. animation-direction

animation-direction属性定义是否循环交替反向播放动画，默认是normal，语法如下：

```
animation-direction: normal|reverse|alternate|alternate-reverse|initial|inherit;
```

【TIPS】

　　如果动画被设置为只播放一次，该属性将不起作用。

animation-direction属性的值可以使以下几种：

- normal：默认值，动画按正常播放。
- reverse：动画反向播放。
- alternate：动画在奇数次（1、3、5……）正向播放，在偶数次（2、4、6……）反向播放。
- alternate-reverse：动画在奇数次（1、3、5……）反向播放，在偶数次（2、4、6……）正向播放。
- Initial：设置该属性为它的默认值。
- Inherit：从父元素继承该属性。

9. animation-play-state

animation-play-state属性指定动画是否正在运行或已暂停，默认是running，语法如下：

```
animation-play-state: paused|running;
```

animation-play-state属性的值可以是以下两种：

- paused：指定暂停动画。
- running：指定正在运行的动画。

实例精讲 太阳系星球运转图

下面制作一个模拟太阳系星球运转的动画，它需要之前学习过的CSS3属性，如border-radius属性，代码如下：

```
<!DOCTYPE html>
<html>
<head>
<meta charset="UTF-8">
<title>css</title>
<style type="text/css">
*{
margin: 0;
padding: 0;
list-style: none;
}
body{
background: black;
}
/* 太阳轮廓 */
.galaxy{
width: 1300px;
height: 1300px;
position: relative;
margin: 0 auto;
}
/* 里面所有的div都绝对定位 */
.galaxy div{
position: absolute;
}
/* 给所有的轨道添加一个样式 */
div[class*=track]{
border: 1px solid #555;
margin-left: -3px;
margin-top: -3px;
}
/* 太阳的位置大概是: 1200/2 */
.sun{
background: url("img/sun.png") 0 0 no-repeat;
width: 100px;
```

```
height: 100px;
left: 600px;
top: 600px;
}
.mercury{
background: url("img/2.png") 0 0 no-repeat;
width: 50px;
height: 50px;
left: 700px;
top: 625px;
transform-origin: -50px 25px;
animation: rotation 2.4s linear infinite;
}
.mercury-track{
width: 150px;
height: 150px;
left: 575px;
top: 575px;
border-radius: 75px;
}
.venus{
background: url("img/3.png") 0 0 no-repeat;
width: 60px;
height: 60px;
left: 750px;
top: 620px;
animation: rotation 6.16s linear infinite;
transform-origin: -100px 30px;
}
.venus-track{
width: 260px;
height: 260px;
left: 520px;
top: 520px;
border-radius: 130px;
}
.earth{
background: url("img/4.png") 0 0 no-repeat;
width: 60px;
height: 60px;
top: 620px;
left: 805px;
animation: rotation 10s linear infinite;
transform-origin: -155px 30px;
}
.earth-track{
width: 370px;
height: 370px;
border-radius: 185px;
```

```
left: 465px;
top: 465px;
}
.mars{
background: url("img/5.png") 0 0 no-repeat;
width: 50px;
height: 50px;
top: 625px;
left: 865px;
animation: rotation 19s linear infinite;
transform-origin: -215px 25px;
}
.mars-track{
width: 480px;
height: 480px;
border-radius: 240px;
left: 410px;
top: 410px;
}
.jupiter{
background: url("img/6.png") 0 0 no-repeat;
width: 80px;
height: 80px;
top: 610px;
left: 920px;
animation: rotation 118s linear infinite;
transform-origin: -270px 40px;
}
.jupiter-track{
border-radius: 310px;
width: 620px;
height: 620px;
left: 340px;
top: 340px;
}
.saturn{
background: url("img/7.png") 0 0 no-repeat;
width: 120px;
height: 80px;
top: 610px;
left: 1000px;
animation: rotation 295s linear infinite;
transform-origin: -350px 40px;
}
.saturn-track{
border-radius: 410px;
width: 820px;
height: 820px;
left: 240px;
```

```
top: 240px;
}
.uranus{
background: url("img/8.png") 0 0 no-repeat;
width: 80px;
height: 80px;
top: 610px;
left: 1120px;
animation: rotation 840s linear infinite;
transform-origin: -470px 40px;
}
.uranus-track{
border-radius: 510px;
width: 1020px;
height: 1020px;
top: 140px;
left: 140px;
}
.pluto{
background: url("img/9.png") 0 0 no-repeat;
width: 70px;
height: 70px;
top: 615px;
left: 1210px;
animation: rotation 1648s linear infinite;
transform-origin: -560px 35px;
}
.pluto-track{
border-radius: 595px;
width: 1190px;
height: 1190px;
left: 55px;
top: 55px;
}
@keyframes rotation{
to{
transform: rotate(360deg);
}
}
</style>
</head>
<body>
<div class="galaxy">
<div class='sun'></div>
<!-- 第一颗 -->
<div class='mercury-track'></div>
<div class='mercury'></div>
<div class='venus-track'></div>
<div class='venus'></div>
```

```
<div class='earth-track'></div>
<div class='earth'></div>
<div class='mars-track'></div>
<div class='mars'></div>
<div class='jupiter-track'></div>
<div class='jupiter'></div>
<div class='saturn-track'></div>
<div class='saturn'></div>
<div class='uranus-track'></div>
<div class='uranus'></div>
<div class='pluto-track'></div>
<div class='pluto'></div>
</div>
</body>
</html>
```

代码运行结果如图23-3所示。

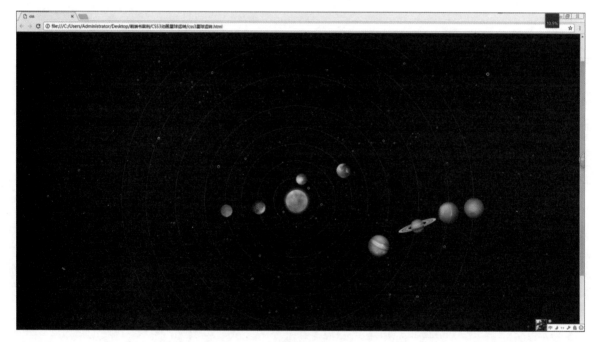

图23-3

在上面的代码中，对所有的星球轨道和星球都进行了绝对定位或者相对定位，其中的星球轨道不是图片，而是使用CSS3的新属性border-radius圆角边框得到的，希望大家从该例能够得到新的启发。

本章小结

　　本章主要讲解了CSS3中的动画，有了这个颠覆性的新技术，前端开发工作者终于摆脱了非常麻烦的JavaScript和Flash插件，而直接使用CSS即可完成动画。CSS并不是编程语言，只是样式语言而已，写CSS的时候是不需要逻辑运算的。

读书笔记

Chapter

24

CSS3多列布局

本章概述

　　继div+css布局风靡世界之后，CSS3又提供了新的布局方式——多列布局。多列布局一般用于移动端。本章将为大家讲解CSS3多列布局的知识。

重点知识

- 多列布局简介
- 浏览器支持情况
- 多列布局属性

24.1 多列布局简介

　　CSS3提供了一个新属性columns用于多列布局。在这之前，有些常见的排版用CSS动态实现其实是比较困难的，如竖版报纸布局，如图24-1所示。

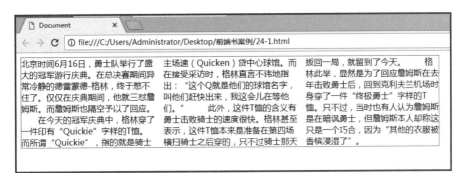

图24-1

　　竖版报纸布局在以前是很难实现的，比较稳妥的方法是通过JavaScript来实现，并且操作非常繁琐。但是有了CSS3的columns属性之后，一切将会变得非常容易，因为在CSS3中可以使用多列布局。

　　多列布局在Web页面中的使用其实很频繁，常见的有如瀑布流般的照片背景墙、移动端的响应式布局等。

24.2 浏览器支持情况

> 　　目前，浏览器对多列布局的支持情况还算理想，只有IE支持得较晚，从IE10版本才开始正式支持。

　　如表24-1所示为各大浏览器厂商对CSS3多列布局的支持情况。表格中的数字表示支持该方法的第一个浏览器的版本号，紧跟在数字后面的-webkit-或-moz-为指定浏览器的前缀。

表24-1

属性	Chrome	IE	Firefox	Safrai	Opera
column-count	4.0 -webkit-	10.0	2.0 -moz-	3.1 -webkit-	15.0 -webkit- 11.1

（续表）

属性	Chrome	IE	Firefox	Safrai	Opera
column-gap	4.0 -webkit-	10.0	2.0 -moz-	3.1 -webkit-	15.0 -webkit- 11.1
column-rule	4.0 -webkit-	10.0	2.0 -moz-	3.1 -webkit-	15.0 -webkit- 11.1
column-rule-color	4.0 -webkit-	10.0	2.0 -moz-	3.1 -webkit-	15.0 -webkit 11.1
column-rule-style	4.0 -webkit-	10.0	2.0 -moz-	3.1 -webkit-	15.0 -webkit 11.1
column-rule-width	4.0 -webkit-	10.0	2.0 -moz-	3.1 -webkit-	15.0 -webkit 11.1
column-width	4.0 -webkit-	10.0	2.0 -moz-	3.1 -webkit-	15.0 -webkit 11.1

24.3 多列布局属性

> CSS3的多列布局有众多属性，下面就来学习CSS3多列布局的相关内容。

1. column-count

column-count属性规定元素应该被划分的列数。

【例24.1】使用column-count属性

代码如下：

```
<!DOCTYPE html>
<html lang="en">
<head>
<meta charset="UTF-8">
<title>Document</title>
<style>
div{
width: 800px;
border:1px solid red;
column-count: 3;
}
</style>
</head>
```

```
<body>
<div>
    北京时间6月16日，勇士队举行了盛大的冠军游行庆典。在总决赛期间异常冷静的德雷蒙德-格林，终于憋
不住了。仅仅在庆典期间，他就三怼詹姆斯。而詹姆斯也隔空予以了回应。
    在今天的冠军庆典中，格林穿了一件印有"Quickie"字样的T恤。而所谓"Quickie"，指的就是骑士
主场速（Quicken）贷中心球馆。而在接受采访时，格林直言不讳地指出："这个Q就是他们的球馆名字，叫
他们赶快出来，我这会儿在等他们。"
    此外，这件T恤的含义有勇士击败骑士的速度很快。格林甚至表示，这件T恤本来是准备在第四场横扫骑士
之后穿的，只不过骑士那天扳回一局，就留到了今天。
    格林此举，显然是为了回应詹姆斯在去年击败勇士后，回到克利夫兰机场时身穿了一件"终极勇士"字样
的T恤。只不过，当时也有人认为詹姆斯是在暗讽勇士，但詹姆斯本人却称这只是一个巧合，因为"其他的衣
服被香槟浸湿了"。
</div>
</body>
</html>
```

代码运行结果如图24-2所示。

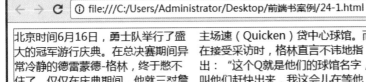

图24-2

2. column-gap

column-gap属性规定列之间的间隔。

【TIPS】

> 如果列之间设置了column-rule，它会在间隔中间显示。

为之前的实例添加此属性，代码如下：

```
column-gap: 40px;
```

代码运行结果如图24-3所示。

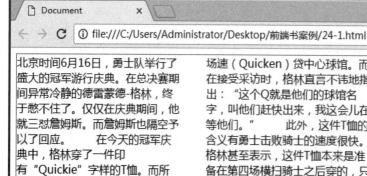

图24-3

3. column-rule-style

column-rule-style属性规定列之间的样式规则，它类似于border-style属性，其属性的值可以是以下几种：

- none：定义没有规则。
- hidden：定义隐藏规则。
- dotted：定义点状规则。
- dashed：定义虚线规则。
- solid：定义实线规则。
- double：定义双线规则。
- groove：定义3D grooved规则，该效果取决于宽度和颜色值。
- ridge：定义3D ridged规则，该效果取决于宽度和颜色值。
- inset：定义3D inset规则，该效果取决于宽度和颜色值。
- outset：定义3D outset规则，该效果取决于宽度和颜色值。

4. column-rule-width

column-rule-width属性规定列之间的宽度规则，它类似于border-width属性，其属性的值可以使以下几种：

- thin：定义纤细规则。
- medium：定义中等规则。
- thick：定义宽厚规则。
- length：规定规则的宽度。

5. column-rule-color

column-rule-color 属性规定列之间的颜色规则，它类似于border-color属性。

下面利用上述三个属性添加列与列的分割线，代码如下：

```
column-rule-color: red;
column-rule-width: 5px;
column-rule-style: dotted;
```

代码运行结果如图24-4所示。

图24-4

6. column-rule

column-rule是一个简写属性，用于设置所有column-rule-*属性。column-rule属性设置列之间宽度、样式和颜色规则，类似于border属性。

7. column-span

column-span属性规定元素应横跨多少列，其值可以是以下两种：

- 1：元素应横跨一列。
- all：元素应横跨所有列。

8. column-width

column-width属性规定列的宽度，其属性的值可以是以下两种：

- auto：由浏览器决定列宽。
- length：规定列的宽度。

9. columns

columns属性是一个简写属性，用于设置列宽和列数，语法如下：

```
columns: column-width column-count;
```

本章小结

　　本章介绍了CSS3的多列布局，包括多列布局的属性等。本章的知识点比较简单，后面会在 Chapter 27的多媒体查询中再次使用多列布局来实现移动端的布局。

读书笔记

Chapter

25

CSS3用户界面

本章概述

HTML5和CSS3都是非常注重用户的体验。在CSS3的新特性中有用于处理用户界面的操作。在以前的Web页面中,可由用户操作的部分其实很少,但在CSS3中用户体验会更好。本章将讲解CSS3用户界面的知识。

重点知识

● 用户界面简介　　　　● 浏览器支持情况　　　　● 用户界面属性

25.1 用户界面简介

> 用户界面是系统和用户之间进行交互和信息交换的媒介，它实现信息的内部形式和人类可以接受形式之间的转换。

用户界面（User Interface）简称UI，亦称使用者界面。传统的用户界面设计是指对软件的人机交互、操作逻辑、界面美观的整体设计。好的UI设计不仅让软件变得有个性和品味，还能让软件的操作变得舒适、简单、自由，充分体现软件的定位和特点。所以用户界面是因用户体验而存在的，CSS3用户界面肩负着一样的使命。

在CSS3中，新的用户界面特性包括重设元素尺寸、盒尺寸以及轮廓等。本章将介绍以下用户界面属性：

- resize。
- box-sizing。
- outline-offset。

25.2 浏览器支持情况

目前，浏览器对CSS3用户界面的支持情况还不算很理想，依然有一些浏览器无法支持。如表25-1所示为现阶段各大浏览器厂商对CSS3用户界面的支持情况。

表25-1

属性	IE	Firefox	Chrome	Safrai	Opera
Resize	NO	YES	YES	YES	NO
box-sizing	YES	YES	YES	YES	YES
outline-offset	NO	YES	YES	YES	YES

可以看出，Firefox、Chrome以及Safari支持resize属性。

Internet Explorer、Chrome、Safari以及Opera支持box-sizing属性。Firefox需要前缀-moz-。

所有主流浏览器都支持outline-offset属性，除了Internet Explorer。

25.3　用户界面属性

用户界面属性具体有哪些呢？下面将给大家一一讲解。

25.3.1　调整尺寸resizing

在原生的HTML元素中，很少有元素能够让用户自主调节元素的尺寸（除了textarea元素）。这其实是对用户进行了很大的限制。用户不是专业开发人员，如果让用户随意变动页面的尺寸，很容发生布局错乱等问题。但是如果需要用户自己去调节某些元素尺寸时，该如何呢？答案就是通过JavaScript达到目的，这样做的问题是对开发人员不够友好（代码很长，代码交互逻辑也很复杂），同时用户端其实也不够灵活，这样就出现了两边都不友好的情况。

CSS3提供了resize属性，规定是否可由用户调整元素尺寸，语法如下：

```
resize: none|both|horizontal|vertical;
```

resize属性的值可以是以下几种：
- none：用户无法调整元素的尺寸。
- both：用户可调整元素的高度和宽度。
- horizontal：用户可调整元素的宽度。
- vertical：用户可调整元素的高度。

⚠ 【例25.1】 使用resize属性

代码如下：

```
<!DOCTYPE html>
<html lang="en">
<head>
<meta charset="UTF-8">
<title>Document</title>
<style>
div{
width: 300px;
height: 200px;
border:1px solid red;
text-align: center;
font-size: 20px;
line-height: 200px;
margin:10px;
}
.d2{
resize: both;
overflow:auto;
```

```
}
</style>
</head>
<body>
<div class="d1">这是传统的div元素</div>
<div class="d2">这是可以让用户自由调尺寸的div</div>
</body>
</html>
```

代码运行结果如图25-1所示。

图25-1

25.3.2 方框大小调整box-sizing

box-sizing属性是CSS3中BOX属性之一，而且box-sizing属性和box-model的关系非同一般。box-sizing属性也遵循了盒子模型的原理，它允许以特定的方式定义匹配某个区域的特定元素。

例如，需要并排放置两个带边框的框，可将box-sizing设置为border-box。这样浏览器呈现出带有指定宽度和高度的框，并把边框和内边距放入框中，语法如下：

```
box-sizing: content-box|border-box|inherit;
```

box-sizing的属性可以是以下几种：

- content-box：这是由CSS2.1规定的宽度和高度行为。宽度和高度分别应用到元素的内容框。在宽度和高度之外，绘制元素的内边距和边框。
- border-box：为元素设定的宽度和高度决定了元素的边框盒。为元素指定的任何内边距和边框都将在已设定的宽度和高度内进行绘制。从已设定的宽度和高度分别减去边框和内边距才能得到内容的宽度和高度。
- inherit：规定应从父元素继承box-sizing属性的值。

下面主要介绍border-box值的用法。例如，在页面中需要手动画出一个按钮div（200*50），在按钮中间有一个圆形的div（30*30），现在要让这个圆形的div在方形的按钮上居中。按照传统的做法，只能去设置圆形div的margin以达到让其居中的目的，还要考虑到它的父级是否也有margin值，否则会产生外边距合并的问题。传统的做法需要考虑的方面太多，不方便。

其实，可以换一种思路，不对圆形div进行操作，而是让方形按钮拥有内边距。可以使用box-sizing属性设置内边距。

⚠ 【例25.2】 使用box-sizing属性

代码如下：

```
<!DOCTYPE html>
<html lang="en">
<head>
<meta charset="UTF-8">
<title>Document</title>
<style>
.btn{
width: 200px;
height: 50px;
border-radius: 10px;
background: #f46;
margin:10px;
position:relative;
}
.d2{
padding:10px 85px;
width: 30px;
height: 30px;
}
.circle{
width: 30px;
height: 30px;
border-radius: 15px;
background: #fff;
}
.c1{
top:10px;
```

```
left:85px;
position:absolute;
}
</style>
</head>
<body>
<div class="btn d1">
<div class="circle c1"></div>
</div>
<div class="btn d2">
<div class="circle c2"></div>
</div>
</body>
</html>
```

代码运行结果如图25-2所示。

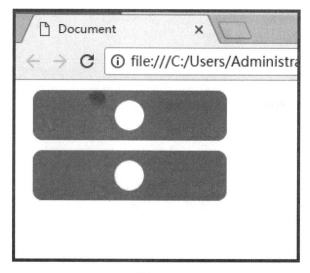

图25-2

从代码运行结果可以看出，目的已经达到，好像没什么问题了。但是上述两种做法其实都是经过二次计算的，尤其是第二种做法，甚至改变了外部div的宽高属性值，才得到一个想要的按钮。显然这两种做法都不够友好。如果使用CSS3用户界面新特性实现，将会非常简单，不需要二次计算，也不需要改变父级div的宽高属性，代码如下：

```
<!DOCTYPE html>
<html lang="en">
<head>
<meta charset="UTF-8">
<title>Document</title>
<style>
.btn{
width: 200px;
height: 50px;
```

```
border-radius: 10px;
background: #f46;
margin:10px;
position:relative;
}
.d2{
padding:10px 85px;
width: 30px;
height: 30px;
}
.circle{
width: 30px;
height: 30px;
border-radius: 15px;
background: #fff;
}
.c1{
top:10px;
left:85px;
position:absolute;
}
.d3{
box-sizing: border-box;
padding:10px 85px;
}
</style>
</head>
<body>
<div class="btn d1">
<div class="circle c1"></div>
</div>
<div class="btn d2">
<div class="circle"></div>
</div>
<div class="btn d3">
<div class="circle"></div>
</div>
</body>
</html>
```

代码运行结果如图25-3所示。

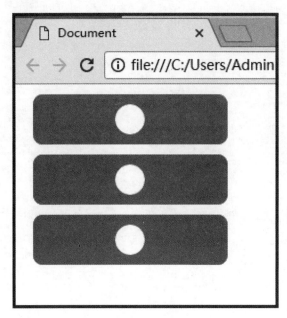

图25-3

使用了box-sizing属性之后，所得到的结果就是为外部的div设置了padding属性，但是并没有改变外部div的宽高属性，并且成功地让内部的圆形div居中了。

25.3.3 外形修饰outline-offset

outline-offset属性对轮廓进行偏移，并在边框边缘进行绘制。轮廓在两方面与边框不同：轮廓不占用空间；轮廓可能是非矩形。

⚠️ 【例25.3】使用outline-offset属性#

代码如下：

```
<!DOCTYPE html>
<html lang="en">
<head>
<meta charset="UTF-8">
<title>Document</title>
<style>
div{
width: 200px;
height: 100px;
outline:2px solid black;
margin:60px;
}
.d1{
background: red;
}
```

```
.d2{
background: greenyellow;
outline-offset: 10px;
}
</style>
</head>
<body>
<div class="d1">我的外轮廓没有被偏移</div>
<div class="d2">我的外轮廓是被偏移的</div>
</body>
</html>
```

代码运行结果如图25-4所示。

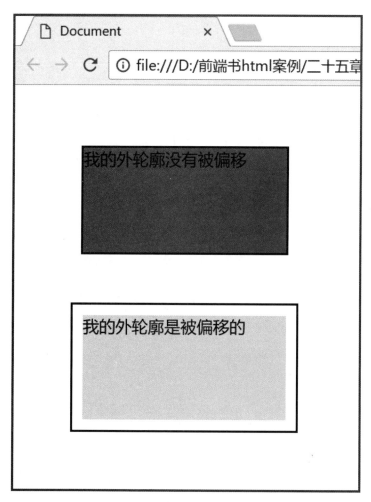

图25-4

本章小结

　　本章主要介绍了CSS3新的用户界面，也强调了交互在Web页面中的重要性。通过本章的学习应该可以让页面交互更友好，对盒子模型的应用也会得心应手。

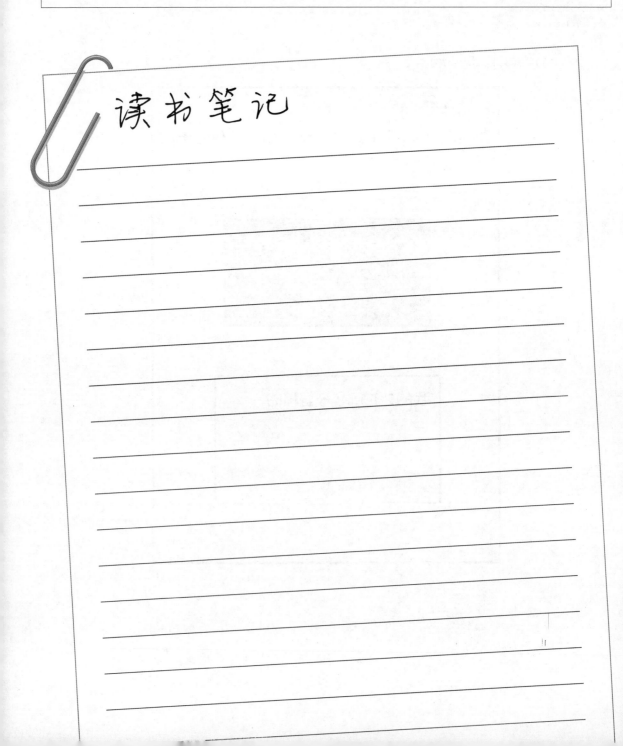

读书笔记

CSS3弹性盒子

本章概述

　　盒子模型使得div+css布局在Web页面中的应用如鱼得水。传统的盒子模型几乎可以满足任何PC端的页面布局需求，可是在移动互联网时代，传统的div+css布局已经不能很好地满足移动端的页面需求了。所以CSS3提供了弹性盒子，这种盒子模型不仅可以在PC端完成布局，更能满足移动端布局的需求。

重点知识

- 弹性盒子简介
- 浏览器支持情况
- 设置弹性盒子

26.1 弹性盒子简介

> 弹性盒子是CSS3的一种新的布局模式。引入弹性盒布局模型的目的是提供一种更加有效的方式来对一个容器中子元素进行排列、对齐和分配空白空间。

当页面需要适应不同的屏幕大小以及设备类型时，CSS3弹性盒（Flexible Box或flexbox）确保元素拥有恰当的行为布局方式。

传统的div+css布局方式是依赖于盒子模型的，基于display属性，如果需要的话，还会用上position和float属性，但是这些属性想要应用于特殊布局则非常困难（如垂直居中）。对于新手来说，这些属性极其不友好。很多新手弄不清楚absolute和relative的区别。当它们应用于元素时，新手很难明白这些元素的top、left等值到底是相对于页面还是父级元素来进行定位。

在2009年，W3C提出了一种新的方案—Flex布局。Flex布局可以更加简便地完整地实现各种页面布局方案。flex-box（弹性盒子）用于给盒子模型以最大的灵活性，任何一个容器都可以设置成一个弹性盒子。需要注意的是，设为Flex布局以后，子元素的float、clear和vertical-align属性将会失效。

26.2 浏览器支持情况

> 目前，所有的主流浏览器都支持CSS3弹性盒子，IE在IE11版本也开始支持了，这意味着在很多浏览器中使用flex-box布局都是安全可靠的。

如表26-1所示为各大浏览器厂商对flex-box布局的支持情况。表格中的数字表示支持该属性的第一个浏览器的版本号，紧跟在数字后面的-webkit-或-moz-为指定浏览器的前缀。

表26-1

属性	Chrome	IE	Firefox	Safrai	Opera
Basic support (single-line flexbox)	29.0 21.0 -webkit-	11.0	22.0 18.0 -moz-	6.1 -webkit-	12.1 -webkit-
Multi-line flexbox	29.0 21.0 -webkit-	11.0	28.0	6.1 -webkit-	17.0 15.0 -webkit- 12.1

26.3 设置弹性盒子

> 弹性盒子由弹性容器（flex container）和弹性子元素（flex item）组成。

弹性盒子通过设置display属性的值为flex或inline-flex，将其定义为弹性容器。弹性容器内包含了一个或多个弹性子元素。

 【TIPS】

弹性容器外及弹性子元素内是正常渲染的。弹性盒子只定义了弹性子元素如何在弹性容器内布局。

弹性子元素通常在弹性盒子内以行显示，默认情况下，每个容器只有一行。

26.3.1 对父级容器的设置

通过对父级元素进行一系列的设置，可以约束子级元素的排列布局。可以对父级元素设置的属性有以下几种。

1. flex-direction

flex-direction属性规定灵活项目的方向，CSS语法如下：

```
flex-direction: row|row-reverse|column|column-reverse|initial|inherit;
```

 【TIPS】

如果元素不是弹性盒对象的元素，则 flex-direction 属性不起作用。

flex-direction属性的值可以是以下几种：
- row：默认值，灵活的项目将水平显示，正如一个行一样。
- row-reverse：与row相同，但是以相反的顺序。
- column：灵活的项目将垂直显示，正如一个列一样。
- column-reverse：与column相同，但是以相反的顺序。
- initial：设置该属性为它的默认值。
- inherit：从父元素继承该属性。

通过实例来理解此属性。

⚠ 【例26.1】 使用flex-direction属性

代码如下:

```
<!DOCTYPE html1>
<html lang="en">
<head>
<meta charset="UTF-8">
<title>Document</title>
<style>
.container{
width: 1200px;
height: 200px;
border:5px red solid;
}
.content{
width: 100px;
height: 100px;
background: lightpink;
color:#fff;
font-size: 50px;
text-align: center;
line-height: 100px;
}
</style>
</head>
<body>
<div class="container">
<div class="content">1</div>
<div class="content">2</div>
<div class="content">3</div>
<div class="content">4</div>
<div class="content">5</div>
</div>
</body>
</html1>
```

此时,并没有对父级div元素进行任何关于弹性盒子布局的设置,所以能够得到的也是正常结果,如图26-1所示。

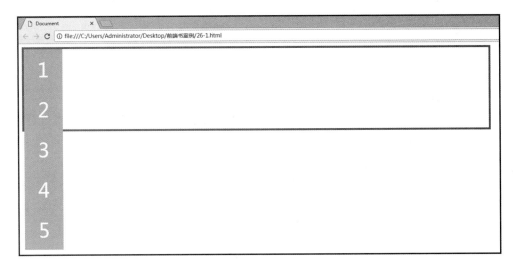

图26-1

在传统的布局中，如果需要粉色的子级div进行横向排列，大多都会使用float属性。但是float属性会改变元素的文档流，有时甚至会造成"高度塌陷"的后果，所以不是很方便。如果使用flex-direction属性来布局的话，则会变得非常简单。

首先对父级元素进行display属性设置，值为flex，代码运行结果如图26-2所示。

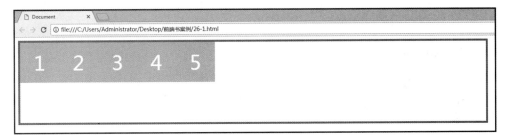

图26-2

这时虽然并没有对它设置flex-direction属性，但是这些子级div元素都已经很配合地横向排列了。对父级元素设置了display：flex的时候，其实flex-direction属性就已经生效了，并且它的默认值为row，也就是横向排列。这时的结果类似于对子级div元素设置了float：left属性的效果。可以模拟float：right的情况，只需要加上CSS代码：

```
flex-direction: row-reverse;
```

代码运行结果如图26-3所示。

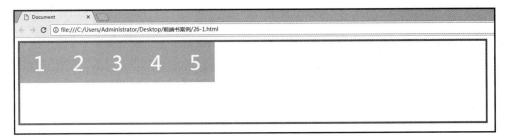

图26-3

也可以把这些小的子级元素按照倒序纵向排列，只需要添加CSS代码：

```
flex-direction: column-reverse;
```

代码运行结果如图26-4所示。

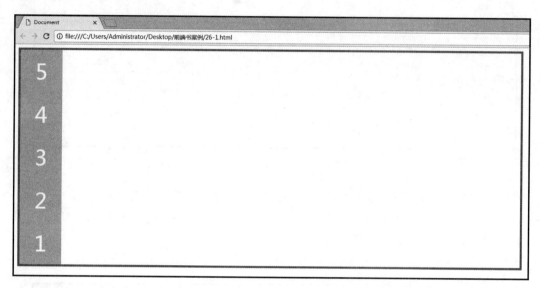

图26-4

2. justify-content

内容对齐justify-content属性应用在弹性容器上，把弹性项沿着弹性容器的主轴线（main axis）对齐，语法如下：

```
justify-content: flex-start | flex-end | center | space-between | space-around
```

justify-content属性的值可以是以下几种：

- flex-start：默认值，项目位于容器的开头。弹性项目向行头紧挨着填充。第一个弹性项的main-start外边距边线被放置在该行的main-start边线，而后续弹性项依次平齐摆放。
- flex-end：项目位于容器的结尾。弹性项目向行尾紧挨着填充。第一个弹性项的main-end外边距边线被放置在该行的main-end边线，而后续弹性项依次平齐摆放。
- center：项目位于容器的中心。弹性项目居中紧挨着填充。如果剩余的自由空间是负的，则弹性项目将在两个方向上同时溢出。
- space-between：项目位于各行之间留有空白的容器内。弹性项目平均分布在该行上。如果剩余空间为负或者只有一个弹性项，则该值等同于flex-start。否则，第一个弹性项的外边距和行的main-start边线对齐，而最后一个弹性项的外边距和行的main-end边线对齐，然后剩余的弹性项分布在该行上，相邻项目的间隔相等。
- space-around：项目位于各行之前、之间、之后都留有空白的容器内。弹性项目平均分布在该行上，两边留有一半的间隔空间。如果剩余空间为负或者只有一个弹性项，则该值等同于center。否则，弹性项目沿该行分布，且彼此间隔相等（如20px），同时首尾两边和弹性容器之间留有一半的间隔（1/2*20px=10px）。
- initial：设置该属性为它的默认值。

● inherit：从父元素继承该属性。

下面通过实例来理解justify-content属性各个值的区别。

⚠ 【例26.2】使用justify-content属性

代码如下：

```
<!DOCTYPE html>
<html lang="en">
<head>
<meta charset="UTF-8">
<title>Document</title>
<style>
.container{
width: 1200px;
height: 800px;
border:5px red solid;
display:flex;
justify-content: flex-start;
justify-content: flex-end;
justify-content: center;
justify-content: space-between;
justify-content: space-around;
}
.content{
width: 100px;
height: 100px;
background: lightpink;
color:#fff;
font-size: 50px;
text-align: center;
line-height: 100px;
}
</style>
</head>
<body>
<div class="container">
<div class="content">1</div>
<div class="content">2</div>
<div class="content">3</div>
<div class="content">4</div>
<div class="content">5</div>
</div>
</body>
</html>
```

每个值的执行结果如图26-5至图26-9所示。

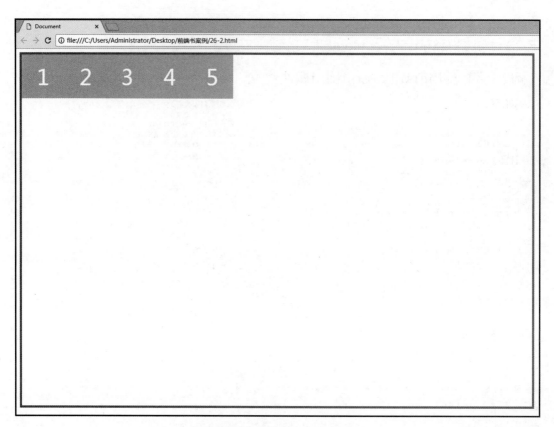

图26-5 （默认值flex-start）

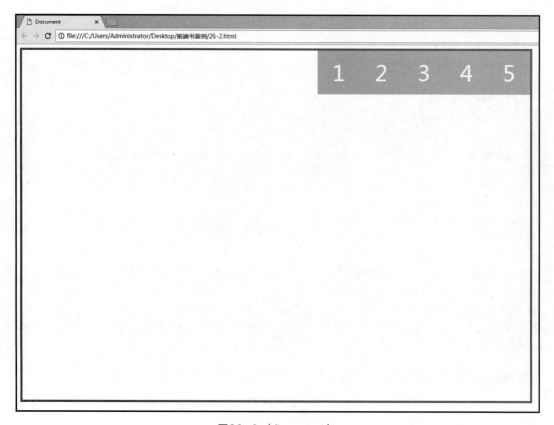

图26-6 （flex-end）

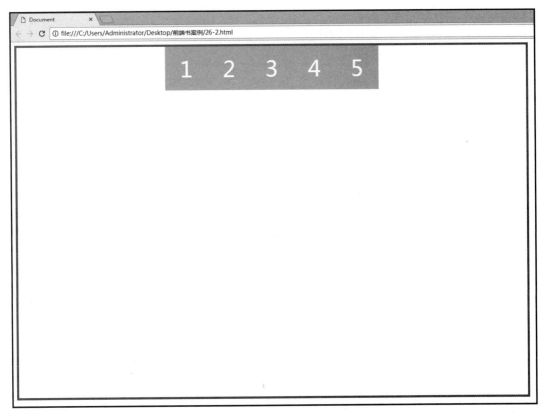

图26-7（center）

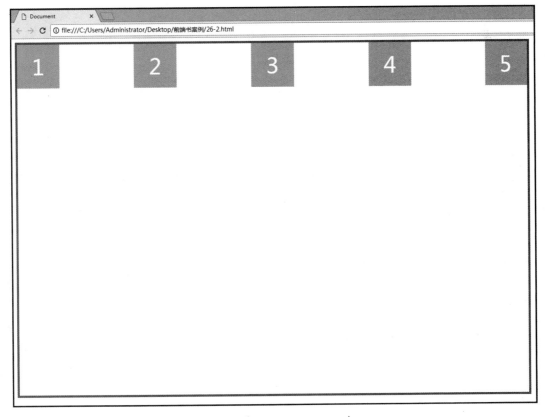

图26-8（space-between）

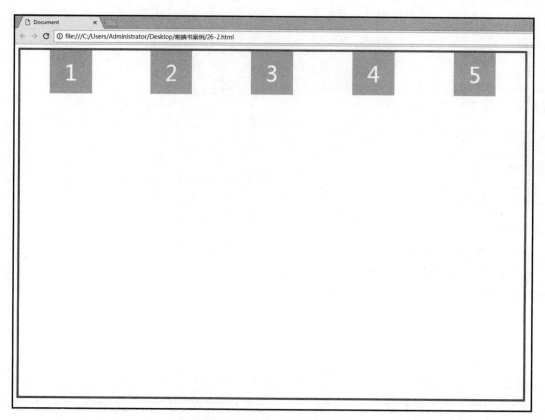

图26-9（space-around）

3. align-items

align-items设置或检索弹性盒子元素在侧轴（纵轴）方向上的对齐方式，语法如下：

```
align-items: flex-start | flex-end | center | baseline | stretch
```

align-items属性的值可以是以下几种：

- flex-start：弹性盒子元素的侧轴（纵轴）起始位置的边界紧靠住该行的侧轴起始边界。
- flex-end：弹性盒子元素的侧轴（纵轴）起始位置的边界紧靠住该行的侧轴结束边界。
- center：弹性盒子元素在该行的侧轴（纵轴）上居中放置。如果该行的尺寸小于弹性盒子元素的尺寸，则会向两个方向溢出相同的长度。
- baseline：如果弹性盒子元素的行内轴与侧轴为同一条，则该值与flex-start等效。其他情况下，该值将参与基线对齐。
- stretch：如果指定侧轴大小的属性值为auto，则其值会使项目的边距盒的尺寸尽可能接近所在行的尺寸，但同时会遵照min/max-width/height属性的限制。

下面通过实例来理解align-items属性各个值之间的区别。

⚠ 【例26.3】使用align-items属性

代码如下：

```
<!DOCTYPE html>
<html lang="en">
```

```html
<head>
<meta charset="UTF-8">
<title>Document</title>
<style>
.container{
width: 1200px;
height: 500px;
border:5px red solid;
display:flex;
justify-content: space-around;
align-items: flex-start;
}
.content{
width: 100px;
height: 100px;
background: lightpink;
color:#fff;
font-size: 50px;
text-align: center;
line-height: 100px;
}
.c1{
height: 100px;
}
.c2{
height: 150px;
}
.c3{
height: 200px;
}
.c4{
height: 250px;
}
.c5{
height: 300px;
}
</style>
</head>
<body>
<div class="container">
<div class="content c1">1</div>
<div class="content c2">2</div>
<div class="content c3">3</div>
<div class="content c4">4</div>
<div class="content c5">5</div>
</div>
</body>
</html>
```

各个值的运行结果如图26-10至图26-14所示。

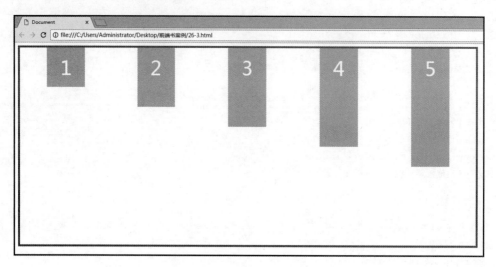

图26-10 （默认值flex-start）

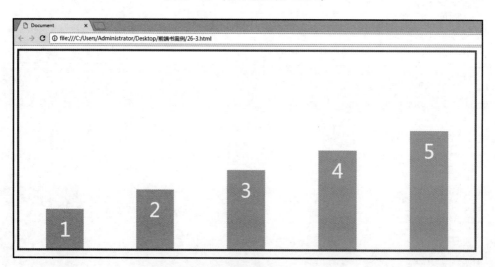

图26-11 （flex-end）

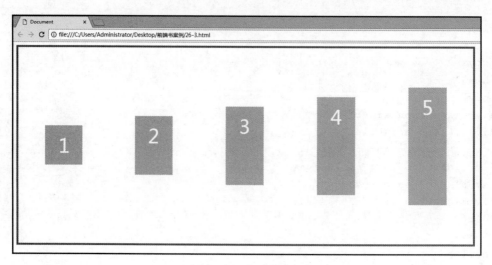

图26-12 （center）

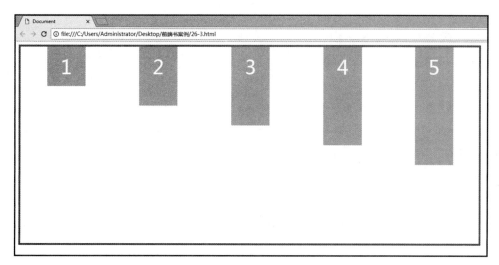

图26-13（baseline）

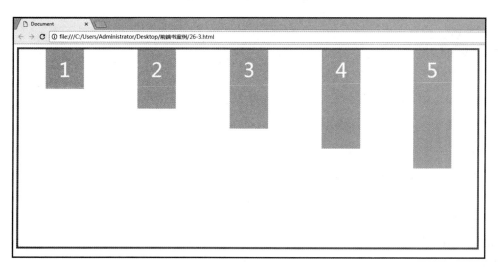

图26-14（stretch）

4. flex-wrap

flex-wrap属性规定flex容器是单行或者多行，同时横轴的方向决定了新行堆叠的方向。

【TIPS】

如果元素不是弹性盒对象的元素，则 flex-wrap属性不起作用。

语法如下：

```
flex-wrap: nowrap|wrap|wrap-reverse|initial|inherit;
```

flex-wrap属性的值可以是以下几种：

● nowrap：默认，弹性容器为单行，该情况下弹性子项可能会溢出容器。

● wrap：弹性容器为多行，该情况下弹性子项溢出的部分会被放置到新行，子项内部会发生断行。

● wrap-reverse：反转wrap排列。

- initial：设置该属性为它的默认值。
- inherit：从父元素继承该属性。

下面通过实例来理解flex-wrap属性。

⚠ 【例26.4】使用flex-wrap属性

代码如下：

```
<!DOCTYPE html>
<html lang="en">
<head>
<meta charset="UTF-8">
<title>Document</title>
<style>
.container{
width: 500px;
height: 500px;
border:5px red solid;
display:flex;
justify-content: space-around;
flex-wrap: nowrap;
}
.content{
width: 100px;
height: 100px;
background: lightpink;
color:#fff;
font-size: 50px;
text-align: center;
line-height: 100px;
}
</style>
</head>
<body>
<div class="container">
<div class="content">1</div>
<div class="content">2</div>
<div class="content">3</div>
<div class="content">4</div>
<div class="content">5</div>
<div class="content">6</div>
<div class="content">7</div>
<div class="content">8</div>
<div class="content">9</div>
<div class="content">10</div>
</div>
</body>
</html>
```

代码运行结果如图26-15所示。

图26-15

通过以上代码运行的结果可以看出，在默认属性值nowrap的作用下，即便是内容已经完全被压缩了，也不会进行换行操作。如果希望内容正常显示在容器内，可以添加CSS代码：

```
flex-wrap: wrap;
```

代码运行结果如图26-16所示。

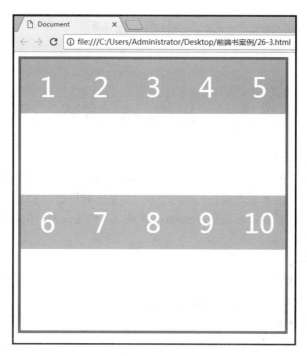

图26-16

5. align-content

align-content属性用于修改flex-wrap属性的行为，它类似于align-items，但不是设置弹性子元素的对齐，而是设置各个行的对齐，语法如下：

```
align-content: flex-start | flex-end | center | space-between | space-around |
stretch
```

align-content属性的值可以是以下几种：

- stretch：默认，各行将会伸展以占用剩余的空间。
- flex-start：各行向弹性盒容器的起始位置堆叠。
- flex-end：各行向弹性盒容器的结束位置堆叠。
- center：各行向弹性盒容器的中间位置堆叠。
- space-between：各行在弹性盒容器中平均分布。
- space-around：各行在弹性盒容器中平均分布，两端保留子元素与子元素之间间距大小的一半。

26.3.2 对子级元素的设置

flex-box布局不仅是对父级容器进行设置，也可以设置子级元素的属性。下面要介绍的属性有flex（用于指定弹性子元素如何分配空间）和order（用整数值来定义排列顺序，数值小的排在前面）。

1. flex

flex属性用于设置或检索弹性盒模型对象的子元素如何分配空间。flex属性是flex-grow、flex-shrink和flex-basis属性的简写属性。

🔑【TIPS】

> 如果元素不是弹性盒模型对象的子元素，则flex属性不起作用。

语法如下：

```
flex: flex-grow flex-shrink flex-basis|auto|initial|inherit;
```

flex属性的值可以是以下几种：

- flex-grow：一个数字，规定项目将相对于其他灵活的项目进行扩展的量。
- flex-shrink：一个数字，规定项目将相对于其他灵活的项目进行收缩的量。
- flex-basis：项目的长度。合法值为auto、inherit，也可以是一个后跟%、px、em或任何其他长度单位的数字。
- auto：11 auto相同。
- none：与0 0 auto相同。
- initial：设置该属性为它的默认值，即为0 1 auto。
- inherit：从父元素继承该属性。

下面通过实例来理解flex属性。

⚠ 【例26.5】 使用flex属性

代码如下：

```
<!DOCTYPE html>
<html lang="en">
<head>
<meta charset="UTF-8">
<title>Document</title>
<style>
.container{
width: 500px;
height: 500px;
border:5px red solid;
display:flex;
/*justify-content: space-around;*/
flex-wrap: wrap;
}
.content{
height: 100%;
background: lightpink;
color:#fff;
font-size: 50px;
text-align: center;
line-height: 100px;
}
.c2{
background: lightblue;
}
.c3{
background: yellowgreen
}
</style>
</head>
<body>
<div class="container">
<div class="content c1">1</div>
<div class="content c2">2</div>
<div class="content c3">3</div>
<div class="content c4">45678910</div>
</div>
</body>
</html>
```

代码运行结果如图26-17所示。

图26-17

此时，所有的子级div宽度都是由自身的内容决定的。如果想要它们平均分配父级容器的空间，则需要添加CSS代码：

```
flex: 1;
```

代码运行结果如图26-18所示。

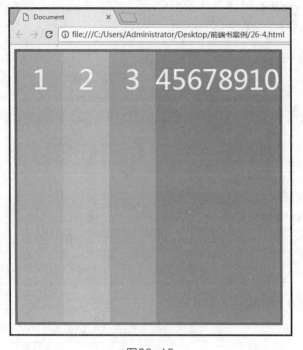

图26-18

2. order

order属性设置或检索弹性盒模型对象的子元素出现的顺序。

【TIPS】

> 如果元素不是弹性盒对象的元素，则order属性不起作用。

语法如下：

```
order: number|initial|inherit;
```

order属性的值可以是以下几种：

● number：默认值是0，规定灵活项目的顺序。

● Initial：设置该属性为它的默认值。

● Inherit：从父元素继承该属性。

下面通过实例来理解order属性。

⚠ 【例26.6】 使用order属性

代码如下：

```
<!DOCTYPE html>
<html lang="en">
<head>
<meta charset="UTF-8">
<title>Document</title>
<style>
.container{
width: 500px;
height: 500px;
border:5px red solid;
display:flex;
justify-content: space-around;
}
.content{
width: 100px;
height: 100px;
background: lightpink;
color:#fff;
font-size: 50px;
text-align: center;
line-height: 100px;
}
.c2{
background: lightblue;
}
.c3{
```

```
background: yellowgreen;
}
.c4{
background: coral;
}
</style>
</head>
<body>
<div class="container">
<div class="content c1">1</div>
<div class="content c2">2</div>
<div class="content c3">3</div>
<div class="content c4">4</div>
</div>
</body>
</html>
```

代码运行结果如图26-19所示。

图26-19

以上代码未对子级div设置order属性，现在也是正常显示在页面中。对子级div加入CSS代码order
属性之后，再看它们的排列顺序。

代码如下：

```
.c1{
order:3;
}
.c2{
background: lightblue;
order:1;
}
.c3{
background: yellowgreen;
order:4;
}
.c4{
background: coral;
order:2;
}
```

代码执行结果如图26-20所示。

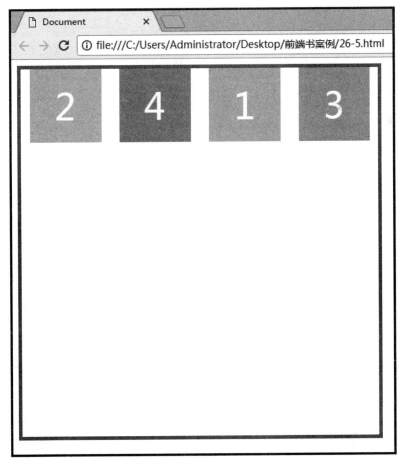

图26-20

本章小结

本章讲解了关于CSS3弹性盒子的知识，包括对父级容器的属性和子级元素的设置，每个属性都有相应的CSS规则。通过本章的学习，相信大家在以后的布局中能够获得更多的方案和更好的解决手段。

读书笔记

Chapter

27

CSS3多媒体查询

本章概述

　　移动互联网的变化日新月异，发展趋势一定是移动互联网成为互联网的主流。CSS3也提供了多媒体查询的功能，本章讲解CSS3多媒体查询。

重点知识

● 多媒体查询简介　　　　● 浏览器支持情况　　　　● 多媒体查询的应用

27.1 多媒体查询简介

> CSS2中已有@media，针对不同媒体类型可以定制不同的样式规则，包括针对显示器、便携设备、电视机等，但很多设备对多媒体类型的支持还不够友好，所以CSS3中的@media有了改进。

CSS3多媒体查询根据设置自适应显示。媒体查询可用于检测很多事情。

目前，苹果手机、Android手机、平板等设备都会使用多媒体查询。使用@media查询，可以针对不同的媒体类型定义不同的样式。

@media 可以针对不同的屏幕尺寸设置不同的样式。如果需要设置设计响应式的页面，@media是非常有用的。

在重置浏览器大小的过程中，页面也会根据浏览器的宽度和高度重新渲染页面。

27.2 浏览器支持情况

目前，浏览器对多媒体查询的支持情况非常理想，所有主流浏览器都已支持多媒体查询功能，如图27-1所示为目前各大浏览器厂商对多媒体查询的支持情况。

Rule					
@media	21	9	3.5	4.0	9

图27-1

27.3 多媒体查询的应用

多媒体查询最大作用就是使Web页面能够很好地适配PC端与移动端的浏览器窗口，比如：

- viweport（视窗）的宽度与高度：@media能够轻松得到浏览器视口的宽和高。
- 设备的高度与宽度：@media也可以得到设备的宽和高。
- 朝向（智能手机横屏与竖屏）：@media为智能手机用户也提供了便利，它会根据手机的朝向正确地展示Web页面，保证浏览的流畅性。
- 分辨率：@media也可以读取设备的分辨率，以展示适合设备显示的Web页面。

27.3.1 多媒体查询语法

多媒体查询的官方推荐语法为：

```
@media mediatype and|not|only (media feature) {
CSS-Code;
}
```

也可以针对不同的媒体使用不同的CSS样式表，语法如下：

```
<link rel="stylesheet" media="mediatype and|not|only (media feature)"
href="mystylesheet.css">
```

27.3.2 简单的多媒体查询

下面通过实例来理解多媒体查询的用法。

⚠ 【例27.1】 使用多媒体查询

代码如下：

```
<!DOCTYPE html>
<html lang="en">
<head>
<meta charset="UTF-8">
<title>Document</title>
<style>
.d1{
background: pink;
}
.d2{
background: lightblue;
}
.d3{
background: yellowgreen;
}
.d4{
background: yellow;
}
@media screen and (min-width: 800px){
.content{
width: 800px;
margin:20px auto;
}
.box{
width: 200px;
height: 200px;
float:left;
```

```
}
}
@media screen and (min-width: 500px) and (max-width: 800px){
.content{
width: 100%;
column-count: 1;
}
.box{
width: 50%;
height: 150px;
float:left;
}
}
@media screen and (max-width: 500px){
.content{
width: 100%;
column-count: 1;
}
.box{
width: 100%;
height: 100px;
}
}
</style>
</head>
<body>
<div class="content">
<div class="box d1"></div>
<div class="box d2"></div>
<div class="box d3"></div>
<div class="box d4"></div>
</div>
</body>
</html1>
```

以上代码对浏览器窗口进行了三次判断，分别是窗口大于800px时，窗口大于500px并且小于800px时，窗口小于500px时。对这三种情况都进行了相应的样式处理，它们的运行结果如图27-2、图27-3和图27-4所示。

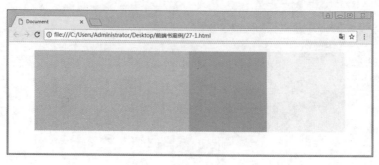

图27-2

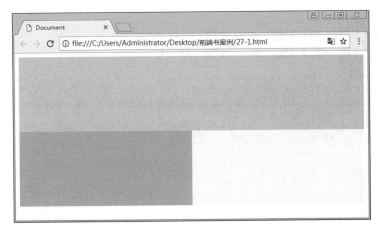

图27-3

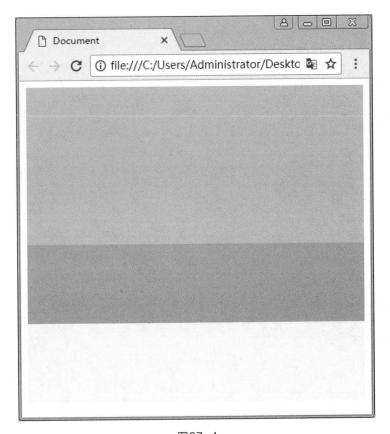

图27-4

实例精讲 自适应导航栏

> 下面将创建一个在CSS3网页中常见的自适应导航栏。通过制作自适应导航栏可以深度掌握@media规则，希望大家能够从实例中得到新的启发。

首先，需要一个index.html文件，代码如下：

```
<!DOCTYPE html>
<html lang="en">
<head>
<meta charset="UTF-8">
<title>滑动菜单</title>
<link rel="stylesheet" media="screen and (min-width:800px)" href="CSS/
style1.css">
<link rel="stylesheet" media="screen and (min-width:500px) and (max-
width:800px)" href="CSS/style2.css">
<link rel="stylesheet" media="screen and (max-width:500px)" href="CSS/
style3.css">
</head>
<body>
<nav>
<div class="home">
<i></i>
<span></span>
Home
</div>
<div class="services">
<i></i>
<span></span>
services
</div>
<div class="portfolio">
<i></i>
<span></span>
portfolio
</div>
<div class="blog">
<i></i>
<span></span>
blog
</div>
<div class="team">
<i></i>
<span></span>
```

```
The team
</div>
<div class="contact">
<i></i>
<span></span>
contact
</div>
</nav>
</body>
</html>
```

这次并没有把CSS样式直接写在<style>标签内，而是通过三个<link>标签引入了三个外部样式表。这三个外部样式表分别对应浏览器里窗口的三种状态，它们分别是当浏览器窗口大于800px时引用，当浏览器窗口大于500px且小于800px时引用，当浏览器窗口小于500px时引用。

（1）浏览器窗口大于800px时引用的样式表，代码如下：

```
*{margin:0;padding:0;}
nav{
width:80%;
max-width: 1200px;
height:200px;
margin:20px auto;
}
div{
width: 16.6%;
max-width: 200px;
height:200px;
background-color: #ccc;
float:left;
font-size: 20px;
color:#fff;
text-align: center;
text-transform: capitalize;
line-height: 320px;
transition:all 1s;
}
span{
display:block;
width: 70px;
height: 70px;
background-color: #eee;
margin:-100px auto;
border-radius: 35px;
}
i{
display:block;
width: 130px;
height: 130px;
```

```
background-color: rgba(255,255,255,0);
margin:0px auto;
border-radius: 65px;
transition:all 1s;
}
div:hover{
height:220px;
}
div:hover i{
transform:scale(0.5);
background-color: rgba(255,255,255,0.5)
}
.home{
background-color: #ee4499;
}
.services{
background-color: #ffaa99;
}
.portfolio{
background-color: #44ff88;
}
.blog{
background-color: #77ddbb;
}
.team{
background-color: #55ccff;
}
.contact{
background-color: #99ccff;
}
```

代码运行结果如图27-5所示。

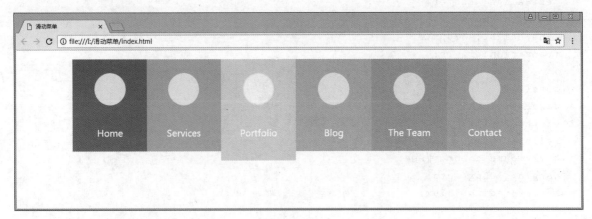

图27-5

（2）浏览器窗口大于500px且小于800px时引用样式表，代码如下：

```
*{margin:0;padding:0;}
body{}
nav{
width:90%;
min-width: 400px;
height:300px;
margin:0px auto;
/*min-width: 1000px;*/
}
div{
width:50%;
/* max-width: 300px;
min-width: 100px; */
height: 100px;
padding:15px;
background: red;
float:left;
text-align:center;
box-sizing: border-box;
}
span{
display:block;
width: 70px;
height: 70px;
background-color: #eee;
border-radius: 35px;
float:left;
/* position:absolute; */
}
.home{
background-color: #ee4499;
}
.services{
background-color: #ffaa99;
}
.portfolio{
background-color: #44ff88;
}
.blog{
background-color: #77ddbb;
}
.team{
background-color: #55ccff;
}
.contact{
background-color: #99ccff;
}
```

代码运行结果如图27-6所示。

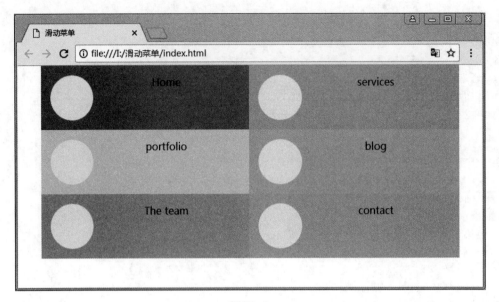

图27-6

（3）浏览器窗口小于500px时引用样式表，代码如下：

```
*{margin:0;padding:0;}
body{}
nav{
width:90%;
min-width: 400px;
height:300px;
margin:0px auto;
display:flex;
flex-wrap: wrap;
}
div{
width:100%;
height: 100px;
padding:15px;
background: red;
/*float:left;*/
text-align:center;
box-sizing: border-box;
}
span{
display:block;
width: 70px;
height: 70px;
background-color: #eee;
border-radius: 35px;
float:left;
/* position:absolute; */
```

```
}
.home{
background-color: #ee4499;
}
.services{
background-color: #ffaa99;
}
.portfolio{
background-color: #44ff88;
}
.blog{
background-color: #77ddbb;
}
.team{
background-color: #55ccff;
}
.contact{
background-color: #99ccff;
}
```

代码运行结果如图27-7所示。

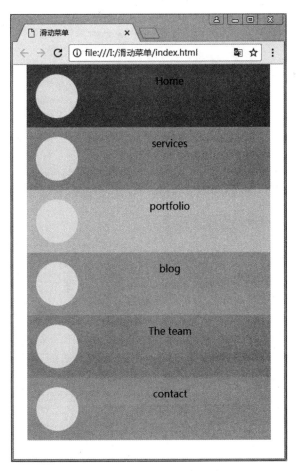

图27-7

本章小结

本章讲解了多媒体查询的功能和语法，最后通过实例来具体应用这些知识。

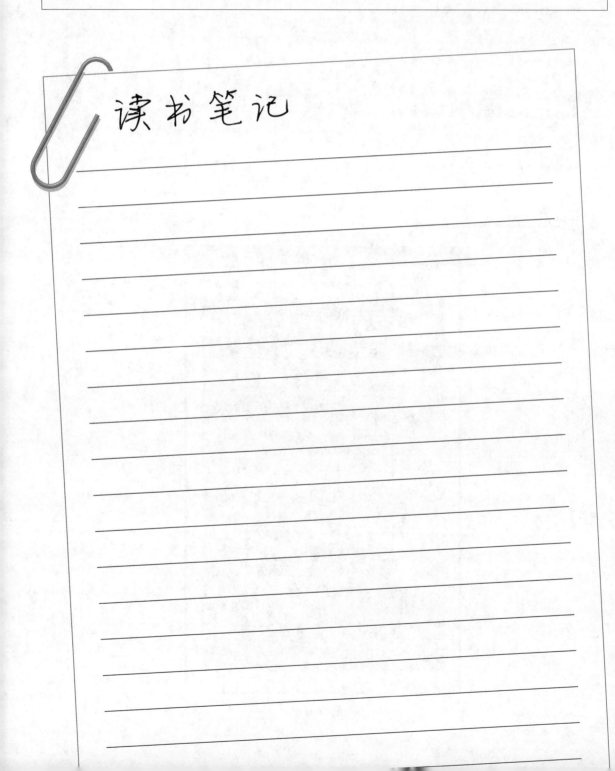

读书笔记

Appendix

附录

附录A HTML5标签

1. <!--...-->标签

定义描述	定义注释。
使用方式	<!--这是一段注释。注释不会在浏览器中显示。--> <p>这是<!--...-->的使用方式。</p>

2. <!DOCTYPE>标签

定义描述	定义文档类型。
使用方式	<!DOCTYPE html>…<html>

3. <a>标签

定义描述	定义锚。
使用方式	<a href="http://www.dengshengshufang.cn">买书</a>

4. <abbr>标签

定义描述	定义缩写。
使用方式	这是<abbr title="World Wide Web">PRC</abbr>万维网的缩写

5. <acronym>标签

定义描述	定义只取首字母的缩写。
使用方式	<acronym title="World Wide Web">WWW</acronym>

6. <address>标签

定义描述	定义文档作者或拥有者的联系信息。
使用方式	<address>…</address>

7. <applet>标签

定义描述	定义嵌入的applet。
使用方式	<applet code="Bubbles.class" width="350" height="350"></applet>

8. `<area>`标签

定义描述	定义图像映射内部的区域。
使用方式	`<img>`标签中的usemap属性与map元素的name属性相关联，创建图像与映射之间的联系。

9. `<article>`标签

定义描述	定义文章。
使用方式	`<article><p>`一段文字`</p></article>`

10. `<aside>`标签

定义描述	定义其所处内容之外的内容。
使用方式	`<p>`一段文字`</p>` `<aside><p>`一段文字`</p></aside>`

11. `<audio>`标签

定义描述	定义声音。
使用方式	`<audio src="`一段音频`"></audio>`

12. `<b>`标签

定义描述	定义粗体字体。
使用方式	`<b>`文本加粗了`</b>`

13. `<base>`标签

定义描述	定义页面中所有链接的默认地址或默认目标。
使用方式	`<base href="`链接地址`">`、`<base target="_blank"/>`

14. `<basefont>`标签

定义描述	定义基准字体。
使用方式	`<basefont color="red" size="5" />`

15. `<bdi>`标签

定义描述	定义文本的文本方向，使其脱离其周围文本的方向设置。
使用方式	`<ul><li>`这`<bdi>`空`</bdi>`:80 points`</li></ul>`

16. <bdo>标签

定义描述	定义文字方向。
使用方式	<bdo dir="rtl">从右向左输出文字</bdo>

17. <big>标签

定义描述	定义大号文本。
使用方式	每一个<big>标签都可以使字体大一号，直到上限7号文本。

18. <blockquote> 标签

定义描述	定义长的引用。
使用方式	<blockquote>元素前后添加了换行，并增加了外边距。</blockquote>

19. <body>标签

定义描述	定义文档的主体。
使用方式	<body>主体内容</body>

20.
标签

定义描述	定义简单的折行。
使用方式	请使用 来输入空行，而不是分割段落。

21. <button>标签

定义描述	定义按钮。
使用方式	<button type="button">确定</button>

22. <canvas>标签

定义描述	定义图形。
使用方式	<canvas id="myCanvas">图形属性</canvas>

23. <caption>标签

定义描述	定义表格标题。
使用方式	<caption>我的标题</caption>

24. `<center>`标签

定义描述	定义居中文本。
使用方式	对其所包括的文本进行水平居中。请使用CSS样式来居中文本！

25. `<cite>`标签

定义描述	定义引用(citation)。
使用方式	用 `<cite>` 标签把指向其他文档的引用分离出来，尤其是分离那些传统媒体中的文档。

26. `<col>`标签

定义描述	定义表格中一个或多个列的属性值。
使用方式	`<table width="100%" border="1"><col align="left" /></table>`

27. `<colgroup>`标签

定义描述	定义表格中供格式化的列组。
使用方式	如需对全部列应用样式，`<colgroup>`标签很有用，这样就不需要对各个单元和各行重复应用样式了。

28. `<command>`标签

定义描述	定义命令按钮。
使用方式	`<menu><command type="command">点击</command>` `</menu>`

29. `<datalist>`标签

定义描述	定义下拉列表。
使用方式	`<datalist id="cars"><option value="Volvo"></datalist>`

30. `<dd>`标签

定义描述	定义定义列表中项目的描述。
使用方式	`<dl><dt>计算机</dt><dd>用来计算的仪器</dd></dl>`

31. `<del>`标签

定义描述	定义被删除的文本。
使用方式	`<del>二十</del>`

32. <details>标签

定义描述	定义元素的细节。
使用方式	<details><summary> 2011.</summary></details>

33. <dialog>标签

定义描述	定义对话框或窗口。
使用方式	<table border="1"><tr><th>一月<dialog open>这是打开的对话窗口</dialog></th></tr>

34. <dir>标签

定义描述	定义目录列表。
使用方式	<dir><li>html</li><li>xhtml</li></dir>

35. <div>标签

定义描述	定义文档中的分区或节。
使用方式	<div style="color:#00FF00"><p>This is a paragraph.</p></div>

36. <dl>标签

定义描述	定义了定义列表。
使用方式	<dl><dt>显示器</dt><dd>以视觉方式显示信息</dd></dl>

37. <dt>标签

定义描述	定义了定义列表中的项目。
使用方式	<dl><dt>显示器</dt><dd>以视觉方式显示信息</dd></dl>

38. <embed>标签

定义描述	定义外部交互内容或插件。
使用方式	<embed src="/i/helloworld.swf" />

39. <fieldset>标签

定义描述	定义围绕表单中元素的边框。
使用方式	<form><fieldset><legend>健康信息</legend>身高：<input type="text" />体重：<input type="text" /></fieldset></form>

40. <figcaption>标签

定义描述	定义figure元素的标题。
使用方式	<figure><img src="图片"><figcaption>标题</figcaption></figure>

41. <figure>标签

定义描述	定义媒介内容的分组，以及它们的标题。
使用方式	<figure><p>大桥</p><img src="bridge.jpg"" /></figure>

42. <font>标签

定义描述	定义文字的字体、大小和颜色。
使用方式	<font size="5" face="arial" color="red">A parph.</font>

43. <footer>标签

定义描述	定义section或page的页脚。
使用方式	<footer><p><a href="# ">s</a>.</p></footer>

44. <form>标签

定义描述	定义供用户输入的HTML表单。
使用方式	<form action="/demo/demo_form.asp"> name: <input type="text" name="lastname" value="Mouse"> </form>

45. <frame>标签

定义描述	定义框架集的窗口或框架。
使用方式	<framesetcols="25%,50%,25%"> <frame src="a.html"></frameset>

46. <frameset>标签

定义描述	定义框架集。
使用方式	<frameset cols="25%,50%,25%"> <frame src="a.html"></frameset>

47. <h1> - <h6>标签

定义描述	定义HTML标题。<h1>定义最大的标题。<h6>定义最小的标题。
使用方式	<h1>标题</h1><h2>标题</h2><h3>标题</h3><h4>标题</h4><h5>标题</h5><h6>T标题</h6>

48. <head>标签

定义描述	定义文档的头部。
使用方式	<head><title>我的第一个HTML页面</title></head>

49. <header>标签

定义描述	定义section或page的页眉。
使用方式	<header><h1>标题</h1><p>内容</p></header>

50. <hr>标签

定义描述	定义水平线。
使用方式	<p>hr 标签定义水平线：</p><hr /><p>这是段落。</p><hr />

51. <html>标签

定义描述	定义HTML文档。此元素可告知浏览器其自身是一个HTML文档。
使用方式	<html>内容</html>

52. <i>标签

定义描述	定义斜体字。
使用方式	<i>字体斜了</i>

53. <iframe>标签

定义描述	定义内联框架。
使用方式	把需要的文本放置在<iframe>和</iframe>之间，这样就可以应对无法理解iframe的浏览器。

54. <img>标签

定义描述	定义图像。
使用方式	<img src="图片" alt="命名" />

55. <input>标签

定义描述	定义输入控件。
使用方式	<input type="submit" value="Submit">

56. <ins>标签

定义描述	定义已经被插入文档中的文本。
使用方式	<ins>十二</ins>

57. <label>标签

定义描述	定义 input 元素的标注。
使用方式	<label for="female">Female</label> <input type="radio" name="sex" id="female" />

58. <legend>标签

定义描述	定义 fieldset 元素的标题。
使用方式	<form><fieldset><legend>健康信息</legend> 身高：<input type="text" />体重：<input type="text" /></fieldset></form>

59. <li> 标签

定义描述	定义列表项目。
使用方式	<ul><li>雪碧</li><li>可乐</li><li>凉茶</li></ul>

60. <link> 标签

定义描述	定义文档与外部资源的关系。
使用方式	<link rel="stylesheet" type="text/css" href="/html/csstest1.css" >

61. <main> 标签

定义描述	规定文档的主要内容。
使用方式	<main><h1>Web Browsers</h1> </main>

62. <map> 标签

定义描述	定义图像映射。

使用方式	图像映射（image-map）指带有可点击区域的一幅图像。

63. <mark> 标签

定义描述	定义带有记号的文本。
使用方式	<p>这单词有记号<mark>milk</mark>记号</p>

64. <menu> 标签

定义描述	定义命令的列表或菜单。
使用方式	<menu label="Edit"> <button type="button" onclick="edit_cut()">剪切</button> </menu>

65. <menuitem> 标签

定义描述	定义用户可以从弹出菜单中调用的命令/菜单项目。
使用方式	<menu type="context" id="mymenu"><menuitem label="Refresh" onclick="window.location.reload();" icon="ico_reload.png"></menuitem>

66. <meta> 标签

定义描述	定义关于HTML文档的元信息。
使用方式	<meta>标签位于文档的头部，不包含任何内容。<meta>标签的属性定义了与文档相关联的名称/值对。

67. <meter> 标签

定义描述	定义预定义范围内的度量。
使用方式	<meter value="3" min="0" max="10">3/10</meter> <meter value="0.6">60%</meter>

68. <nav> 标签

定义描述	定义导航链接的部分。
使用方式	<nav><a href="#">HTML</a> <a href="#">jQuery</a></nav>

69. <noscript> 标签

定义描述	定义在脚本未被执行时的替代内容（文本）。

使用方式	<noscript>Your browser does not support JavaScript!</noscript>

70. <object> 标签

定义描述	定义内嵌对象。
使用方式	<object classid="clsid: −00C0F0283628" id="Slider1" width="100" height="50"><param name="BorderStyle" value="1" /></object>

71. <ol> 标签

定义描述	定义有序列表。
使用方式	<ol><li>咖啡</li><li>牛奶</li><li>茶</li></ol>

72. <optgroup> 标签

定义描述	定义选择列表中相关选项的组合。
使用方式	<optgroup label="Swedish Cars"> <option value="volvo">Volvo</option><option value="saab">Saab</option> </optgroup>

73. <option> 标签

定义描述	定义下拉列表中的一个选项（一个条目）。
使用方式	<select><option>一</option><option>二</option> <option>三</option><option>四</option></select>

74. <output> 标签

定义描述	定义不同类型的输出，如脚本的输出。
使用方式	<output name="x" for="a b"></output>

75. <p> 标签

定义描述	定义段落。
使用方式	<p>这是段落</p>

76. <param> 标签

定义描述	定义对象的参数。

使用方式	`<object classid="clsid: −00C0F0283628" id="Slider1" width="100" height="50"><param name="BorderStyle" value="1" /></object>`

77. `<progress>` 标签

定义描述	定义任何类型的任务的进度。
使用方式	`<progress value="22" max="100">`

78. `<q>` 标签

定义描述	定义短的引用。
使用方式	`<p>请注意: <q>这段话周围插入了引号</q></p>`

79. `<rp>` 标签

定义描述	定义浏览器不支持ruby元素时显示的内容。
使用方式	`<ruby>what<rt><rp>(<rp>wt</rp>)</rp></rt></ruby>`

80. `<rt>` 标签

定义描述	定义ruby注释的解释。
使用方式	`<ruby> 漢 <rt> ㄏㄢˋ </rt></ruby>`

81. `<ruby>` 标签

定义描述	定义ruby注释。
使用方式	`<ruby> 漢 <rt> ㄏㄢˋ </rt></ruby>`

82. `<script>` 标签

定义描述	定义客户端脚本，如JavaScript。
使用方式	`<script type="text/JavaScript">document.write("<h1>你好，明天</h1>")</script>`

83. `<section>` 标签

定义描述	定义选择列表（下拉列表）。
使用方式	`<section><h1>PRC</h1><p>The People's Republic of China was born in 1949...</p></section>`

84.　<select> 标签

定义描述	定义创建单选或多选菜单。
使用方式	<select><option>一</option><option>二</option><option>三</option><option>四</option></select>

85.　<small> 标签

定义描述	定义小号文本。
使用方式	<small>标签和它所对应的<big>标签一样，但它是缩小字体而不是放大。如果被包围的字体已经是字体模型所支持的最小字号，那么<small>标签将不起任何作用。

86.　<source> 标签

定义描述	定义媒介源。
使用方式	<audio controls><source src=".ogg" type="audio/ogg"><source src=".mp3" type="audio/mpeg">Your element.</audio>

87.　<span> 标签

定义描述	定义文档中的节。
使用方式	<p><span>some text.</span>定义</p>

88.　<style> 标签

定义描述	定义文档的样式信息。
使用方式	<style type="text/css">h1 {color: red}p {color: blue}</style>

89.　<sub> 标签

定义描述	定义下标文本。
使用方式	包含在_{标签和其结束标签}中的内容将会以当前文本流中字符高度的一半来显示，但是与当前文本流中文字的字体和字号都是一样的。

90.　<summary> 标签

定义描述	为<details>元素定义可见的标题。
使用方式	<details><summary>HTML 5</summary>文本</details>

91. <sup> 标签

定义描述	定义上标文本。
使用方式	包含在<sup>标签和其结束标签</sup>中的内容将会以当前文本流中字符高度的一半来显示，但是与当前文本流中文字的字体和字号都是一样的。

92. <table> 标签

定义描述	定义HTML表格。
使用方式	<table border="1"><tr><th>Month</th><th>Savings</th></tr> </table>

93. <tbody> 标签

定义描述	定义表格中的主体内容。
使用方式	<table border="1"><tbody> <tr><td>January</td><td>$100</td></tr></table>

94. <td> 标签

定义描述	定义HTML表格中的标准单元格。
使用方式	<table border="1"><tr><th>Month</th><th>Savings</th></tr> <tr><td>January</td><td>$100</td></tr></table>

95. <textarea> 标签

定义描述	定义多行的文本输入控件。
使用方式	<textarea rows="3" cols="20">长文本</textarea>

96. <tfoot> 标签

定义描述	定义表格的页脚（脚注或表注）。
使用方式	<table border="1"><tfoot><tr><td>Sum</td><td>$180</td> </tr></tfoot></table>

97. <th> 标签

定义描述	定义表格中的表头单元格。
使用方式	<table border="1"><tr><th>月份</th><th>营业额</th> </tr></table><tr><td>7月</td><td>100</td> </tr></table>

98. <thead> 标签

定义描述	定义表格的表头。
使用方式	`<table border="1"><thead><tr><th>Month</th><th>Savings</th></tr></thead></table>`

99. <time> 标签

定义描述	定义日期/时间。
使用方式	`<p>早上 <time>9:00</time> 开始上课。</p>`

100. <title> 标签

定义描述	定义文档的标题。
使用方式	`<head><title>我的第一个 HTML 页面</title></head>`

101. <tr> 标签

定义描述	定义HTML表格中的行。
使用方式	`<table border="1"><tr><th>Month</th><th>Savings</th></tr></table>`

102. <track> 标签

定义描述	定义用在媒体播放器中的文本轨道。
使用方式	`<video width="320" height="240" controls="controls"><track kind="subtitles" src="#" srclang="zh" label="Chinese"><track kind="subtitles" src="# " srclang="en" label="English"></video>`

103. <tt> 标签

定义描述	定义打字机文本。
使用方式	`<tt>` 标签与`<code>`标签一样，`<tt>` 标签和必需的 `</tt>` 结束标签告诉浏览器，要把其中包含的文本显示为等宽字体。对于那些已经使用了等宽字体的浏览器来说，这个标签在文本的显示上就没有什么特殊效果了。

104. <u> 标签

定义描述	定义下划线文本。
使用方式	`<p>如果文本不是超链接，就不要<u>对其使用下划线</u>。</p>`

105. <ul> 标签

定义描述	定义无序列表。
使用方式	<ul><li>咖啡</li><li>茶</li><li>牛奶</li></ul>

106. <video> 标签

定义描述	定义视频，如电影片段或其他视频流。
使用方式	<video src=".ogg" controls="controls"></video>

107. <wbr> 标签

定义描述	定义可能的换行符。
使用方式	<p>必须熟悉XML<wbr>Http<wbr>Request对象。</p>

附录B　HTML事件属性

1. Window 事件属性

针对Window对象触发的事件（应用到<body>标签）。

属性	值	描述
onafterprint	script	文档打印之后运行的脚本
onbeforeprint	script	文档打印之前运行的脚本
onbeforeunload	script	文档卸载之前运行的脚本
onerror	script	在错误发生时运行的脚本
onhaschange	script	当文档已改变时运行的脚本
onload	script	页面结束加载之后触发
onmessage	script	在消息被触发时运行的脚本
onoffline	script	当文档离线时运行的脚本
ononline	script	当文档上线时运行的脚本
onpagehide	script	当窗口隐藏时运行的脚本
onpageshow	script	当窗口成为可见时运行的脚本
onpopstate	script	当窗口历史记录改变时运行的脚本

（续表）

属性	值	描述
onredo	script	当文档执行撤销（redo）时运行的脚本
onresize	script	当浏览器窗口被调整大小时触发
onstorage	script	在Web Storage 域更新后运行的脚本
onundo	script	在文档执行undo时运行的脚本

2. Keyboard事件

属性	值	描述
onkeydown	script	在用户按下按键时触发
onkeypress	script	在用户单击按钮时触发
onkeyup	script	当用户释放按键时触发

3. Mouse事件

由鼠标或类似用户动作触发的事件。

属性	值	描述
onclick	script	元素上发生鼠标单击时触发
ondblclick	script	元素上发生鼠标双击时触发
ondrag	script	元素被拖动时运行的脚本
ondragend	script	在拖动操作末端运行的脚本
ondragenter	script	当元素已被拖动到有效拖放区域时运行的脚本
ondragleave	script	当元素离开有效拖放目标时运行的脚本
ondragover	script	当元素在有效拖放目标上正在被拖动时运行的脚本
ondragstart	script	在拖动操作开始端运行的脚本
ondrop	script	当被拖元素正在被拖放时运行的脚本
onmousedown	script	在元素上按下鼠标按键时触发
onmousemove	script	当光标移动到元素上时触发
onmouseout	script	当光标移出元素时触发
onmouseover	script	当光标移动到元素上时触发
onmouseup	script	在元素上释放鼠标按键时触发
onmousewheel	script	当鼠标滚轮正在被滚动时运行的脚本
onscroll	script	当元素滚动条被滚动时运行的脚本

4. Media 事件

由媒介（如视频、图像和音频）触发的事件，适用于所有HTML元素，但常见于媒介元素中，如<audio>、<embed>、<img>、<object>以及<video>。

属性	值	描述
onabort	script	在退出时运行的脚本
oncanplay	script	当文件就绪可以开始播放时（缓冲已足够开始时）运行的脚本
oncanplaythrough	script	当媒介能够无需因缓冲而停止即可播放至结尾时运行的脚本
ondurationchange	script	当媒介长度改变时运行的脚本
onemptied	script	当发生故障并且文件突然不可用时（如连接意外断开时）运行的脚本
onended	script	当媒介已到达结尾时运行的脚本（可发送类似"感谢观看"之类的消息）
onerror	script	在文件加载期间发生错误时运行的脚本
onloadeddata	script	当媒介数据已加载时运行的脚本
onloadedmetadata	script	当元数据（如分辨率和时长）被加载时运行的脚本
onloadstart	script	在文件开始加载且未实际加载任何数据前运行的脚本
onpause	script	当媒介被用户或程序暂停时运行的脚本
onplay	script	当媒介已就绪可以开始播放时运行的脚本
onplaying	script	当媒介已开始播放时运行的脚本
onprogress	script	当浏览器正在获取媒介数据时运行的脚本
onratechange	script	每当回放速率改变时（如当用户切换到慢动作或快进模式）运行的脚本
onreadystatechange	script	每当就绪状态改变时（就绪状态监测媒介数据的状态）运行的脚本
onseeked	script	当 seeking 属性设置为 false（指示定位已结束）时运行的脚本
onseeking	script	当 seeking 属性设置为 true（指示定位是活动的）时运行的脚本
onstalled	script	在浏览器不论何种原因未能取回媒介数据时运行的脚本
onsuspend	script	在媒介数据完全加载之前不论何种原因终止取回媒介数据时运行的脚本
ontimeupdate	script	当播放位置改变时（如当用户快进到媒介中一个不同的位置时）运行的脚本
onvolumechange	script	每当音量改变时（包括将音量设置为静音）运行的脚本
onwaiting	script	当媒介已停止播放但打算继续播放时（如当媒介暂停已缓冲更多数据）运行的脚本

5. Form 事件

由HTML表单内的动作触发的事件，可应用到几乎所有HTML元素，但最常用在form元素中。

属性	值	描述
onblur	script	元素失去焦点时运行的脚本
onchange	script	在元素值被改变时运行的脚本
oncontextmenu	script	当上下文菜单被触发时运行的脚本
onfocus	script	当元素获得焦点时运行的脚本
onformchange	script	在表单改变时运行的脚本
onforminput	script	当表单获得用户输入时运行的脚本
oninput	script	当元素获得用户输入时运行的脚本
oninvalid	script	当元素无效时运行的脚本
onreset	script	当表单中的"重置"按钮被单击时触发，HTML5中不支持
onselect	script	在元素中文本被选中后触发
onsubmit	script	在提交表单时触发

附录C　CSS属性一览

1. CSS3 动画属性（animation）

属性	描述
@keyframes	规定动画
animation	所有动画属性的简写属性，除了animation-play-state属性
animation-name	规定@keyframes动画的名称
animation-duration	规定动画完成一个周期所花费的时间，单位为秒或毫秒
animation-timing-function	规定动画的速度曲线
animation-delay	规定动画何时开始
animation-iteration-count	规定动画被播放的次数
animation-direction	规定动画是否在下一周期逆向播放
animation-play-state	规定动画是否正在运行或暂停
animation-fill-mode	规定对象动画时间之外的状态

2. CSS 背景属性（background）

属性	描述
background	在一个声明中设置所有的背景属性
background-attachment	设置背景图像是否固定或者随着页面的其余部分滚动
background-color	设置元素的背景颜色
background-image	设置元素的背景图像
background-position	设置背景图像的开始位置
background-repeat	设置是否及如何重复背景图像
background-clip	规定背景的绘制区域
background-origin	规定背景图片的定位区域
background-size	规定背景图片的尺寸

3. CSS 边框属性（border和outline）

属性	描述
border	在一个声明中设置所有的边框属性
border-bottom	在一个声明中设置所有的下边框属性
border-bottom-color	设置下边框的颜色
border-bottom-style	设置下边框的样式
border-bottom-width	设置下边框的宽度
border-color	设置四条边框的颜色
border-left	在一个声明中设置所有的左边框属性
border-left-color	设置左边框的颜色
border-left-style	设置左边框的样式
border-right-width	设置右边框的宽度
border-style	设置四条边框的样式
border-top	在一个声明中设置所有的上边框属性
border-top-color	设置上边框的颜色
border-top-style	设置上边框的样式
border-top-width	设置上边框的宽度
border-width	设置四条边框的宽度

（续表）

属性	描述
outline	在一个声明中设置所有的轮廓属性
outline-color	设置轮廓的颜色
outline-width	设置轮廓的宽度
border-bottom-left-radius	定义边框左下角的形状
border-bottom-right-radius	定义边框右下角的形状
border-image	简写属性，设置所有border-image-*属性
border-image-outset	规定边框图像区域超出边框的量
border-image-repeat	图像边框是否应平铺（repeated）、铺满（rounded）或拉伸（stretched）
border-image-slice	规定图像边框的向内偏移
border-image-source	规定用作边框的图片
border-image-width	规定图片边框的宽度
border-radius	简写属性，设置所有四个border-*-radius属性
border-top-left-radius	定义边框左上角的形状
box-shadow	向方框添加一个或多个阴影

4. box属性

属性	描述
overflow-x	如果内容溢出了元素内容区域，是否对内容的左/右边缘进行裁剪
overflow-y	如果内容溢出了元素内容区域，是否对内容的上/下边缘进行裁剪
overflow-style	规定溢出元素的首选滚动方法
rotation	围绕由rotation-point属性定义的点对元素进行旋转
rotation-point	定义距离上左边框边缘的偏移点

5. color属性

属性	描述
color-profile	允许使用源的颜色配置文件的默认以外的规范
opacity	规定书签的级别
rendering-intent	允许使用颜色配置文件渲染意图的默认以外的规范

6. CSS尺寸属性（dimension）

属性	描述
height	设置元素高度
max-height	设置元素的最大高度
max-width	设置元素的最大宽度
min-height	设置元素的最小高度
min-width	设置元素的最小宽度
width	设置元素的宽度

7. Content for Paged Media属性

属性	描述
bookmark-label	规定书签的标记
bookmark-level	规定书签的级别
bookmark-target	规定书签链接的目标
float-offset	将元素放在 float 属性通常放置的位置的相反方向
hyphenate-after	规定连字单词中连字符之后的最小字符数
hyphenate-before	规定连字单词中连字符之前的最小字符数
hyphenate-character	规定当发生断字时显示的字符串
hyphenate-lines	指示元素中连续断字连线的最大数
hyphenate-resource	规定帮助浏览器确定断字点的外部资源（逗号分隔的列表）
hyphens	设置如何对单词进行拆分，以改善段落的布局
image-resolution	规定图像的正确分辨率
marks	向文档添加裁切标记或十字标记

8. 可伸缩框属性（flexible box）

属性	描述
box-align	规定如何对齐框的子元素
box-direction	规定框的子元素的显示方向
box-flex	规定框的子元素是否可伸缩
box-flex-group	将可伸缩元素分配到柔性分组
box-lines	规定当超出父元素框的空间时，是否换行显示

（续表）

属性	描述
box-ordinal-group	规定框的子元素的显示次序
box-orient	规定框的子元素是否应水平或垂直排列
box-pack	规定水平框中的水平位置或者垂直框中的垂直位置

9. CSS 字体属性（font）

属性	描述
font	在一个声明中设置所有字体属性
font-family	规定文本的字体系列
font-size	规定文本的字体尺寸
font-size-adjust	为元素规定aspect值
font-stretch	收缩或拉伸当前的字体系列
font-style	规定文本的字体样式
font-variant	规定是否以小型大写字母的字体显示文本
font-weight	规定字体的粗细

10. 内容生成（generated content）

属性	描述
content	与 :before以及:after伪元素配合使用以插入生成内容
counter-increment	递增或递减一个或多个计数器
counter-reset	创建或重置一个或多个计数器
quotes	设置嵌套引用的引号类型
crop	允许被替换元素仅仅是对象的矩形区域，而不是整个对象
move-to	从流中删除元素，然后在文档中后面的点上重新插入
page-policy	确定元素基于页面的occurrence应用于计数器，还是字符串值

11. grid属性

属性	描述
grid-columns	规定网格中每个列的宽度
grid-rows	规定网格中每个列的高度

12. nyperlink属性

属性	描述
target	简写属性，设置target-name、target-new以及target-position属性
target-name	规定在何处打开链接（链接的目标）
target-new	规定目标链接在新窗口或在已有窗口的新标签页中打开
target-position	规定在何处放置新的目标链接

13. CSS 列表属性（list）

属性	描述
list-style	在一个声明中设置所有的列表属性
list-style-image	将图像设置为列表项标记
list-style-position	设置列表项标记的放置位置
list-style-type	设置列表项标记的类型

14. CSS 外边距属性（margin）

属性	描述
margin	在一个声明中设置所有外边距属性
margin-bottom	设置元素的下外边距
margin-left	设置元素的左外边距
margin-right	设置元素的右外边距
margin-top	设置元素的上外边距

15. marquee 属性

属性	描述
marquee-direction	设置移动内容的方向
marquee-play-count	设置内容移动多少次
marquee-speed	设置内容滚动得多快
marquee-style	设置移动内容的样式

16. 多列属性（multi-column）

属性	描述
column-count	规定元素应该被分隔的列数
column-fill	规定如何填充列
column-gap	规定列之间的间隔
column-rule	设置所有column-rule-*属性的简写属性
column-rule-color	规定列之间规则的颜色
column-rule-style	规定列之间规则的样式
column-rule-width	规定列之间规则的宽度
column-span	规定元素应该横跨的列数
column-width	规定列的宽度
columns	规定设置column-width和column-count的简写属性

17. CSS 内边距属性（padding）

属性	描述
padding	在一个声明中设置所有内边距属性
padding-bottom	设置元素的下内边距
padding-left	设置元素的左内边距
padding-right	设置元素的右内边距
padding-top	设置元素的上内边距

18. paged media属性

属性	描述
fit	示意如何对width和height属性均不是auto的被替换元素进行缩放
fit-position	定义盒内对象的对齐方式
image-orientation	规定用户代理应用于图像的顺时针方向旋转
page	规定元素应该被显示的页面特定类型
size	规定页面内容包含框的尺寸和方向

19. CSS 定位属性（positioning）

属性	描述
bottom	设置定位元素下外边距边界与其包含块下边界之间的偏移
clear	规定元素的哪一侧不允许其他浮动元素
clip	剪裁绝对定位元素
cursor	规定要显示的光标的类型（形状）
display	规定元素应该生成的框的类型
float	规定框是否应该浮动
left	设置定位元素左外边距边界与其包含块左边界之间的偏移
overflow	规定当内容溢出元素框时发生的事情
position	规定元素的定位类型
right	设置定位元素右外边距边界与其包含块右边界之间的偏移
top	设置定位元素的上外边距边界与其包含块上边界之间的偏移
vertical-align	设置元素的垂直对齐方式
visibility	规定元素是否可见
z-index	设置元素的堆叠顺序

20. CSS 打印属性（print）

属性	描述
orphans	设置当元素内部发生分页时必须在页面底部保留的最少行数
page-break-after	设置元素后的分页行为
page-break-before	设置元素前的分页行为
page-break-inside	设置元素内部的分页行为
widows	设置当元素内部发生分页时必须在页面顶部保留的最少行数

21. CSS 表格属性（table）

属性	描述
border-collapse	规定是否合并表格边框
border-spacing	规定相邻单元格边框之间的距离
caption-side	规定表格标题的位置
empty-cells	规定是否显示表格中的空单元格上的边框和背景

（续表）

属性	描述
table-layout	设置用于表格的布局算法

22. 过渡属性（transition）

属性	描述
transition	简写属性，用于在一个属性中设置四个过渡属性
transition-property	规定应用过渡的CSS属性的名称
transition-duration	定义过渡效果花费的时间
transition-timing-function	规定过渡效果的时间曲线
transition-delay	规定过渡效果何时开始

23. CSS 文本属性（text）

属性	描述
color	设置文本的颜色
direction	规定文本的方向 / 书写方向
letter-spacing	设置字符间距
line-height	设置行高
text-align	规定文本的水平对齐方式
text-decoration	规定添加到文本的装饰效果
text-indent	规定文本块首行的缩进
text-shadow	规定添加到文本的阴影效果
text-transform	控制文本的大小写
unicode-bidi	设置文本方向
white-space	规定如何处理元素中的空白
word-spacing	设置单词间距
hanging-punctuation	规定标点字符是否位于线框之外
punctuation-trim	规定是否对标点字符进行修剪
text-align-last	设置如何对齐最后一行或紧挨着强制换行符之前的行
text-emphasis	向元素的文本应用重点标记以及重点标记的前景色
text-justify	规定当text-align设置为justify时所使用的对齐方法

（续表）

属性	描述
text-outline	规定文本的轮廓
text-overflow	规定当文本溢出包含元素时发生的事情
text-shadow	向文本添加阴影
text-wrap	规定文本的换行规则
word-break	规定非中、日、韩文本的换行规则
word-wrap	允许对长的不可分割的单词进行分割并换行到下一行

24. 2D/3D 转换属性（transform）

属性	描述
transform	向元素应用2D或3D转换
transform-origin	允许改变被转换元素的位置
transform-style	规定被嵌套元素如何在3D空间中显示
perspective	规定3D元素的透视效果
perspective-origin	规定3D元素的底部位置
backface-visibility	定义元素在不面对屏幕时是否可见

25. 用户界面属性（user-interface）

属性	描述
appearance	允许将元素设置为标准用户界面元素的外观
box-sizing	允许以确切的方式定义适应某个区域的具体内容
icon	为创作者提供使用图标化等价物来设置元素样式的能力
nav-down	规定在使用arrow-down导航键时向何处导航
nav-index	设置元素的tab键控制次序
nav-left	规定在使用arrow-left导航键时向何处导航
nav-right	规定在使用arrow-right导航键时向何处导航
nav-up	规定在使用arrow-up导航键时向何处导航
outline-offset	对轮廓进行偏移，并在超出边框边缘的位置绘制轮廓
resize	规定是否可由用户对元素的尺寸进行调整

附录D　CSS3选择器

选择器	示例	示例描述
.class	.intro	选择class="intro"的所有元素
#id	#firstname	选择id="firstname"的所有元素
*	*	选择所有元素
element	p	选择所有<p>元素
element,element	div,p	选择所有<div>元素和所有<p>元素
element element	div p	选择<div>元素内部的所有<p>元素
element>element	div>p	选择父元素为<div>元素的所有<p>元素
element+element	div+p	选择紧接在<div>元素之后的所有<p>元素
[attribute]	[target]	选择带有target属性所有元素
[attribute=value]	[target=_blank]	选择target="_blank"的所有元素
[attribute~=value]	[title~=flower]	选择title属性包含单词flower的所有元素
[attribute|=value]	[lang|=en]	选择lang属性值以en开头的所有元素
:link	a:link	选择所有未被访问的链接
:visited	a:visited	选择所有已被访问的链接
:active	a:active	选择活动链接
:hover	a:hover	选择光标位于其上的链接
:focus	input:focus	选择获得焦点的input元素
:first-letter	p:first-letter	选择每个<p>元素的首字母
:first-line	p:first-line	选择每个<p>元素的首行
:first-child	p:first-child	选择属于父元素的第一个子元素的每个<p>元素
:before	p:before	在每个<p>元素的内容之前插入内容
:after	p:after	在每个<p>元素的内容之后插入内容
:lang(language)	p:lang(it)	选择带有以it开头的lang属性值的每个<p>元素
element1~element2	p~ul	选择前面有<p>元素的每个<ul>元素
[attribute^=value]	a[src^="https"]	选择其src属性值以https开头的每个<a>元素
[attribute$=value]	a[src$=".pdf"]	选择其src属性以.pdf结尾的所有<a>元素

（续表）

选择器	示例	示例描述
[attribute*=value]	a[src*="abc"]	选择其src属性中包含abc子串的每个<a>元素
:first-of-type	p:first-of-type	选择属于其父元素的首个<p>元素的每个<p>元素
:last-of-type	p:last-of-type	选择属于其父元素的最后<p>元素的每个<p>元素
:only-of-type	p:only-of-type	选择属于其父元素唯一的<p>元素的每个<p>元素
:only-child	p:only-child	选择属于其父元素的唯一子元素的每个<p>元素
:nth-child(n)	p:nth-child(2)	选择属于其父元素的第二个子元素的每个<p>元素
:nth-last-child(n)	p:nth-last-child(2)	同上，从最后一个子元素开始计数
:nth-of-type(n)	p:nth-of-type(2)	选择属于其父元素第二个<p>元素的每个<p>元素
:nth-last-of-type(n)	p:nth-last-of-type(2)	同上，但是从最后一个子元素开始计数
:last-child	p:last-child	选择属于其父元素最后一个子元素每个<p>元素
:root	:root	选择文档的根元素
:empty	p:empty	选择没有子元素的每个<p>元素（包括文本节点）
:target	#news:target	选择当前活动的#news元素
:enabled	input:enabled	选择每个启用的<input>元素
:disabled	input:disabled	选择每个禁用的<input>元素
:checked	input:checked	选择每个被选中的<input>元素
:not(selector)	:not(p)	选择非<p>元素的每个元素

附录E JavaScript对象参考手册

1. Array对象

（1）Array对象属性

属性	描述
constructor	返回对创建此对象的数组函数的引用
length	设置或返回数组中元素的数目
prototype	使您有能力向对象添加属性和方法

（2）Array对象方法

方法	描述
concat()	连接两个或更多的数组，并返回结果
join()	把数组的所有元素放入一个字符串，元素通过指定的分隔符进行分隔
pop()	删除并返回数组的最后一个元素
push()	向数组的末尾添加一个或更多元素，并返回新的长度
reverse()	颠倒数组中元素的顺序
shift()	删除并返回数组的第一个元素
slice()	从某个已有的数组返回选定的元素
sort()	对数组的元素进行排序
splice()	删除元素，并向数组添加新元素
toSource()	返回该对象的源代码
toString()	把数组转换为字符串，并返回结果
toLocaleString()	把数组转换为本地数组，并返回结果
unshift()	向数组的开头添加一个或更多元素，并返回新的长度
valueOf()	返回数组对象的原始值

2. Boolean对象

（1）Boolean对象属性

属性	描述
constructor	返回对创建此对象的Boolean函数的引用
prototype	使您有能力向对象添加属性和方法

（2）Boolean对象方法

方法	描述
toSource()	返回该对象的源代码
toString()	把逻辑值转换为字符串，并返回结果
valueOf()	返回Boolean对象的原始值

3. Date对象

（1）Date对象属性

属性	描述
constructor	返回对创建此对象的Date函数的引用
prototype	使您有能力向对象添加属性和方法

（2）Date对象方法

方法	描述
Date()	返回当日的日期和时间
getDate()	从Date对象返回一个月中的某一天（1~31）
getDay()	从Date对象返回一周中的某一天（0~6）
getMonth()	从Date对象返回月份（0~11）
getFullYear()	从Date对象以四位数字返回年份
getYear()	请使用getFullYear()方法代替
getHours()	返回Date对象的小时（0~23）
getMinutes()	返回Date对象的分钟（0~59）
getSeconds()	返回Date对象的秒数（0~59）
getMilliseconds()	返回Date对象的毫秒（0~999）
getTime()	返回1970年1月1日至今的毫秒数
getTimezoneOffset()	返回本地时间与格林威治标准时间（GMT）的分钟差
getUTCDate()	根据世界时从Date对象返回月中的一天（1~31）
getUTCDay()	根据世界时从Date对象返回周中的一天（0~6）
getUTCMonth()	根据世界时从Date对象返回月份（0~11）
getUTCFullYear()	根据世界时从Date对象返回四位数的年份
getUTCHours()	根据世界时返回Date对象的小时（0~23）
getUTCMinutes()	根据世界时返回Date对象的分钟（0~59）
getUTCSeconds()	根据世界时返回Date对象的秒钟（0~59）
getUTCMilliseconds()	根据世界时返回Date对象的毫秒（0~999）
parse()	返回1970年1月1日午夜到指定日期（字符串）的毫秒数
setDate()	设置Date对象中月的某一天（1~31）
setMonth()	设置Date对象中月份（0~11）

（续表）

方法	描述
setFullYear()	设置Date对象中的年份（四位数字）
setYear()	请使用setFullYear()方法代替
setHours()	设置Date对象中的小时（0~23）
setMinutes()	设置Date对象中的分钟（0~59）
setSeconds()	设置Date对象中的秒钟（0~59）
setMilliseconds()	设置Date对象中的毫秒（0~999）
setTime()	以毫秒设置Date对象。
setUTCDate()	根据世界时设置Date对象中月份的一天（1~31）
setUTCMonth()	根据世界时设置Date对象中的月份（0~11）
setUTCFullYear()	根据世界时设置Date对象中的年份（四位数字）
setUTCHours()	根据世界时设置Date对象中的小时（0~23）
setUTCMinutes()	根据世界时设置Date对象中的分钟（0~59）
setUTCSeconds()	根据世界时设置Date对象中的秒钟（0~59）
setUTCMilliseconds()	根据世界时设置Date对象中的毫秒（0~999）
toSource()	返回该对象的源代码
toString()	把Date对象转换为字符串
toTimeString()	把Date对象的时间部分转换为字符串
toDateString()	把Date对象的日期部分转换为字符串
toGMTString()	请使用toUTCString()方法代替
toUTCString()	根据世界时把Date对象转换为字符串
toLocaleString()	根据本地时间格式把Date对象转换为字符串
toLocaleTimeString()	根据本地时间格式把Date对象的时间部分转换为字符串
toLocaleDateString()	根据本地时间格式把Date对象的日期部分转换为字符串
UTC()	根据世界时返回1970年1月1日到指定日期的毫秒数
valueOf()	返回Date对象的原始值

4. Math对象

（1）Math对象属性

属性	描述
E	返回算术常量e，即自然对数的底数（约等于2.718）

（续表）

属性	描述
LN2	返回2的自然对数（约等于0.693）
LN10	返回10的自然对数（约等于2.302）
LOG2E	返回以2为底的e的对数（约等于1.414）
LOG10E	返回以10为底的e的对数（约等于0.434）
PI	返回圆周率（约等于3.14159）
SQRT1_2	返回返回2的平方根的倒数（约等于0.707）
SQRT2	返回2的平方根（约等于1.414）

（2）Mate对象方法

方法	描述
abs(x)	返回数的绝对值
acos(x)	返回数的反余弦值
asin(x)	返回数的反正弦值
atan(x)	以介于$-PI/2$与$PI/2$弧度之间的数值来返回x的反正切值
atan2(y,x)	返回从x轴到点(x,y)的角度（介于$-PI/2$与$PI/2$弧度之间）
ceil(x)	对数进行上舍入
cos(x)	返回数的余弦
exp(x)	返回e的指数
floor(x)	对数进行下舍入
log(x)	返回数的自然对数（底为e）
max(x,y)	返回x和y中的最高值
min(x,y)	返回x和y中的最低值
pow(x,y)	返回x的y次幂
random()	返回0~1之间的随机数
round(x)	把数四舍五入为最接近的整数
sin(x)	返回数的正弦
sqrt(x)	返回数的平方根
tan(x)	返回角的正切
toSource()	返回该对象的源代码
valueOf()	返回Math对象的原始值

5. Number对象

（1）Number对象属性

属性	描述
constructor	返回对创建此对象的Number函数的引用
MAX_VALUE	可表示的最大的数
MIN_VALUE	可表示的最小的数
NaN	非数字值
NEGATIVE_INFINITY	负无穷大，溢出时返回该值
POSITIVE_INFINITY	正无穷大，溢出时返回该值
prototype	使您有能力向对象添加属性和方法

（2）Number对象方法

方法	描述
toString	把数字转换为字符串，使用指定的基数
toLocaleString	把数字转换为字符串，使用本地数字格式顺序
toFixed	把数字转换为字符串，结果的小数点后有指定位数的数字
toExponential	把对象的值转换为指数计数法
toPrecision	把数字格式化为指定的长度
valueOf	返回一个Number对象的基本数字值

6. String对象

（1）String对象属性

属性	描述
constructor	对创建该对象的函数的引用
length	字符串的长度
prototype	允许您向对象添加属性和方法

（2）String对象方法

方法	描述
anchor()	创建HTML锚
big()	用大号字体显示字符串

（续表）

方法	描述
blink()	显示闪动字符串
bold()	使用粗体显示字符串
charAt()	返回在指定位置的字符
charCodeAt()	返回在指定的位置的字符的Unicode编码
concat()	连接字符串
fixed()	以打字机文本显示字符串
fontcolor()	使用指定的颜色来显示字符串
fontsize()	使用指定的尺寸来显示字符串
fromCharCode()	从字符编码创建一个字符串
indexOf()	检索字符串
italics()	使用斜体显示字符串
lastIndexOf()	从后向前搜索字符串
link()	将字符串显示为链接
localeCompare()	用本地特定的顺序来比较两个字符串
match()	找到一个或多个正则表达式的匹配
replace()	替换与正则表达式匹配的子串
search()	检索与正则表达式相匹配的值
slice()	提取字符串的片断，并在新的字符串中返回被提取的部分
small()	使用小字号来显示字符串
split()	把字符串分割为字符串数组
strike()	使用删除线来显示字符串
sub()	把字符串显示为下标
substr()	从起始索引号提取字符串中指定数目的字符
substring()	提取字符串中两个指定的索引号之间的字符
sup()	把字符串显示为上标
toLocaleLowerCase()	把字符串转换为小写
toLocaleUpperCase()	把字符串转换为大写
toLowerCase()	把字符串转换为小写
toUpperCase()	把字符串转换为大写

（续表）

方法	描述
toSource()	代表对象的源代码
toString()	返回字符串
valueOf()	返回某个字符串对象的原始值

7. RegExp对象

（1）RegExp对象属性

属性	描述
global	RegExp对象是否具有标志g
ignoreCase	RegExp对象是否具有标志i
lastIndex	一个整数，标示开始下一次匹配的字符位置
multiline	RegExp对象是否具有标志m
source	正则表达式的源文本

（2）RegExp对象方法

方法	描述
compile	编译正则表达式
exec	检索字符串中指定的值，返回找到的值，并确定其位置
test	检索字符串中指定的值，返回true或false

附录F jQuery参考手册

1. 选择器

选择器	示例	选取
*	$("*")	所有元素
#id	$("#lastname")	id=lastname的元素
.class	$(".intro")	所有class=intro的元素
element	$("p")	所有<p>元素

（续表）

选择器	示例	选取
.class.class	$(".intro.demo")	所有class=intro且class=demo的元素
:first	$("p:first")	第一个\<p\>元素
:last	$("p:last")	最后一个\<p\>元素
:even	$("tr:even")	所有偶数\<tr\>元素
:odd	$("tr:odd")	所有奇数\<tr\>元素
:eq(index)	$("ul li:eq(3)")	列表中的第四个元素（index从0开始）
:gt(no)	$("ul li:gt(3)")	列出index大于3的元素
:lt(no)	$("ul li:lt(3)")	列出index小于3的元素
:not(selector)	$("input:not(:empty)")	所有不为空的input元素
:header	$(":header")	所有标题元素\<h1\>–\<h6\>
:contains(text)	$(":contains('W3School')")	包含指定字符串的所有元素
:empty	$(":empty")	无子（元素）节点的所有元素
:hidden	$("p:hidden")	所有隐藏的\<p\>元素
:visible	$("table:visible")	所有可见的表格
s1,s2,s3	$("th,td,.intro")	所有带有匹配选择的元素
[attribute]	$("[href]")	所有带有href属性的元素
[attribute=value]	$("[href='#']")	所有href属性的值等于#的元素
[attribute!=value]	$("[href!='#']")	所有href属性的值不等于#的元素
[attribute$=value]	$("[href$='.jpg']")	所有href属性的值包含以.jpg结尾的元素
:input	$(":input")	所有\<input\>元素
:text	$(":text")	所有type=text的\<input\>元素
:password	$(":password")	所有type=password的\<input\>元素
:radio	$(":radio")	所有type=radio的\<input\>元素
:checkbox	$(":checkbox")	所有type=checkbox的\<input\>元素
:submit	$(":submit")	所有type=submit的\<input\>元素
:reset	$(":reset")	所有type=reset的\<input\>元素
:button	$(":button")	所有type=button的\<input\>元素
:image	$(":image")	所有type=image的\<input\>元素
:file	$(":file")	所有type=file的\<input\>元素

（续表）

选择器	示例	选取
:enabled	$(":enabled")	所有激活的input元素
:disabled	$(":disabled")	所有禁用的input元素
:selected	$(":selected")	所有被选取的input元素
:checked	$(":checked")	所有被选中的input元素

2. 事件方法

方法	描述
bind()	向匹配元素附加一个或更多事件处理器
blur()	触发或将函数绑定到指定元素的blur事件
change()	触发或将函数绑定到指定元素的change事件
click()	触发或将函数绑定到指定元素的click事件
dblclick()	触发或将函数绑定到指定元素的double click事件
delegate()	向匹配元素的当前或未来的子元素附加一个或多个事件处理器
die()	移除所有通过live()函数添加的事件处理程序
error()	触发、或将函数绑定到指定元素的error事件
event.isDefaultPrevented()	返回event对象上是否调用了event.preventDefault()
event.pageX	相对于文档左边缘的鼠标位置
event.pageY	相对于文档上边缘的鼠标位置
event.preventDefault()	阻止事件的默认动作
event.result	包含由被指定事件触发的事件处理器返回的最后一个值
event.target	触发该事件的DOM元素
event.timeStamp	该属性返回从1970年1月1日到事件发生时的毫秒数
event.type	描述事件的类型
event.which	指示按了哪个键或按钮
focus()	触发或将函数绑定到指定元素的focus事件
keydown()	触发或将函数绑定到指定元素的key down事件
keypress()	触发或将函数绑定到指定元素的key press事件
keyup()	触发或将函数绑定到指定元素的key up事件
live()	为当前或未来的匹配元素添加一个或多个事件处理器

（续表）

方法	描述
load()	触发或将函数绑定到指定元素的load事件
mousedown()	触发或将函数绑定到指定元素的mouse down事件
mouseenter()	触发或将函数绑定到指定元素的mouse enter事件
mouseleave()	触发或将函数绑定到指定元素的mouse leave事件
mousemove()	触发或将函数绑定到指定元素的mouse move事件
mouseout()	触发或将函数绑定到指定元素的mouse out事件
mouseover()	触发或将函数绑定到指定元素的mouse over事件
mouseup()	触发或将函数绑定到指定元素的mouse up事件
one()	向匹配元素添加事件处理器，每个元素只能触发一次该处理器
ready()	文档就绪事件（当HTML文档就绪可用时）
resize()	触发或将函数绑定到指定元素的resize事件
scroll()	触发或将函数绑定到指定元素的scroll事件
select()	触发或将函数绑定到指定元素的select事件
submit()	触发或将函数绑定到指定元素的submit事件
toggle()	绑定两个或多个事件处理器函数，当发生轮流的click事件时执行
trigger()	所有匹配元素的指定事件
triggerHandler()	第一个被匹配元素的指定事件
unbind()	从匹配元素移除一个被添加的事件处理器
undelegate()	从匹配元素移除一个被添加的事件处理器，现在或将来
unload()	触发或将函数绑定到指定元素的unload事件

3. 效果函数

方法	描述
animate()	对被选元素应用"自定义"的动画
clearQueue()	对被选元素移除所有排队的函数（仍未运行的）
delay()	对被选元素的所有排队函数（仍未运行）设置延迟
dequeue()	运行被选元素的下一个排队函数
fadeIn()	逐渐改变被选元素的不透明度，从隐藏到可见
fadeOut()	逐渐改变被选元素的不透明度，从可见到隐藏

（续表）

方法	描述
fadeTo()	把被选元素逐渐改变至给定的不透明度
hide()	隐藏被选的元素
queue()	显示被选元素的排队函数
show()	显示被选的元素
slideDown()	通过调整高度来滑动显示被选元素
slideToggle()	对被选元素进行滑动隐藏和滑动显示的切换
slideUp()	通过调整高度来滑动隐藏被选元素
stop()	停止在被选元素上运行动画
toggle()	对被选元素进行隐藏和显示的切换

4. 文档操作方法

方法	描述
addClass()	向匹配的元素添加指定的类名
after()	在匹配的元素之后插入内容
append()	向匹配元素集合中的每个元素结尾插入由参数指定的内容
appendTo()	向目标结尾插入匹配元素集合中的每个元素
attr()	设置或返回匹配元素的属性和值
before()	在每个匹配的元素之前插入内容
clone()	创建匹配元素集合的副本
detach()	从DOM中移除匹配元素集合
empty()	删除匹配的元素集合中的所有子节点
hasClass()	检查匹配的元素是否拥有指定的类
html()	设置或返回匹配的元素集合中的HTML内容
insertAfter()	把匹配的元素插入到另一个指定的元素集合的后面
insertBefore()	把匹配的元素插入到另一个指定的元素集合的前面
prepend()	向匹配元素集合中的每个元素开头插入由参数指定的内容
prependTo()	向目标开头插入匹配元素集合中的每个元素
remove()	移除所有匹配的元素
removeAttr()	从所有匹配的元素中移除指定的属性

（续表）

方法	描述
removeClass()	从所有匹配的元素中删除全部或者指定的类
replaceAll()	用匹配的元素替换所有匹配到的元素
replaceWith()	用新内容替换匹配的元素
text()	设置或返回匹配元素的内容
toggleClass()	从匹配的元素中添加或删除一个类
unwrap()	移除并替换指定元素的父元素
val()	设置或返回匹配元素的值
wrap()	把匹配的元素用指定的内容或元素包裹起来
wrapAll()	把所有匹配的元素用指定的内容或元素包裹起来
wrapinner()	将每一个匹配的元素的子内容用指定的内容或元素包裹起来

5. 属性操作方法

方法	描述
addClass()	向匹配的元素添加指定的类名
attr()	设置或返回匹配元素的属性和值
hasClass()	检查匹配的元素是否拥有指定的类
html()	设置或返回匹配的元素集合中的HTML内容
removeAttr()	从所有匹配的元素中移除指定的属性
removeClass()	从所有匹配的元素中删除全部或者指定的类
toggleClass()	从匹配的元素中添加或删除一个类
val()	设置或返回匹配元素的值

6. CSS操作函数

CSS属性	描述
css()	设置或返回匹配元素的样式属性
height()	设置或返回匹配元素的高度
offset()	返回第一个匹配元素相对于文档的位置
offsetParent()	返回最近的定位父元素
position()	返回第一个匹配元素相对于父元素的位置

（续表）

CSS属性	描述
scrollLeft()	设置或返回匹配元素相对滚动条左侧的偏移
scrollTop()	设置或返回匹配元素相对滚动条顶部的偏移
width()	设置或返回匹配元素的宽度

7. Ajax 操作函数

函数	描述
jQuery.ajax()	执行异步HTTP(Ajax)请求
.ajaxComplete()	当Ajax请求完成时注册要调用的处理程序，这是一个Ajax事件
.ajaxError()	当Ajax请求完成且出现错误时注册要调用的处理程序，这是一个Ajax事件
.ajaxSend()	在Ajax请求发送之前显示一条消息
jQuery.ajaxSetup()	设置将来的Ajax请求的默认值
.ajaxStart()	当首个Ajax请求完成开始时注册要调用的处理程序，这是一个Ajax事件
.ajaxStop()	当所有Ajax请求完成时注册要调用的处理程序，这是一个Ajax事件
.ajaxSuccess()	当Ajax请求成功完成时显示一条消息
jQuery.get()	使用HTTP GET请求从服务器加载数据
jQuery.getJSON()	使用HTTP GET请求从服务器加载JSON编码数据
jQuery.getScript()	使用HTTP GET请求从服务器加载JavaScript文件，然后执行该文件
.load()	从服务器加载数据，然后把返回到HTML放入匹配元素
jQuery.param()	创建数组或对象的序列化表示，适合在URL查询字符串或Ajax请求中使用
jQuery.post()	使用HTTP POST请求从服务器加载数据
.serialize()	将表单内容序列化为字符串
.serializeArray()	序列化表单元素，返回JSON数据结构数据

8. 遍历函数

函数	描述
.add()	将元素添加到匹配元素的集合中
.andSelf()	把堆栈中之前的元素集添加到当前集合中
.children()	获得匹配元素集合中每个元素的所有子元素
.closest()	从元素本身开始，逐级向上级元素匹配，并返回最先匹配的祖先元素

（续表）

函数	描述
.contents()	获得匹配元素集合中每个元素的子元素，包括文本和注释节点
.each()	对jQuery对象进行迭代，为每个匹配元素执行函数
.end()	结束当前链中最近的一次筛选操作，并将匹配元素集合返回到前一次的状态
.eq()	将匹配元素集合缩减为位于指定索引的新元素
.filter()	将匹配元素集合缩减为匹配选择器或匹配函数返回值的新元素
.find()	获得当前匹配元素集合中每个元素的后代，由选择器进行筛选
.first()	将匹配元素集合缩减为集合中的第一个元素
.has()	将匹配元素集合缩减为包含特定元素的后代的集合
.is()	根据选择器检查当前匹配元素集合，如果存在至少一个匹配元素，则返回true
.last()	将匹配元素集合缩减为集合中的最后一个元素
.map()	把当前匹配集合中的每个元素传递给函数，产生包含返回值的新jQuery对象
.next()	获得匹配元素集合中每个元素紧邻的同辈元素
.nextAll()	获得匹配元素集合中每个元素之后的所有同辈元素，由选择器进行筛选（可选）
.nextUntil()	获得每个元素之后所有的同辈元素，直到遇到匹配选择器的元素为止
.not()	从匹配元素集合中删除元素
.offsetParent()	获得用于定位的第一个父元素
.parent()	获得当前匹配元素集合中每个元素的父元素，由选择器筛选（可选）
.parents()	获得当前匹配元素集合中每个元素的祖先元素，由选择器筛选（可选）
.parentsUntil()	获得当前匹配元素集合中每个元素的祖先元素，直到遇到匹配选择器的元素为止
.prev()	获得匹配元素集合中每个元素紧邻的前一个同辈元素，由选择器筛选（可选）
.prevAll()	获得匹配元素集合中每个元素之前的所有同辈元素，由选择器进行筛选（可选）
.prevUntil()	获得每个元素之前所有的同辈元素，直到遇到匹配选择器的元素为止
.siblings()	获得匹配元素集合中所有元素的同辈元素，由选择器筛选（可选）
.slice()	将匹配元素集合缩减为指定范围的子集

9. 数据操作函数

函数	描述
.clearQueue()	从队列中删除所有未运行的项目
.data()	存储与匹配元素相关的任意数据

（续表）

函数	描述
jQuery.data()	存储与指定元素相关的任意数据
.dequeue()	从队列最前端移除一个队列函数，并执行它
jQuery.dequeue()	从队列最前端移除一个队列函数，并执行它
jQuery.hasData()	存储与匹配元素相关的任意数据
.queue()	显示或操作匹配元素所执行函数的队列
jQuery.queue()	显示或操作匹配元素所执行函数的队列
.removeData()	移除之前存放的数据
jQuery.removeData()	移除之前存放的数据

10. DOM 元素方法

函数	描述
.get()	获得由选择器指定的DOM元素
.index()	返回指定元素相对于其他指定元素的index位置
.size()	返回被jQuery选择器匹配的元素的数量
.toArray()	以数组的形式返回jQuery选择器匹配的元素

11. 核心函数

函数	描述
jQuery()	接受一个字符串，其中包含用于匹配元素集合的CSS选择器
jQuery.noConflict()	运行这个函数将变量$的控制权让渡给第一个实现它的那个库

附录G　HTML支持的符号

1. HTML支持的数字符号

结果	描述	实体名称	实体编号
∀	for all	&forall;	&#8704;
∂	part	&part;	&#8706;

（续表）

结果	描述	实体名称	实体编号
∃	exists	&exists;	&#8707;
∅	empty	&empty;	&#8709;
∇	nabla	&nabla;	&#8711;
∈	isin	&isin;	&#8712;
∉	notin	&notin;	&#8713;
∋	ni	&ni;	&#8715;
∏	prod	&prod;	&#8719;
∑	sum	&sum;	&#8721;
−	minus	&minus;	&#8722;
∗	lowast	&lowast;	&#8727;
√	square root	&radic;	&#8730;
∝	proportional to	&prop;	&#8733;
∞	infinity	&infin;	&#8734;
∠	angle	&ang;	&#8736;
∧	and	&and;	&#8743;
∨	or	&or;	&#8744;
∩	cap	&cap;	&#8745;
∪	cup	&cup;	&#8746;
∫	integral	&int;	&#8747;
∴	therefore	&there4;	&#8756;
∼	simular to	&sim;	&#8764;
≅	approximately equal	&cong;	&#8773;
≈	almost equal	&asymp;	&#8776;
≠	not equal	&ne;	&#8800;
≡	equivalent	&equiv;	&#8801;
≤	less or equal	&le;	&#8804;
≥	greater or equal	&ge;	&#8805;
⊂	subset of	&sub;	&#8834;
⊃	superset of	&sup;	&#8835;

（续表）

结果	描述	实体名称	实体编号
⊄	not subset of	&nsub;	&#8836;
⊆	subset or equal	&sube;	&#8838;
⊇	superset or equal	&supe;	&#8839;
⊕	circled plus	&oplus;	&#8853;
⊗	cirled times	&otimes;	&#8855;
⊥	perpendicular	&perp;	&#8869;
·	dot operator	&sdot;	&#8901;

2. HTML支持的希腊字母

结果	描述	实体名称	实体编号
A	Alpha	&Alpha;	&#913;
B	Beta	&Beta;	&#914;
Γ	Gamma	&Gamma;	&#915;
Δ	Delta	&Delta;	&#916;
E	Epsilon	&Epsilon;	&#917;
Z	Zeta	&Zeta;	&#918;
H	Eta	&Eta;	&#919;
Θ	Theta	&Theta;	&#920;
I	Iota	&Iota;	&#921;
K	Kappa	&Kappa;	&#922;
Λ	Lambda	&Lambda;	&#923;
M	Mu	&Mu;	&#924;
N	Nu	&Nu;	&#925;
Ξ	Xi	&Xi;	&#926;
O	Omicron	&Omicron;	&#927;
Π	Pi	&Pi;	&#928;
P	Rho	&Rho;	&#929;
Σ	Sigma	&Sigma;	&#931;
T	Tau	&Tau;	&#932;

（续表）

结果	描述	实体名称	实体编号
Υ	Upsilon	Υ	Υ
Φ	Phi	Φ	Φ
Χ	Chi	Χ	Χ
Ψ	Psi	Ψ	Ψ
Ω	Omega	Ω	Ω
α	alpha	α	α
β	beta	β	β
γ	gamma	γ	γ
δ	delta	δ	δ
ε	epsilon	ε	ε
ζ	zeta	ζ	ζ
η	eta	η	η
θ	theta	θ	θ
ι	iota	ι	ι
κ	kappa	κ	κ
λ	lambda	λ	Λ
μ	mu	μ	μ
ν	nu	ν	Ν
ξ	xi	ξ	ξ
ο	omicron	ο	ο
π	pi	π	π
ρ	rho	ρ	ρ
ς	sigmaf	ς	ς
σ	sigma	σ	σ
τ	tau	τ	τ
υ	upsilon	υ	υ
φ	phi	φ	φ
χ	chi	χ	χ
ψ	psi	ψ	ψ

（续表）

结果	描述	实体名称	实体编号
ω	omega	&omega;	&#969;
⍰	theta symbol	&thetasym;	&#977;
⍰	upsilon symbol	&upsih;	&#978;

3. HTML支持的其他符号

结果	描述	实体名称	实体编号
Œ	capital ligature OE	&OElig;	&#338;
œ	small ligature oe	&oelig;	&#339;
Š	capital S with caron	&Scaron;	&#352;
š	small S with caron	&scaron;	&#353;
Ÿ	capital Y with diaeres	&Yuml;	&#376;
ƒ	f with hook	&fnof;	&#402;
ˆ	modifier letter circumflex accent	&circ;	&#710;
˜	small tilde	&tilde;	&#732;
–	en dash	&ndash;	&#8211;
—	em dash	&mdash;	&#8212;
'	left single quotation mark	&lsquo;	&#8216;
'	right single quotation mark	&rsquo;	&#8217;
‚	single low−9 quotation mark	&sbquo;	&#8218;
"	left double quotation mark	&ldquo;	&#8220;
"	right double quotation mark	&rdquo;	&#8221;
„	double low−9 quotation mark	&bdquo;	&#8222;
†	dagger	&dagger;	&#8224;
‡	double dagger	&Dagger;	&#8225;
•	bullet	&bull;	&#8226;
…	horizontal ellipsis	&hellip;	&#8230;
‰	per mille	&permil;	&#8240;
′	minutes	&prime;	&#8242;
″	seconds	&Prime;	&#8243;

（续表）

结果	描述	实体名称	实体编号
‹	single left angle quotation	&lsaquo;	&#8249;
›	single right angle quotation	&rsaquo;	&#8250;
‾	overline	&oline;	&#8254;
€	euro	&euro;	&#8364;
™	trademark	&trade;	&#8482;
←	left arrow	&larr;	&#8592;
↑	up arrow	&uarr;	&#8593;
→	right arrow	&rarr;	&#8594;
↓	down arrow	&darr;	&#8595;
↔	left right arrow	&harr;	&#8596;
↵	carriage return arrow	&crarr;	&#8629;
⌈	left ceiling	&lceil;	&#8968;
⌉	right ceiling	&rceil;	&#8969;
⌊	left floor	&lfloor;	&#8970;
⌋	right floor	&rfloor;	&#8971;
◊	lozenge	&loz;	&#9674;
♠	spade	&spades;	&#9824;
♣	club	&clubs;	&#9827;
♥	heart	&hearts;	&#9829;
♦	diamond	&diams;	&#9830;